ジェット・エンジンの仕組み

工学から見た原理と仕組み

吉中 司 著

ブルーバックス

装幀／芦澤泰偉・児崎雅淑
カバー写真／Rolls-Royce
もくじ／中山康子
本文図版／さくら工芸社

はしがき

　講談社の御厚意で、ジェット・エンジンについての本を書く機会を得た。ブルーバックス出版部の梓沢氏から、「ジェット・エンジンを、工学的な立場から書いて欲しい」とのご要求である。例えば、ライト兄弟による初飛行以来、航空機の推進装置として決まり切っていたレシプロ・エンジンとプロペラの組み合わせが、なぜ、どんな径路をたどって、DNAの全く違ったジェット・エンジンに取って代わられたかを、少し工学的に掘り下げてみてはどうか、という訳である。

　しかし、ジェット・エンジンに関する本と言えば、熱サイクル的に同じである地上用や船舶用ガスタービンに関するものも含めば、日本語の書だけでも、今まで十指に余るほど出版されてきた。それも、入門レベルのものから学術図書レベルのものまである。こうした状況の中で、この本をどう位置づけるべきか。これを命題として、ごく平均的な脳を絞って出てきた結果が、次の通りである。

　ジェット・エンジンの全体像をカバーしたいので、やはり歴史から入りたい。しかし、ジェット・エンジンの歴史については、もう語り尽くされている。そこで、梓沢氏のおっしゃるように、歴史を書くにしても、工学的な立場から見たジェット・エンジンの創造の歴史とした。これによって、熱サイクルや振動問題といった技術的な話題が、後章で導入しやすくなると期待できる。

また、ジェット・エンジンに関しての本である限り、エンジンの性能や構造は語られねばならない。しかし、それらを単に羅列するのではなく、「なぜか」という立場から話してはどうだろうか、と考えた。

　ジェット・エンジンは他の工業製品と同じく、利潤を追う組織によって作られ、利潤を生む目的で使用される。だが、この工業製品のユニーク性は、多くの人命が日々それに託されていること、と言えよう。したがって、エンジンの設計・開発から製造、運航、メンテナンス、オーバーホールにかかわるプロフェッショナル達は、彼等の仕事の原点がこのユニーク性にあることを、常に自覚していなければならない。安全性は、ジェット・エンジンにとっていちばん大切なのである。

　安全性はジェット・エンジンにとっていちばん大切ではあっても、それだけが大切という訳ではない。高い信頼性は旅客にとってもエアラインを含むエンジンのユーザーにとっても重要である。また、性能が高く、メンテナンス・コストが低く、オーバーホール間隔が長いことは、旅客の安全性や飛行スケジュールに悪影響を与えることなく、エンジン・ユーザーにとって好ましいビジネス環境を作る要素となる。では安全性第一で高い信頼性を持ち、しかもエンジン・ユーザーの経済性要求を満たすには、なぜ今日のエンジンの構造になるのか？

　加えて、ジェット・エンジンは環境に影響を与える。ジェット・エンジンはうるさい上に、排気に炭酸ガスや窒素酸化物が含まれるので、大気汚染や地球の温暖化に繋がる。したがって、環境性改善の努力が絶え間なくなされている。ジェット・エンジンによって発生する炭酸ガス量が、たとえ人間のあらゆる活動による炭酸ガス発生量のわずか2〜3％程度でしかなくとも、である。この騒音や公害排気量が、エンジンの性能に深く結び付

はしがき

いているのは、なぜか？

　ジェット・エンジンには、設計からオーバーホールに至るどのプロセスをとっても、空力、熱力、燃焼、音響、機械設計、応力、振動、材料、制御、機械工作、計測、品質管理など、幅広い工学知識、それも先端知識が必要となる。こうした、技術者に非常に高いレベルのチャレンジを与えるジェット・エンジンの、設計・開発あるいは生産に従事できるのは、米英仏露などの限られた国だけで、日本では無理なのだろうか。実は、そうではない。

　現在、国内のいくつもの会社が、パートナーとして、あるいはエンジンのサブ・システムや部品のサプライヤーとして、海外のジェット・エンジン・メーカーと協力しているのである。そして、こうした会社のエンジニア達は、これらの先端工学知識を駆使して、世界のジェット・エンジンの設計・開発や生産に、連日貢献している。それだけではない。日本政府と国内エンジン業界が協力し、将来のジェット・エンジンに必要な技術を研究するプロジェクトを企画・遂行し、エンジニア達に試練の場を与えてきた。この点についても、少し触れてみたい。

　もちろん、上に挙げた幅広い工学の先端知識を、この本で網羅するのは、筆者の能力では到底無理である。そこで、この本では、実はいちばん重要である基礎知識に的を絞った。パイロットやエンジン整備士から得た情報も含まれてはいるが、やはり筆者の畑である設計・開発に話が偏っているキライがある点、ご容赦願いたい。

もくじ

はしがき 3

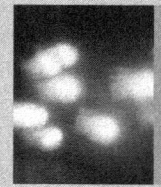

第1章
レシプロからジェットへ
──ジェット・エンジン誕生の歴史 12

- 1.1 レシプロ・エンジンの限界 12
- 1.2 新しいエンジンへの思案 14
- 1.3 スムーズでエレガントな飛行 39
- 1.4 訪れた転機 46
- 1.5 マーフィーの法則 49
- 1.6 チームワークの勝利 53
- 1.7 雨後の筍 58
- 1.8 傑作ジェット戦闘機Me262シュワルベの誕生 63
- 1.9 後追いのイギリス 71
- 1.10 アメリカ合衆国の参戦 72
- 1.11 日本での戦時中のジェット・エンジン研究開発 76
- 1.12 レクイエム 76

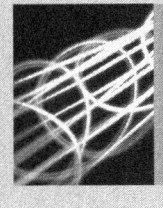

第2章
より速く、より遠く――熱サイクル 81

- 2.1 馬の力と押す力 81
- 2.2 エンジンの性能パラメーター 87
- 2.3 限りない性能向上の追求 88
  - 2.3.1 ターボジェット・エンジンの基本熱サイクル 88
  - 2.3.2 サイクル圧力比とタービン入り口温度が、ターボジェット・エンジンの性能に与える影響 101
  - 2.3.3 ターボファン・エンジンの誕生と成長 102

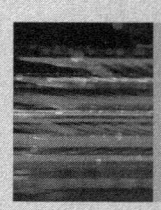

第 **3** 章
流れと機械のハーモニー
―― エンジンの主要構成要素 113

- 3.1 ウォーム・アップ 113
- 3.2 ファン 121
- 3.3 圧縮機 125
  - 3.3.1 形状と機能 125
  - 3.3.2 作動特性 133
- 3.4 燃焼器 135
  - 3.4.1 形状と機能 137
  - 3.4.2 排気物質 142
  - 3.4.3 作動特性 145
- 3.5 タービン 147
  - 3.5.1 形状と機能 147
  - 3.5.2 冷却 153
  - 3.5.3 作動特性 162
- 3.6 潤滑油系統とセカンダリー・エア・システム 164
  - 3.6.1 潤滑油回路 164
  - 3.6.2 セカンダリー・エア・システム 166
- 3.7 エンジン制御装置 168

第 4 章

頼れるエンジン
——エンジン高信頼性への努力 175

- 4.1 安全性と信頼性 175
- 4.2 応力・機械設計に際しての基本的な考え方 180
    - 4.2.1 部品寿命を有限にする可能性を持つ諸現象 181
    - 4.2.2 LCF寿命を持つ部品の設計 182
        - 4.2.2.1 LCFのメカニズム 185
        - 4.2.2.2 繰り返し応力 188
        - 4.2.2.3 LCF寿命の予測 193
        - 4.2.2.4 熱応力とメカニカルな応力の合成によるLCF寿命 201
        - 4.2.2.5 LCF寿命のくくり 202
    - 4.2.3 クリープ寿命を持つ部品の設計 203
        - 4.2.3.1 クリープのメカニズムと新材料の開発 205
        - 4.2.3.2 クリープ寿命の予測 212
        - 4.2.3.3 コーティングによるクリープ寿命の延命法 214
    - 4.2.4 あってはならない有限寿命 216
    - 4.2.5 許されない有害な振動 224
        - 4.2.5.1 翼列の振動 224
        - 4.2.5.2 ローターの振動 231

- 4.2.6 大難を小難に──動翼飛散と回転軸折損 234
- 4.2.7 軸受、シール、および補機類 237
- 4.3 しごかれるエンジン──開発 238
  - 4.3.1 新規エンジンか、既存エンジンの改良型か 238
  - 4.3.2 開発プロセス 239
  - 4.3.3 要素試験 242
    - 4.3.3.1 ファンおよび圧縮機要素試験装置 243
    - 4.3.3.2 タービン要素試験装置 245
    - 4.3.3.3 燃焼器要素試験装置 245
    - 4.3.3.4 円板LCF試験と応力過重試に使われるスピン・ピット 246
  - 4.3.4 ガス発生機試験 248
  - 4.3.5 フル・エンジン地上試験 249
  - 4.3.6 エンジン飛行試験 257
  - 4.3.7 騒音の測定 259
    - 4.3.7.1 飛行機の騒音パラメーターと計算法 260
    - 4.3.7.2 チャプター4の騒音基準 262
- 4.4 メーカー・ユーザー・FAAによるエンジン信頼性の維持と向上 266
  - 4.4.1 オーバーホール 267
  - 4.4.2 イートップス(ETOPS) 271

第5章
チャンスか危機か
―― 将来のジェット・エンジン 277

- 5.1 現在の懸案 277
- 5.2 ケロシン消費量の削減と騒音低下 279
- 5.3 代替燃料 282
- 5.4 超音速旅客機用エンジン 283

第6章
日本の貢献 287

- 6.1 追い上げる日本 287
- 6.2 世界ジェット・エンジン業界内での、今日の日本 290

あとがき 295

参考資料 298

さくいん 305

第1章　レシプロからジェットへ
——ジェット・エンジン誕生の歴史

■1.1　レシプロ・エンジンの限界

　高校生の頃、悪友の一人に背の低い男がいて、そいつがいつも「人の背丈と知能指数とを掛けた値は一定なんだ」といばっていた。そう言われてみると、素直に認めるには癪に障る程、奴はよくできた。ここに登場する男も、イギリス人にしては背の低い方だった。その上、体つきがきゃしゃだった。しかし、頭はずば抜けて良かった。飛行機乗りになりたくて、15歳の時から RAF（Royal Air Force）の飛行見習い生にならんと受験したが、3回が3回とも身体検査でハネられている。それで諦めるかと思いきや、受験場所をハルトン・キャンプ（Halton Camp）からクランウェル（Cranwell）に変え、一発で合格している。1923年の9月であった。この16歳の少年飛行見習い生こそ、兵番号364365のフランク・ホイットル（Frank Whittle）であった。

　第4見習い飛行隊に仕上げ工として所属したホイットルは、ここで大いに失望する。飛行機になかなか乗せてくれない上、

第1章　レシプロからジェットへ

エンジン鋳物部品の研磨の実習か、軍隊行進の訓練ばかり。その上、クラスでは「いじめ」を受ける始末。そこで、飛行機での国外脱走まで考えた彼が決心したのが、士官候補生になることだった。

　クランウェルには空軍の士官学校が併設されており、見習い生でも優秀であれば受験できた。そこで、見習い期間の3年を終えると士官学校を受験、600人あまりの受験生の中で、筆記試験で6番となった。合格者は5人だったが、トップが身体検査に引っかかったために、ホイットルは見事、超低空飛行で士官候補生となった。

　士官学校での生活は段違いに良かった。ここでは、ホイットルは人間扱いを受けたし、好きな数学と物理を十分学べた。それに、飛行機にも乗れた。もっとも、当時の飛行機は木材と布とピアノ線で組み立てられた複葉機で、設計・製造の技術にしても飛行技術にしてもはなはだ未熟な時期であった。

　士官学校は2年制で、年間2学期のトータル4学期。士官候補生は、多くの講義や実習への参加以外に、毎学期の初めに各自が選んだ自然科学の主題についての研究論文の期末提出を義務付けられていた。ホイットルは、最終学期に「未来の航空機設計の進化（Future Developments in Aircraft Design）」という主題を選んだ。この研究の大きな収穫は、飛行機の航続距離の計算式を、独力で導いたことだった。

　この式によると、飛行機が高速で長距離を飛ぶには、空気の密度の低い高高度で明らかに有利であった。もっともこの式は、ブレゲー（Louis Breguet）の航続距離の式と同じであることが後日分かるのだが、この式がジェット・エンジンを生む原因になるのだから、重要な「再発見」と言えよう。

高高度を高速で長距離飛行するのは軍事戦略上極めて好ましいと位置づけて、それではそうした飛行機の推進装置はどういうものでなければならないか、と自問する。そこでまず、彼は性能目標値として、時速500マイル（約800km/h）、飛行高度40,000フィート（約12,200m）を選ぶ。これは当時の高速機の2倍以上の性能である。

　次に、彼はその飛行機のためのエンジン性能を計算し、レシプロ・エンジン（ピストン・エンジン）とプロペラの組み合わせでは「性能達成は不可能」と結論する。こんな高高度で必要な大馬力を出せるレシプロ・エンジンは、重くなり過ぎるだけでなく、プロペラに衝撃波が発生するので推進効率が落ち過ぎるからでもある。

■1.2　新しいエンジンへの思案

　ホイットルは、将来の航空機推進システムとして、ロケット・エンジンとかガスタービンでプロペラを駆動するエンジンを候補として論文に書いたが、どれもうまい解答ではなかった。

　航空用のレシプロ・エンジンは4サイクル・エンジン（自動車のエンジンと同様）なので、図1-1に示されているように、各シリンダーが吸気するのは、ピストンが2回上下する間に1回だけ、それもピストンの降下中だけである。つまり、簡単に言ってしまえば各ピストンが吸気する時間はエンジン運転中の25％だけとなる。それなら、ピストンの代わりに、いつも吸気できるような圧縮機があれば、同じ時間当たりの吸気量なら、連続して吸気できる圧縮機の大きさはピストンの4分の1ですむ。

第1章 レシプロからジェットへ

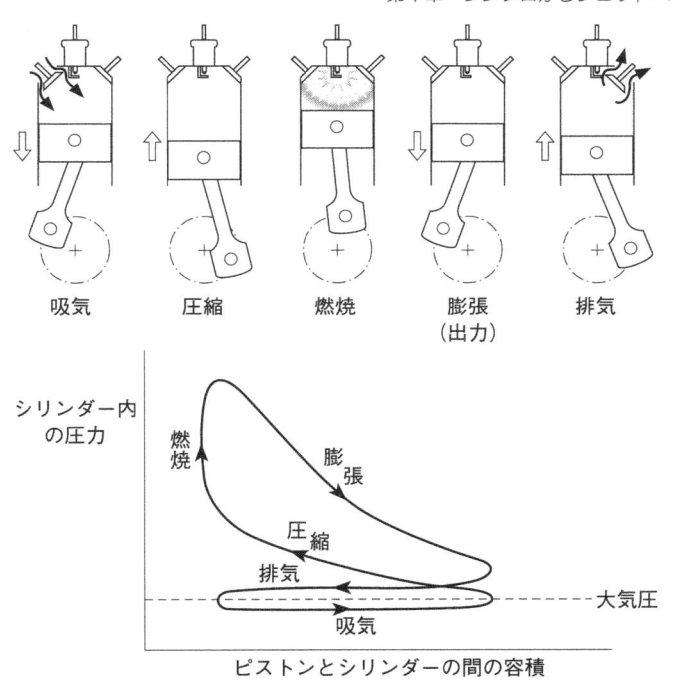

吸気　圧縮　燃焼　膨張（出力）　排気

図 1-1　航空用レシプロ・エンジンの熱力プロセス

　しかし、ピストンは空気を圧縮するだけでなく、出力を生む働きもする。だから連続吸気のできる圧縮機を使うなら、燃焼ガスの膨張仕事を連続的に受け取るべき何らかのメカニズム（これがタービンである）が必要となる。そのメカニズムが連続吸気性能を持つ圧縮機と大きさが同じくらいとすると、この新しいエンジンの大きさはレシプロ・エンジンの2分の1程度となる。

　ピストンが膨張する燃焼ガスから仕事を受け取る時と、ピス

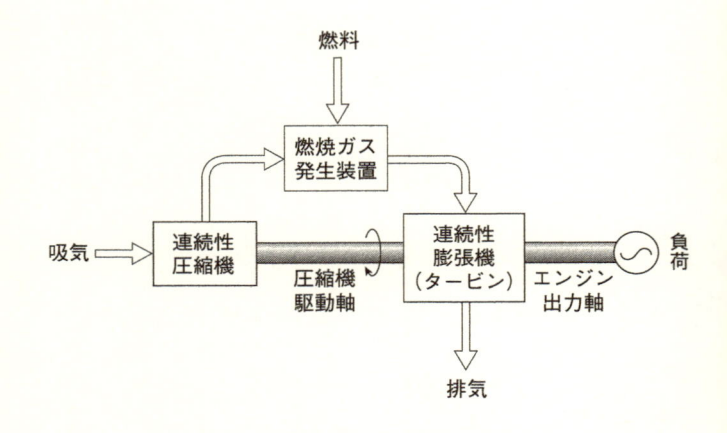

図 1-2 新しいエンジンの形態

トンによって空気が吸収され圧縮される時とには、時間差があるので、レシプロ・エンジンには、受けた仕事をどこかに一時保存しておくため重いフライホイールが必要となるが、連続的に出力を発生する新しいエンジンには必要ない。しかし、その代わり、タービンには、燃焼ガスから受け取った仕事の一部を使って連続圧縮機を駆動したり、残りをエンジンの出力として取り出したりするための回転軸が要る。一方レシプロ・エンジンにも、複数のピストンを連結し、それらの上下運動を回転運動に換えるクランクシャフトがあるから、両者の重さは、そう違うまい。また、燃焼のための空間（燃焼器）が、新しいエンジンには必要だ。

レシプロ・エンジンではエンジン全体が最高圧、最高温度に晒されるので、強度を持たせるために、エンジンの壁がどうしても厚くなるし、冷却が必要だ。しかし新しいエンジンでは、最高圧、最高温度に晒されるのは燃焼ガスが発生する場所だけ

第1章　レシプロからジェットへ

だ。

　考えれば考える程複雑になってしまうが、これらを組み合わせると、新しいエンジンとは図1-2で示されているような形態の機械になろう。そして上の話から、まあ、おおざっぱに考えると、この新しいエンジンの大きさは、同じ馬力のレシプロ・エンジンに比べて2分の1と4分の1の間になりそうだ。重さの比も恐らく同じ程度と考えてよかろう。

　では、そんな新しいエンジンはあるのか。ある。これがガスタービンで、サイクル自体は当時既に確立していた。ガスタービンという新しい案の特許はバーバー（John Barber）が1791年に取っているし、ストドラ（Aurel Stodola）教授の著作による蒸気およびガスタービンについての有名な本は1927年に出版されている。しかし、それは未だ実用には程遠いものであった。そのガスタービンに目をつけたのは、ホイットルの先見の明というべきだろう。

　それなら、ガスタービンはどんな仕組みによって、連続的な圧縮や燃焼、膨脹が可能になるのか？

　まず連続性圧縮。扇風機を見よう。ソヨ風を出す側が下流側で、周囲から空気を吸い込む側が上流側だ。この吸気や排気（ソヨ風）は連続的である。実はこの扇風機、ソヨ風を送り出すために、ホンの少し吸った空気を圧縮している。つまり、空気の圧力を上げている。ただし、ジェット・エンジンに必要な圧力上昇は、その数千倍もなくてはならない。では、どうやってその数千倍を稼ぐのか？　答えを先に言うと、回転数を上げることと、何台もの扇風機を直列に繋ぐこととの組み合わせである。

　扇風機はセッティングを「弱」から「強」にすると、回転数

17

が増し、ソヨ風が強くなる。これは扇風機の空気吸い込み量と同時に、空気の圧力も上がったからだ。扇風機を含む回転式の圧縮機（つまり、ターボ圧縮機）は、回転数を上げると吐出流量や圧力が累積的に上がる、という特性を持っているために、こういうことが起こる。

扇風機の回転数は毎分1,000回転程度である。それをまず1桁上げよう。すると、遠心応力は回転数の自乗に比例するから、2桁上がるので、扇風機の羽根やそれを支える回転中心部（ハブ）ではもはやプラスチックは使えず、金属材料が必要になる。ところが、それでも吐出圧力は十分高くはない。それ以上回転数を上げるのは、数倍なら可能でも、もう1桁は応力的に無理である。したがって、さらに空気の圧力を上げるには、高速化した扇風機を何台か直列に繋がねばならない。

ところで、扇風機から出て来るソヨ風は、正確には扇風機の軸と平行な方向ではなく、少し旋回している。そして「弱」より「強」の場合の方が、旋回角度が高い。そこで、空気の圧力をさらに上げるために、もう1台の高速化扇風機を下流側に持ってくると、入って来る流れの旋回性によって、2台目の高速化扇風機は効率良く圧力を上げることができない。そこで、1台目と2台目の扇風機の間に流れの案内羽を入れて、旋回性をなくすなり低くせねばならない。こうして幾段もの高速化扇風機を連ねてやると、計算上、ジェット・エンジンが必要とする圧力が得られる。

ところが現実は厳しいもので、吐出圧力は相変わらず低い。なぜか？　それは扇風機がいくら頑張っても、大気が周囲にあるので、高気圧から低気圧に向けて風が吹くのと同じ理由で、せっかく圧力の上がった流れも周囲の大気に向けて流れ出すからである。そこで、この流出を塞ぐために、多段高速化扇風機を1

つの長いケーシングの中に入れ、扇風機と周囲の大気との接触を絶たねばならない。それも、扇風機の羽根の先端（チップ）とケーシングとの隙間（クリアランス）を、0.3〜0.5mm程度とできるだけ小さくし、下流の高圧空気が、このクリアランスを通って上流側に漏れ出さないようにせねばならない。

　最後に、扇風機の駆動モーターをはずし、全段の扇風機のハブ（形状によってはディスクとも呼ばれる）を1つの軸につなぎ、モーターの代わりに下で話すタービンで駆動する。この方がエンジン全体が軽く、設計が簡素化される。

　次に燃焼器とタービン。走馬灯を見よう。ローソクの燃焼に際して熱された空気が走馬灯の内側の円筒内を上昇し、円筒上端にある円板に、ある角度を持って押し上げられたような羽根に当たって、外へ出ていく。熱された空気が当たった反動で、その円板が回転し「馬が走り出す」。この燃焼過程も円板の回転も連続的である。

　原理的には、このローソクのある空間が言わば燃焼器で、ある角度を持って押し上げられたような羽根とそれを持つ円板が、タービンと言える。もちろん、ジェット・エンジンが必要とする燃焼ガスのエネルギー量は、走馬灯の熱せられた空気の数万倍はあろう。例えば、走馬灯でローソクが熱する空気は走馬灯の円筒内にある大気圧の空気であるのに対して、ジェット・エンジンの燃焼器に入って来る空気は圧縮機から出て来る高圧空気である。また、熱源も、走馬灯のローソクではなく、液体燃料を注入し、高圧空気中にある酸素を使って燃焼させた燃焼ガスである。

　また、タービンも、走馬灯の羽根が円筒を回転させ「馬を走らせる」程度ではなく、燃焼器からの高温高圧燃焼ガスの流れを受けて多大なエネルギーを吸収して高速回転し、その負荷と

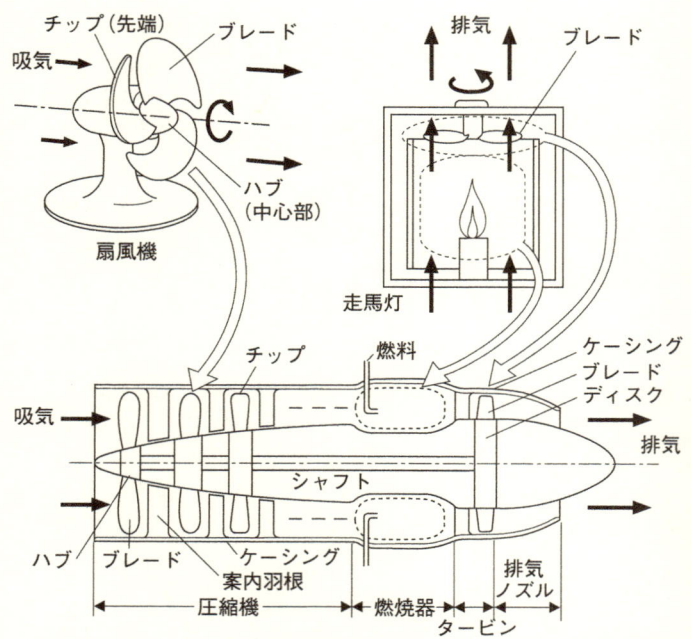

図 1-3　ジェットエンジンに応用した場合のガスタービンの原理

しての多段高速化扇風機を駆動するのである。タービンも、受けた高温高圧燃焼ガスを大気から遮断するためのケーシングを持つ。

　こう考えると、何のことはない、エネルギー量の桁こそ違え、ガスタービンとは扇風機と走馬灯の組み合わせである。そして、出て来る排気が未だ高いエネルギー量を持っているので、それを別のタービンに吸収させて、その負荷として発電機を回せば発電用ガスタービンになる。

　ホイットルがたどり着いた新しいエンジンとは、別のタービ

ンを付ける代わりに、高いエネルギー量を持つ排気を排気ノズルから高速ジェットとして噴出させ、推力を発生させるようにしたものである。これこそ今日のジェット・エンジン（もっと詳しく言えばターボジェット・エンジン）の構造原理である（図1-3）。

ところで、今日のジェット・エンジンに使われている代表的な圧縮機は、軸流圧縮機と遠心圧縮機である。それらの断面図を見た場合（図1-4）、流れの方向がほぼ圧縮機の軸芯に平行なタイプの圧縮機を軸流圧縮機と言い、流れが遠心方向に出て行くタイプのものを遠心圧縮機と言う。

さて、重さと大きさの比較はどうなったか。答えは約30年後の1960年代の初めまで待たねばならなかったが、それをここで話すと表1-1のようになる。この表は、プラット・アンド・ホイットニー（P&W）社製ワスプ（Wasp）空冷星型レシプロ・エンジンと、同程度の馬力を持つプラット・アンド・ホイットニー・カナダ（P&WC）社製のPT6A-6型ターボプロップ・エンジンの重量と前面面積を比較したものである。ターボプロップ・エンジンとは、図1-2の負荷をプロペラにしたガスタービン・エンジンのことである。

この例で分かるように、重量では、ターボプロップ・エンジンはレシプロ・エンジンのわずか約3分の1、前面面積ではたったの約6分の1に過ぎない。（表1-1）

次に、プロペラの性能。高度約12,200mで機速毎時約800kmという条件では、プロペラが推力を発生するために「押す」空気の、プロペラへの流入相対速度が超音速になる、というのが彼の計算結果である。そうなれば、プロペラ付近で衝撃波が発生し、プロペラ効率が急激に落ち、必要な推力が得られない。

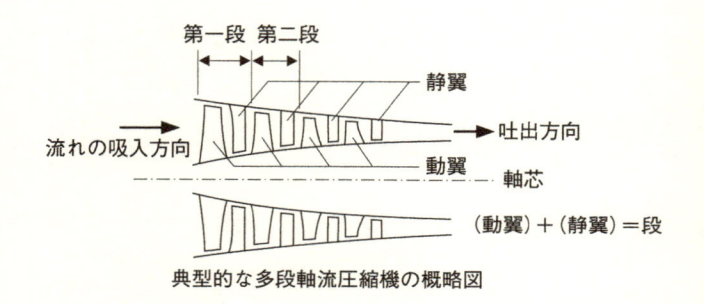

```
      第一段 第二段
        ←→←→
```

典型的な多段軸流圧縮機の概略図

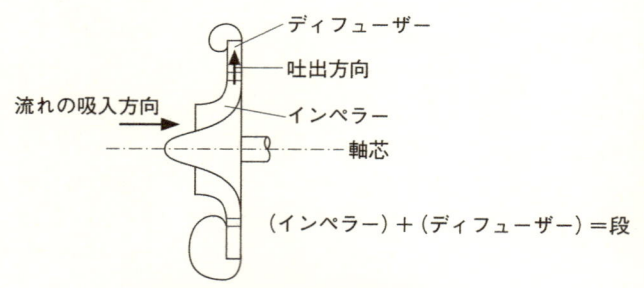

流れの吸入方向 → 　→ 吐出方向
静翼
動翼
軸芯
(動翼)＋(静翼)＝段

典型的な単段遠心圧縮機の概略図

流れの吸入方向 →
ディフューザー
吐出方向
インペラー
軸芯
(インペラー)＋(ディフューザー)＝段

図1-4　圧縮機の種類と「段」

　ここで言う相対速度とは、飛行機とともに前進し、同時に回転する、プロペラから見た空気流入速度のことだ（図1-5）。止まっていた時にはシトシトと降っていた雨が、自転車に乗って速く走ると斜め上方から降ってきて、強く顔面に当たる速度（図1-6）と考えればよい。この場合、飛行機の前進速度はシトシトと降っていた雨滴の落下速度に相当する。したがって高速飛行機では、この雨の落下速度の"シトシト"が"ザーザー"と増加すると考えればよい。それにつれて、空気のプロペラに対する相対速度も高くなる。ところで、図1-5や図1-6

第1章 レシプロからジェットへ

エンジン	PT6A-6 (ターボプロップ・エンジン)	R-1340 (レシプロ・エンジン)
出力	410 (kW) 550 (hp)	410〜447 (kW) 550〜600 (hp)
重量	123 (kg) (減速歯車を含む)	392 (kg)
前面面積	0.22 (m²)	1.35 (m²)
回転数	33,000 (rpm) (出力タービン)	2,000 (rpm) (プロペラ)

表 1-1　レシプロ・エンジンとターボプロップ・エンジンの比較
資料 1-5

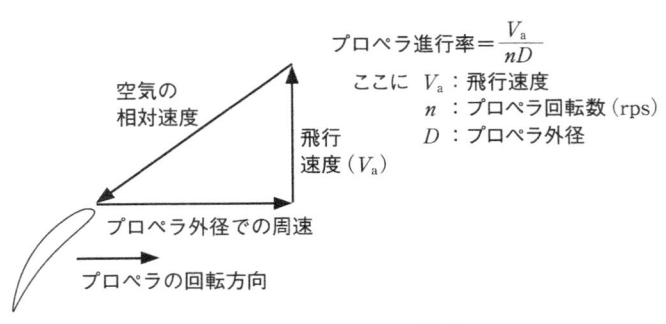

プロペラ進行率 $= \dfrac{V_a}{nD}$

ここに V_a：飛行速度
n：プロペラ回転数(rps)
D：プロペラ外径

空気の相対速度
飛行速度(V_a)
プロペラ外径での周速
プロペラの回転方向

図 1-5　プロペラの進行率

に見られる速度は、その大きさ(速度だから高さと言うべき)と方向がともに表されているので、速度ベクトルだ。

この3つの速度ベクトルからなる三角形は、ターボ機械の世界では「速度三角形」と呼ばれ、第3章でもしばしば使われ

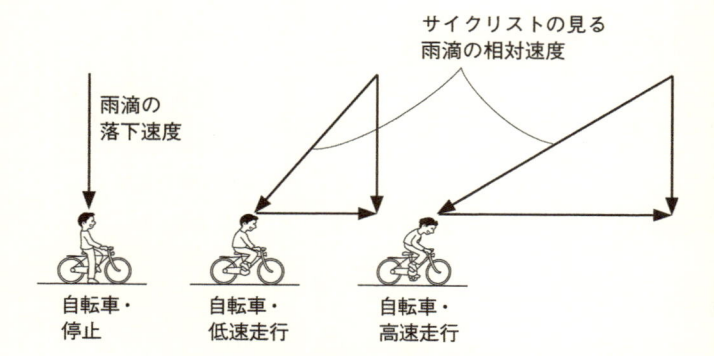

図1-6 速度三角形と相対速度の定義

る。そこでは、自転車は圧縮機またはタービンの動翼に取って代えられ、回転する動翼から見る速度が相対速度と定義される。また、静止系から観察される（つまり自転車から降りて見た）速度は絶対速度と言われる。そして、自転車の走行速度は、回転する動翼の回転周速度となる。

これを先ほどの扇風機に当てはめると、図1-7のようになる。羽根の前縁（入って来る空気が羽根にぶつかるふち）の延長線の方向と、流入空気の相対速度の方向の差を羽根の入り口迎え角と言い、この角にも正負がある。図示のように、後者が前者に比べて周方向に近い場合、入り口迎え角は正と定義する。

ここへ、2台目の扇風機の羽根を持ってくると、図ように出口での絶対流れ（ソヨ風）が旋回を持っているために羽根への相対流れの入り口迎え角が負になってしまい、2台目の扇風機は効率良く流入空気を圧縮できない。これを是正するのには、1台目の扇風機と2台目の扇風機の間に案内羽根を入れ、その旋回を取り去るか、旋回をできるだけ少なくするのが最良の策である。この案内羽が、静翼（ステーター）という訳である。

第1章 レシプロからジェットへ

[図: 速度三角形による複数段扇風機出入口での流れの説明
 ラベル: 羽根が見る流入空気の相対速度／入り口迎え角が正／前縁／扇風機の吸気速度／回転周速度／一台目の扇風機の羽根／回転方向／入り口迎え角が負／二台目の扇風機の羽根（案内羽根の無い場合）／回転周速度／出口のソヨ風は旋回流／案内羽根／入り口迎え角が正／二台目の扇風機の羽根（案内羽根の有る場合）／回転周速度／案内羽根で旋回成分を無くすか、小さくする]

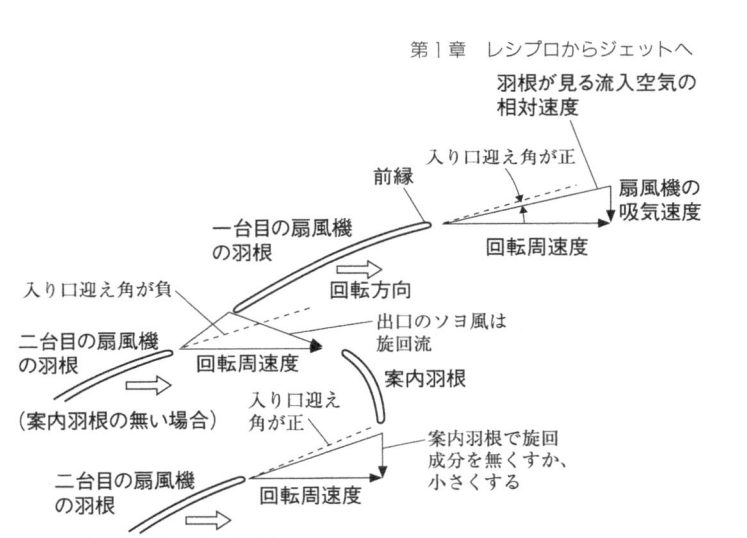

図 1-7 速度三角形による複数段扇風機出入口での流れの説明
案内羽根の有用性がよくわかる

プロペラ付近に衝撃波が発生すると、なぜプロペラ効率が落ちるのか？ いや、それより一歩さがって、いったい衝撃波とは何かを、まず話そう。

空気に限らず、ある連続流体が物体の周りを流れる場合、流体にとって障害物であるこの物体を避けて流れるのには、流れの場の圧力が適当な分布を持っていなければならない。この、どんな圧力分布をしなければならないかという信号が、微小な圧力波として物体表面近くからあらゆる方向に向けて常時発せられ、それが流体中を音速で伝播してゆく。ただ、この信号の持つエネルギーは小さく、伝播につれて散逸してしまうので、この信号の影響領域は物体の周辺に限られる。

もし物体への流体の相対速度が亜音速、つまり音速より遅け

れば、この信号は上流にも届く。その信号に応答して、物体に向かって流れてくる流体はその速度と方向を物体の上流から徐徐に変えるので、物体の周りをスムーズに流れることができる。橋の上から橋脚のすぐ上流付近の流れをよく見ると、図1-8に示されているように、そこでの流れの速さは川の主流に

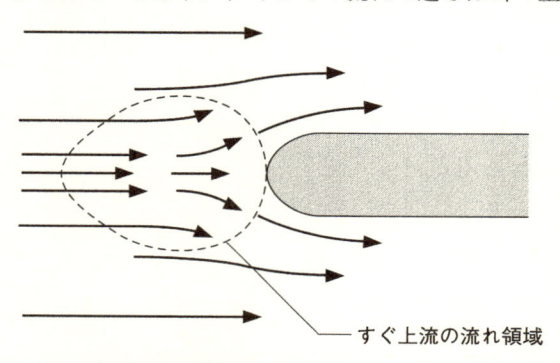

──── すぐ上流の流れ領域

図1-8 橋脚のすぐ上流での流速の減少と流れ方向の変化

比べて遅くなっており、またその方向も橋脚の形に沿ってスムーズに曲がる。これは、信号を受けた流れがそれに応答し減速することによって、流れの場が要求する圧力上昇を得る(全圧一定の流れの持つ動圧の一部が、減速によって静圧を上昇させる)からである。その後、橋脚の左右に分かれて(そこでは流れの場が低い静圧を要求するので)加速する。

では、物体への流体の相対速度が超音速になったらどうなるか? この場合、上流に向かって発された信号が音速でしか伝播されないので、上流の流れは物体の存在を知らされぬまま、物体に接近する。そして物体間近で、常時発生されていながら上流に行けないで「溜まっている」薄い層の圧力波を通過し、減速と圧力上昇が一気になされる。一つ一つの圧力波の持つ圧

力変動は微少でも、たくさんの圧力波が薄い層の中に集まれば圧力変化が大きくなるからだ。この薄い圧力波の層を衝撃波と呼ぶ。

流れが衝撃波を通過すると、その全圧は減り（衝撃波を通過することによる全圧損失）、静圧は上がり、流速は減少する。図1-9に、静止した大気中を超音速で飛行する物体の、前縁付近に発生する衝撃波だけを示す。

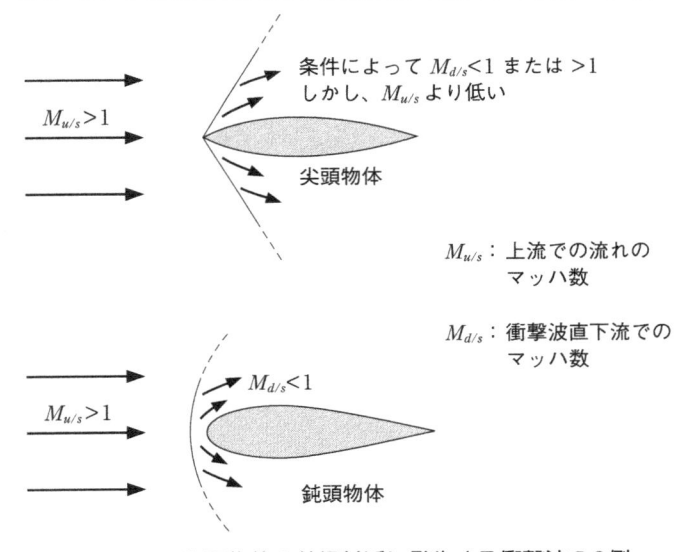

図 1-9 二次元物体の前縁付近に発生する衝撃波の2例
物体の前縁から後縁に至るまでに発生しうる衝撃波は省略してある

（図中の記号）
- $M_{u/s} > 1$
- 条件によって $M_{d/s} < 1$ または > 1 しかし、$M_{u/s}$ より低い
- 尖頭物体
- $M_{d/s} < 1$
- 鈍頭物体
- $M_{u/s}$：上流での流れのマッハ数
- $M_{d/s}$：衝撃波直下流でのマッハ数

プロペラの断面翼面上、負圧面と呼ばれる凸面状の表面には、前縁での衝撃波だけでなく、凸面の頂点近くにも、また後縁近くにも衝撃波が発生する。特に、凸面の頂点近くに発生する衝撃波は、それが翼表面に発達する境界層と干渉を起こし、

境界層の急激な成長、または翼表面からの剝離(はくり)の原因となる。その結果、プロペラは効率よく主流（境界層の外側の流れ）を「押す」ことができなくなり、その反力としての推力が得られなくなるのである。

　上で静圧と全圧が出てきた。ここで、それらの定義をしておこう。

　無風状態の大気中、走行中の自動車の窓から手を少し（ほんの少しデスゾ）出し、掌(てのひら)を走行方向に向けると、車速が高くなるにつれて掌にかかる風圧が高くなるのを感じる。この風圧は、空気の車に対する相対速度が増えることによって発生する圧力で、「動圧」と呼ばれる。この場合、大気圧は「静圧」であり、両者を加えた圧力は「全圧」と呼ばれる。そして風圧に掌が押されるように感じるのは、掌に全圧がかかり、手の甲には静圧（大気圧）しかかからず、その差が「押す」力になるからである。

　ところで、「加えた」と言っても、圧縮性のほとんどない水とか低速の空気では

$$（動圧）+（静圧）=（全圧）$$

でよいが、ジェット・エンジン内部の流れのようなマッハ数の高い気体では、圧縮性の影響で

$$（動圧）+（静圧）<（全圧）$$

になる。

　上の例では、大気圧は静圧だった。それでは大気圧はいつも静圧であるかというと、そうではない。例えば、真空掃除機の

吸い込み口付近の流れ。吸い込まれる空気は、それが持つ大気圧の一部を動圧に変え、吸い込み速度を発生する。その結果、静圧が大気圧以下に下がる。吸い込み口のごく近くに掌を持っていくと、吸い込まれる。それは、掌にかかる圧力がこの下がった静圧で、手の甲にかかる圧力が大気圧なので、その差で掌が吸い込み口の方向に押されるからだ。この場合、大気圧は全圧だ。

 ジェット・エンジンが地上で静止した状態で運転され、空気を吸い込み始める場合、上の真空掃除機の場合と同じで大気圧は全圧だが、大気中を飛行しながら空気を吸い込む場合、大気圧は静圧で、飛行速度が動圧を発生するので、ファンに入って来る空気の全圧は大気圧より高くなる。ところで、飛行速度が発生する動圧はラム圧（Ram pressure）とも呼ばれる。

 クランウェルの空軍士官学校を1928年に卒業したホイットルは、その年の8月に、エセックス州（Essex County）ホーンチャーチ（Hornchurch）に駐屯する第111戦闘飛行隊に配属され、それから13ヵ月後の1929年9月に、ウィタリング（Wittering）中央飛行訓練所での3ヵ月間の飛行教官コースに送られた。その間も、彼の新しいエンジンへの追求は続いた。

 その頃考えたアイディアは、レシプロ・エンジンの出力軸で低圧のファンを廻し、このファンでエンジン前面から吸い込んだ空気とレシプロ・エンジンの排気の混合気の圧力を上げ、それをノズルから高速で噴出させる、というものだった。しかし、彼の計算では、エンジンは重過ぎた。しかも推力不足なので、出口ノズル付近に燃料を注入して混合気を燃焼させ、さらに流れの高速化を図ったが、今度は燃費が高くなり過ぎて、ものにな

位置0 **位置1** **位置2** 燃料注入
　　　　　　　　　　　　　位置3　位置4

流入空気　　　　　　　　　　　　　　　ジェット流

　　　　　　　　　　　　　　　　出口ノズル
　　　　　レシプロ・エンジン　ファン

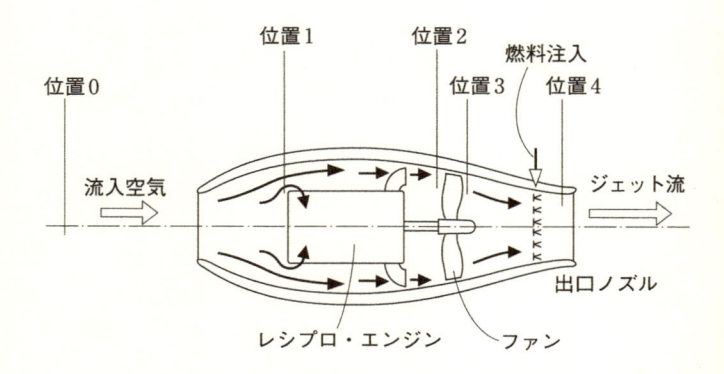

図1-10　ホイットルのレシプロ・エンジンと低圧ファンの組み合わせ案（想像図）

らない。このエンジンの形態は、読んだ資料から想像すると図1-10のようになる。

　ここで、後章でジェット・エンジンの熱サイクルを話す上で欠かせない「H-S線図」を紹介し、それを使って上のアイディアを説明しよう。H-S線図のHはエンタルピー（Enthalpy）、Sはエントロピー（Entropy）で、Sを横軸に、Hを縦軸にとったグラフを作る。このグラフ上では、気体の圧力一定の線は凹形の右上がり曲線となり、圧力値が上がる程、その位置はエンタルピーの高い方へ移動し、また曲線の傾斜が急になっていく（図1-11）。実はこの特性があってこそジェット・エンジンがエンジンとして成立する（出力なり推力を出せる）ことが、後章で分かる。このグラフに、エンジン入り口から出口に至るまでの、流れの圧力と温度の変動を一連の線として表したものを、H-S線図と言う。

　エンタルピーとは気体の持つエネルギー量で、SI単位では

第1章 レシプロからジェットへ

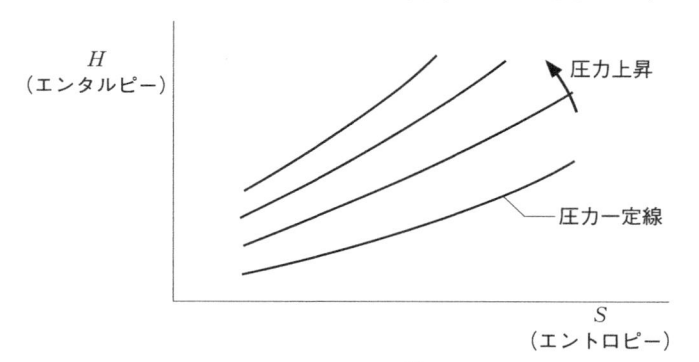

図1-11 H-S線図

(J/kg) で表される。エンタルピーと気体の温度との間には、ほぼ正比例の関係があり、定圧比熱 C_p（一定の圧力の下で、質量1kgの気体の温度を1K上げるのに必要なエネルギー量）がその比例係数になっている。

$$H = C_p T \qquad (1-1)$$

この C_p は、ほぼ一定であるとは言っても、空気の場合はその温度、燃焼ガスの場合はその温度と空燃比（燃料と空気の流量比）によって変化するので、ジェット・エンジン設計では C_p を変数扱いする。

一方エントロピーは分かったようで、分からない"変な気体状態量"で、ある温度の下で熱という形でエネルギーを少しだけ単位質量の気体に与えた場合、下式で示した量だけ少しだけ変わる状態量として定義される。

$$dS = \frac{dQ}{T} \qquad (1-2)$$

31

ここで、dQ が質量1kgの気体に与えられた少熱量（J/kg）、T が気体の温度（K）、dS がエントロピー変化量［J/(kgK)］となる。また、エントロピーはどの条件でゼロにならねばならないという規則がない。計算する人の自由である。

エンタルピーは気体のエネルギー量であるから、ジェット・エンジンの熱サイクルを云々する際に使われるのは理解できるとしても、なぜ分かり難いエントロピーを横軸に使うのか？　少なくとも私の経験では、圧縮機やタービンの効率が低い程、H-S 線図では、入り口から出口まででエントロピー増加量が大きくなるとか、エンジンの入り口ダクトや排気ダクトでの圧力損失が大きい程、H-S 線図上では、その入り口から出口までのエントロピー増加量が増えるなどと、エンジンの性能の悪いところを陽に示してくれるという便利さを持つ、と言える。

H-S 線図の売り込みはこのあたりで止めて、気体がどういうプロセスを経るとそれが H-S 線図にどう示されるかを、まず見よう。ただし、これから話す簡単な3つのプロセスの例は、理解を早めるために、大胆な比喩を使っているので、科学的正確さに欠ける。この点は熱力学の先生達から怒られそうなので、あらかじめ謝っておこう。

図1-12の点Aをプロセスの出発点としよう。第一のプロセスでは、掌を気体と仮定し、それが滑らかな机の上に置かれていると考える。その掌を、机の表面をこすりながら動かす。つまり気体が机に「機械的」な仕事をする訳だ。気体が何かに機械的な仕事をする場合、自分の持つ全圧を使うので、仕事をするに従って、全圧が減っていく。掌を動かして机に与えたエネルギーは、どこへ行ったか？　受けた仕事で机が動いたか？　否、と仮定しよう。そうならば、与えられた機械的エネルギー

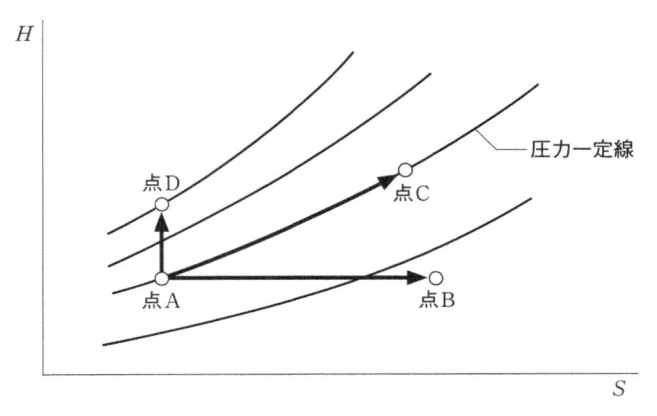

図 1-12　簡略化された熱力プロセスの3例

は摩擦熱という形に変わってしまったのだ。ここで、机は全く熱を吸収することがなく、また周囲の大気にも熱が発散せず、全て掌に舞い戻る（そのため、掌は熱くなる）という、まことに都合の良い仮想的モデルを考えると、この掌（気体）の持つ全圧は減っていくが、全エネルギーは変わらない。つまり、このプロセスでは、掌（気体）は H-S 線図上を点 A から点 B まで水平移動することになる。

次の例として、焚き火にあたる場合を考えよう。焚き火にあたると、主に輻射で体が暖められる。熱エネルギーを吸収したからだ。もしこのプロセスで体（気体）の圧力が一定の場合、熱エネルギーを得た結果としての気体の状態変化を H-S 線図上で表すと、点 A から圧力一定線に沿って点 C への移動となる。ジェット・エンジンの燃焼器内での燃焼プロセスは、ほぼ定圧燃焼なので、この例と非常によく似ている。両者の違いは、焚き火の例の場合は暖められた体（気体）は燃焼に加わっておらず、言わば「外燃」であるのに対して、ジェット・エンジンで

は、圧縮機から出て来た空気が燃料と混ざって燃焼に寄与する「内燃」であることと言ってよい。

3つ目の例として、膨らませた風船の口を閉じ、それを両手で静かに押さえていくプロセスを考える。風船の中の空気なりヘリウムはほとんど動くことなく圧縮される。このプロセスによる風船内の気体の状態変化は、$H–S$線図上では、点Aから点Dへの垂直移動で表される。つまり、点Aから点Dへ行くまでのプロセスで、エントロピーの値は変わらない、等エントロピー的圧縮プロセスだ。

先に言ったように、上の3つの例は熱力学の先生達から怒られそうなものばかりだが、その中でもこの3つ目の例については、チョーク（イヤ失礼、これは前世紀の半ば過ぎの私の学生時代の代物で、今のハイテク教室だとレーザーポインターか）を投げつけられそうである。と言うのは、等エントロピー的圧縮プロセスは理想過程であって、現実には起こらない。それをあたかも起こるかのように見せかけるのは、熱力学第二法則違反で、罰金ものである。確かにそのとおりなのであるが、この辺は大目に見てもらわざるを得ない。

この$H–S$線図を使って図1-10のエンジンの流れのプロセスをたどると、図1-13のようになろう。ただし、話を簡単にするために、ダクト内の圧力損失はゼロ、ファンの効率やラム圧の回復率は100％とする。また、レシプロ・エンジン内の流れのプロセスは含まれていない。

位置0はエンジンの上流で、大気圧が静圧。それに飛行速度で発生する動圧（ラム圧）が加わって、全圧は大気圧より高くなる。このロスなしの流れはレシプロ・エンジン入り口付近の位置1でも位置0と同じ全圧値を保つ。

第1章 レシプロからジェットへ

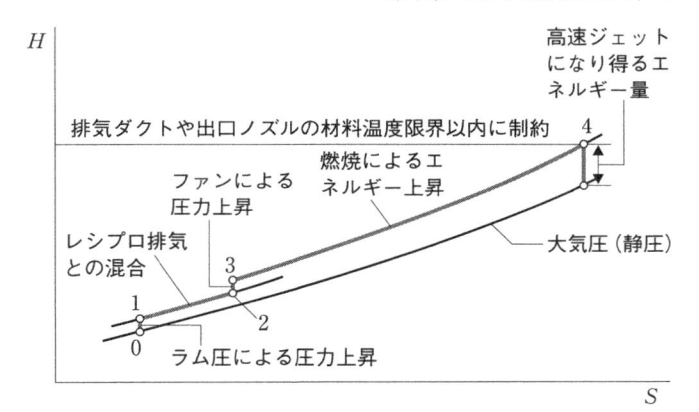

図 1-13　ホイットルの図1-10に示されたエンジンのH-S線図
ダクトでの圧力損失：ゼロ、要素効率100%の理想サイクルである点に注意

　そして位置2、つまりファン入り口では、レシプロ・エンジンからの熱い排気が混合されるので、混合気のエネルギー値が上がる。そして混合プロセスでロスがないと仮定されているので、流れの状態は圧力一定線に沿って、エンタルピーとエントロピーの上がる方へ移動する。

　そして、位置2から位置3への状態変化は、ファンの効率を100%と仮定しているので、垂直移動だ。その後、ノズル出口近くで燃焼の影響でまたもや圧力一定線に沿ってHとSの増加する方向に状態は移動し、位置4で流れがジェットとなってエンジン出口から噴出される。その位置での全圧線上の点（位置4）のエンタルピーの値は全エンタルピー値、そこから垂直に降り、大気圧（静圧）の線と交わった点のエンタルピー値は静エンタルピー値と呼ばれ、その差はそこでのジェット速度の自乗を2で割った値である。つまり、この差が大きければ大き

い程ジェット速度は速くなり、エンジン推力が増加する。

実は、このアイディアは第二次世界大戦中、イタリアのカプロニ・カンピーニが考え付いたものと同じである。そして、彼の飛行実験結果は、ホイットルの結論（エンジンが重過ぎ、推力不足）の正しさを証明した。

こうして、こうでもない、ああでもないと考えていたある日、突如としてあるヒラメキがホイットルの脳裏をかすめた。「低圧ファンで圧力を少し上げるなどケチなことは言わずに、圧縮機を使って空気を一挙に高圧にすればどうか！ そしてこの圧縮機をタービンで駆動しよう。そして、このタービンでプロペラを回すことはやめて、そのエネルギー分は排気ノズルで加速させ、高速エネルギー流として噴出させる。これで直接推力を発生させよう。ナント、こうすればレシプロ・エンジンなんか要らなくなってしまうじゃないか！」長い間探しに探していた新しいエンジンのサイクルを、ついに見つけたのだった。1929年10月のことである。このアイディアを図1-14に示す。比較のために、図1-13の H-S 線図を、重ねて示しておく。

ホイットルはさっそくこのサイクルの計算をし、性能目標をクリアーできるエンジンがこのサイクルで可能であることを確認し、小躍りしながら、その結果を飛行教官でホイットルの新しいエンジンについて並々ならぬ興味を示していたパット・ジョンソン（W. E. Pat Johnson）に見せた。

その後の長い話をはしょると、ホイットルはジョンソンの上官を通して、航空省（Air Ministry）エンジン開発研究所内で、エンジンに関してはナンバー・ワンのグリフィス博士（Dr. A. A. Griffith）に、彼のアイディアと計算結果を説明す

第1章 レシプロからジェットへ

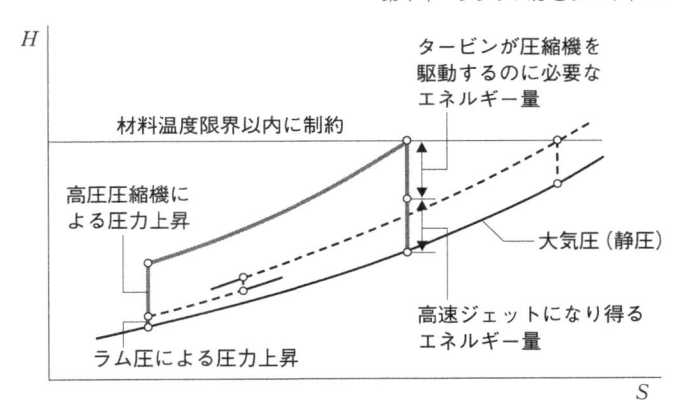

図 1-14 ホイットルの到達したジェット・エンジン・サイクル
この線図はダクトでの損失ゼロ、要素効率100%の理想サイクルである点に注意

る機会を得た。しかも、このグリフィス博士はターボプロップ・エンジンに多大の興味を持っていた人でもあったので、ホイットルはこの機会に大きな期待を抱いていた。

しかし、この会見の結果はホイットルにとって惨めなものであった。ホイットルは「君の使った仮定は楽観的過ぎる」「君の計算には大切なところで間違いがある」と言われた。さらに追い打ちをかけるように、航空省から「現存の金属材料は、貴殿の考案されたジェット・エンジンがエンジンとして成立するに必要な強度と温度限界を持っておらず、したがって、本省としてはジェット・エンジンを研究する意図はなし」という旨の公式通知があった。

失望したホイットルを激励し、「せめて特許を取ったら？」と勧めたのは、他でもないジョンソンであった。そして、便利なことに、ジョンソンは兵役に就く前に特許弁理士をしていた

Fig. 1

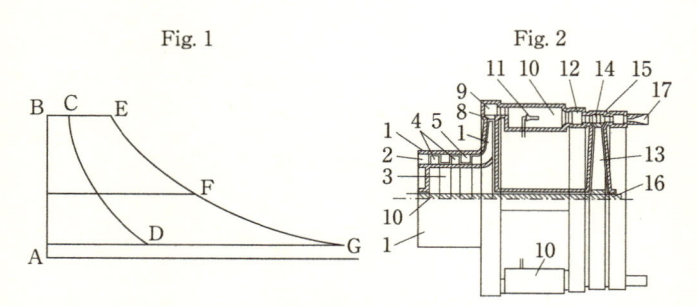

Fig. 2

図1-15 ホイットルの特許申請に使われたジェットエンジンのスケッチ
資料1-1 ©スミソニアン博物館：複写許可済み

ので、申請のための準備ははかどった。そして1930年1月16日に仮申請を完了した（図1-15）。この図の右にあるのがエンジンの構成図で、エンジンの形状は中心線に軸対称。1：遠心圧縮機、2：吸気口、4と5：軸流圧縮機、10：燃焼器、11：燃料ノズル、14：圧縮機駆動用のタービン、17：排気ノズル、である。

後日、ホイットルは特許申請書に、なぜ軸流圧縮機と遠心圧縮機の組み合わせを使ったか、と質問された。彼の答えは「そんな必要はなかった。単に他人が簡単にコピーできないようにするためのトリック」だったという。

特許審査官とのやり取りの後提出された最終申請に対して、1932年に特許が認可され、それは同時に国外にも公示されたはずである。

ホイットルは、1928年8月に第111戦闘飛行隊に配属されて以降、飛行教官、水上機のテスト・パイロットとなり、1930年には飛行士官に昇級した。そして、1932年8月には、技術系専

門の士官になるためRAFヘンロー士官工学院に送られ、そこを優秀な成績で卒業した後、1934年の7月からはケンブリッジ大学へ2年間の機械工学講座を受講するよう命じられるなど、軍人としては順調な道を歩んでいた。しかし、ことジェット・エンジンに関する限り、特許申請をした後の5年間というもの、下降線の一路をたどるのみとなる。

■1.3　スムーズでエレガントな飛行

　ホイットルの生まれたコヴェントリーから東へ約500kmのところにドイツとオランダの国境がある。そこからさらに東へ約300km行くと、流体力学では世界に知られたゲッチンゲン大学がある。そこの物理学科の博士課程に、ハンス-ヨアヒム・パブスト・フォン・オハイン（Hans-Joachim Pabst von Ohain）という22歳の院生がいた。1933年のことである。

　その年の秋、彼は定期航空便に初めて乗る機会を得た。ところが、である。エンジンが廻り始め、滑走もそこそこに離陸し、飛行に入って、彼はビックリする。エンジンの音のナントうるさいこと！　そして耐えられない程の振動！　加えて、機首についているエンジンからであろう、客室には排気の臭いが充満する。

「飛行とは、スムーズでエレガントなものでなければならない」というのが、彼の直感的な反応だった。そこで彼は考える。レシプロ・エンジンの間歇的で爆発的な燃焼、ピストンの上下運動、そしてプロペラが、騒音と振動の原因なのだから、これらによる推力の発生方法を変えねばならない。膨らませた風船の口から指を放すと、「スーッ」とスムーズに飛行する。アレだ、アレ！

では、どうすれば飛行機を飛ばす程の連続噴流を作れるか。彼の最初のアイディアは、可動する部品の全くないエンジンだった。ラム圧で高くなった流入空気を高温の燃焼ガスに直接触れさせ温度上昇させる、というものだったが、熱伝達と大きな圧力損失の発生に問題ありと判断して、彼は諦める。そして、彼はその答えを連続圧縮や連続膨張のできるターボ機械に求める。

　1934年までには、サイクル計算と飛行機性能の試算を終え、3：1の圧力比を持つ圧縮機と640〜750℃程度のタービン入り口温度のエンジンなら、小型の飛行機を800km/hくらいで飛ばせる、という結論に至っている。そこで、さっそくこのアイディアの特許申請をする。しかし申請する場合、どういう特許が既にあるか、調べる必要がある。読んだ資料から察するに、このプロセスで、フランス人のマキシム・ギョーム（Maxim Guillaume）による軸流圧縮機と軸流タービンを組み合わせたジェット・エンジンの、1921年の基本特許（図1-16）を見つけたようである。彼の特許は1936年に認可された。

　ここで思い返せば、1932年にホイットルの特許の国外公示がなされているはずなので、フォン・オハインの既存特許の調査でホイットルの1930年の特許を見つけたか、という質問が出てくる。この質問については、1978年5月はじめ、既に米空軍研究所航空機推進研究部のチーフ・サイエンティストの位置にあったフォン・オハイン博士は、研究所へホイットル卿が招待され、訪れた機会に用意された同所員との公式質疑応答で、1人の所員から「ハンス、貴方はその頃、サー・フランクがジェット・エンジンに関する特許を取っていたことを知っておられましたか」と聞かれている。フォン・オハイン博士の答えは

第1章 レシプロからジェットへ

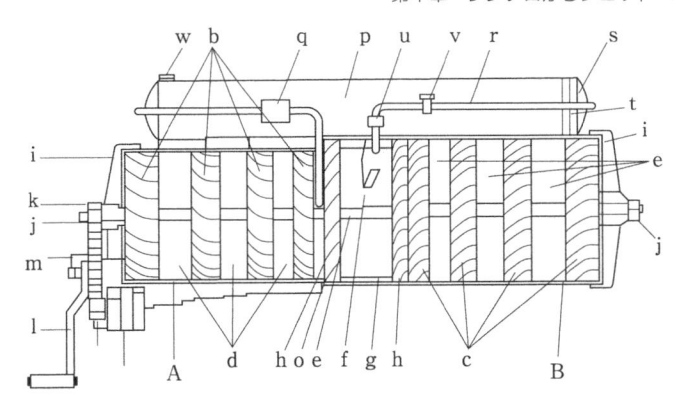

図1-16 マキシム・ギヨームの特許申請に見られるジェットエンジンのスケッチ
資料1-2

否であった。

「しかし」と博士は続ける。「その後、1937年に、ジェット・エンジンのある部分で別の特許を取ろうとした際、特許審査官が、既存の特許を理由に、私のクレームのうちいくつかの却下を通知してきた。そして参照されていた既存の特許の一つにホイットル卿のものがあったが、それは彼の1934年頃の特許と記憶している」と付け加えた。それに対して同席していたホイットル卿は「それなら、境界層制御を使った特許だろう」とコメントし、フォン・オハイン博士は「確か、そうだったと思う」と答えている。

ホイットルの1930年の特許を見つけ損ねたのは、フォン・オハインだけではない。1934年のフォン・オハインの特許申請を審査した特許審査官も見つけ損ねている。あるいは、フォン・オハインの特許請求範囲がホイットルの1930年の特許に触れな

41

いと審査官が判断したため、フォン・オハインにホイットルの特許を示す必要を見出さなかったのかも知れない。

フォン・オハインは、考えついたエンジンがいったいどれ程現実的なものなのか、誰に売り込むにしても、やはり実績を作るのが一番と考え、担任のロベルト・ウィヒャルド・ポール教授（Prof. Robert Wichard Pohl）の承諾を得て、簡単なモデルを作り、大学構内で試験をすることになった。1,000マルクもの私財をはたき、行きつけの自動車修理工場にいる知り合いの修理工マックス・ハーン（Max Hahn）に頼んで、単段遠心圧縮機と単段求心タービンが燃焼器をはさむような形式（図1-17）のエンジンを作る。何のことはない、ガスタービンによるジェット噴出装置、つまりジェット・エンジンである。

図1-17 フォン・オハインのジェットエンジンのコンセプト実証モデル
資料1-1　©スミソニアン博物館：複写許可済み

エンジンを始動する場合、レシプロ・エンジンと同じで、まずスターターで回転を開始させねばならない。そしてエンジンが、スターターの助けなしで自力で回転できる状態、つまり自

第1章 レシプロからジェットへ

立運転をするに至って、スターターのスイッチを切る。ところが、彼のモデル実験では、排気ノズルからは予期に反して炎がボーボーと噴出し、自立運転すらできなかった。ただし、エンジンからの噴出ガスの速度はかなり速く、スターターのロードはかなり減っていたことが分かった。この結果には勇気づけられたものの、資金はもう使い切ってしまっていたので、彼はポール教授に相談を持ちかけた。そして、彼がアイディアをどこかの会社に売り込む際、推薦状を書いてくれる、との約束を取り付けるのに成功した。

次に、どの会社が彼のアイディアに聞く耳を持つかといろいろ思案したあげく、飛行機メーカーのハインケル社に行き着く。この会社のオーナーであり社長でもあるエルンスト・ハインケル（Ernst Heinkel）は高速機に目がなく、斬新なアイディアにはすぐ飛びつく質（たち）、と聞いていたからである。

彼の作戦は大成功。ポール教授の推薦状のご利益（りやく）もあって、暫定的ではあるが、マンマとハインケル社入社に成功し、そこで彼のエンジンの地上デモをすることになった。1936年4月のことであった。彼が博士号を取ったのが1935年だから、それから約1年後のことになる。

そこまでは良かった。しかし彼は、入社してからどうなるか、までは考えていなかった。まずエンジンの部品を作るための工作機械など、ハインケル社のどこにもなかった。それに、このハインケル社長、ジェット・エンジンなんか簡単にすぐできるものと思っているのか、あるいは短気なのか、入社した翌日から、いつになったら地上デモができるのか、催促し始めたのである。

ただ、彼にとって幸いだったのは、ハインケル社長が、非常に有能な機体設計エンジニアであるヴィルヘルム・グンデルマ

ン（Dipl. Ing. Wilhelm Gundermann）をエンジンの地上デモ・プロジェクトに配属してくれたことと、フォン・オハイン博士の願いを聞き入れ、例の自動車修理工マックス・ハーンを採用してくれたことである。グンデルマンは軽量で必要強度を持つ部品の設計が上手く、機械設計は全て彼に任された。またハーンは、持ち前の手の器用さと豊富なアイディアから部品の製作を任されたし、問題に直面した時には重宝な存在だった。

　フォン・オハイン博士は、大学構内でのモデル実験で燃焼の難しさを実感しており、アイディアの売り込みに成功して身を落ち着けたら、まずシステマチックに燃焼の研究をしよう、との魂胆であったから、社長の「まだか、まだか」の催促には参った。ここで「イヤ、3年から5年はかかります」などと言おうものなら、短気な社長のことだ、彼を首にしてプロジェクトをキャンセルするかもしれん。それじゃ元も子もない、と彼は考える。

　燃焼の難しさは、液体燃料を非常に細かい粒にして、それを圧縮空気に十分、そして一様に混合させることにある。それも、圧縮機とタービンに囲まれた狭い空間内で、ほとんど瞬間的に、である。しかし彼は、水素ガスが空気とよく混合し容易に燃焼することを知っていた。そこで、まず地上デモ用のエンジンでは、水素ガスを使うことを社長に提案した。社長はその提案を認めた。まず原理が証明されねばならない、との社長の正しい判断による、と思われる。

　こうした背景があって、図1-18に示されている HeS-1 なるエンジンの設計が1936年の6月半ばに始まった。そして、この地上デモ用エンジンは翌年の1937年3月頃までには組み立てが終わり、その2週間後、4月初めのエンジン試験では10,000

第1章 レシプロからジェットへ

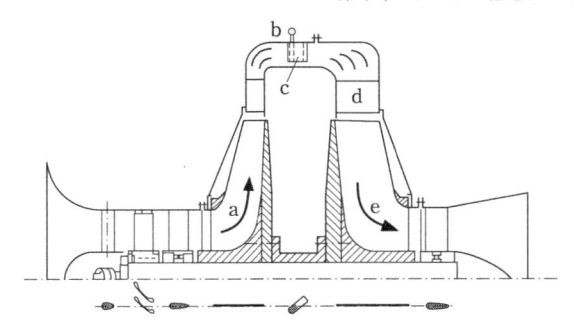

図 1-18 フォン・オハインの HeS-1 エンジン断面スケッチ
資料 1-1　©スミソニアン博物館：複写許可済み

rpm の回転数で 1,111N（114kgf）の推力と、予期通りの性能が得られた。何の設計変更もなしに、である。エンジンが軽かったせいか、スロットルの動きに対するエンジンのレスポンスは良く、社長はじめ全員大喜びで、地上デモは大成功のうちに終了した。あえて問題と言えば、排気管が燃焼ガスの高温に耐えられず、一部、穴が開いてしまったことくらいだった。

そこで、ハインケル社長はさっそくフォン・オハイン博士の給料を引き上げ、彼の雇用を恒久的なものにした。そして、ジェット・エンジン研究開発のための社長直属の部を作り、彼をその長に任じた。フォン・オハイン博士の作戦は、またまた大当たりした訳である。

こうして何とか時間を稼いだフォン・オハイン博士は、その年の5月から、それまで水素ガス燃焼による HeS-1 の設計製作と並行して行っていた液体燃料（航空用ガソリン）を使った燃焼器の研究に集中し、4ヵ月後の9月に、ベーポライザー（Vapourizer または、Vaporizer）によって液体燃料を気化し、それを燃料ノズルによって燃焼器内で圧縮空気と混合させ

45

るとの手段を用いた、HeS-1の試験に成功した。また、彼の部の編成と同時に、飛行用ジェット・エンジンHeS-2の設計が始まった。

■1.4　訪れた転機

　フォン・オハインがジェット・エンジンのコンセプトを大学構内で実証しようとしていた頃、ホイットルは失望の底に低迷していた。ジェット・エンジンに対する情熱を捨てた訳では決してないが、彼のアイディアをどこの誰にどう持ちかければよいのか、ホイットルには分からなかった。そして、特許申請を始めてからちょうど5年後の1935年1月に、特許更新の通知を受け取った。特許の更新費は5ポンド。彼はこのわずかな費用を払うのさえも億劫に感じる程失望していたと見え、結局払わずじまいに終わる。特許権を自ら放棄したのである。逆境には固い決意で自分の意志を通すホイットルとしては、例外の「諦め」である。

　ところがその頃を境として、ジェット・エンジン実現への道は、あいかわらず険しいものではあったが、開かれていくことになるのだから、人生とは皮肉なものである。まず、その年の5月にウィリアムス（Dudley Williams）という男が「君のジェット・エンジンのことで会いたい」と言ってきた。この男はホイットルが水上飛行機のテスト・パイロットだった頃に、彼のジェット・エンジンのアイディアに興味を持っていた少数派パイロットの一人だった。これが発端となって連鎖反応的にことが運び、1936年3月に、ベンチャー・キャピタルによるパワー・ジェット・リミテッド（Power Jets Limited）社（以下PJ社）が資本金1万ポンドで設立されることになった。ここでホイットルはチーフ・エンジニアとなったが、航空省が「フルタ

イムの軍人が、本省の支持を得られないプロジェクトに時間を割くのは、許し難し」と渋ったために、「週6時間以内」しかPJ社では働けなかった。設計の助力、部品の製図と工作は、以前から知っていた蒸気タービンメーカーのBTH（British Thomson-Houston）社に依頼することになった。実験室もBTH社の敷地内の建屋を借りた。

　一般に、ベンチャー・キャピタリストを説得するためには、投資に対してどんな、そしてどれ程の見返りがあるのか、を示さなければならない。ホイットルが、まず最初のエンジンは性能や機能を地上で実証するためのみと決めてはいたものの、その設計目標を、郵送用の小型飛行機が500ポンド（230kg足らず）の郵便を積んで、大西洋を6時間で横断するのを可能にさせるエンジン、と非常に高い水準に置いたのも、そう考えれば納得がいく。したがって、会社が創立するまでには、このエンジンの熱力サイクル計算と圧縮機やタービンの基本設計は終わっており、エンジンの大体の大きさと重さも計算されていた、と見るべきだろう。

　最初の地上デモ用のエンジンはWU（Whittle Unit）型（図1-19）と呼ばれ、その圧縮機は流量11.3kg/s、圧力比4：1の単段遠心式、回転数は17,750rpmであった。

　この圧縮機を駆動するタービンの動翼は、レシプロ・エンジンの排気弁用として開発された耐熱鋼であり、周速も遠心圧縮機のものより13％くらい低いとはいえ、常時高温に晒され、圧縮機を駆動するのに3,000hpからの馬力を単段で出さねばならない。熱力学的にも応力的にも非常に大きなロードがかかっていた。

　燃焼器にしても、同様のことが言えた。ホイットルの計算に

図1-19 ホイットルのWU型エンジン
資料1-1 ©スミソニアン博物館：複写許可済み

よると、毎秒250ccもの燃料を、容積わずか0.17m³の燃焼器内で、燃焼させねばならない。このエネルギー密度は、当時の蒸気用ボイラーの燃焼器のものの数倍にもなる。

ホイットルはこうした設計上のリスクを十分承知しており、圧縮機と燃焼器については、まず要素研究から始めるつもりであった。

しかし、圧縮機試験については、回転数17,750rpmで3,000hpからの駆動装置などない。BTH社に圧縮機試験用駆動装置の設計製作のコストを見積もらせたところ、2万7000ポンドかかるという。資本金1万ポンドの会社にそんな金はない。結局、「仕方ない。最初からエンジンで」ということになった。

また、燃焼器については、1936年の10月から、あるコンサルタントといっしょに研究を始めた。彼等の選択した燃料注入方式は、偶然にもフォン・オハインの考え方と同じで、ベーポライザーを使った気化燃料注入であった。両者の違いは、フォン・オハインが航空用のガソリンを燃料としていたのに対して、ホイットルは初めから灯油（ケロシン）を燃料として考えてい

第1章　レシプロからジェットへ

た点だ。1936年の12月には、それまで研究していた燃焼器の機能が満足すべきものと結論された。ただし、後日この結論が実は早計であったことが分かる。

1937年3月には、その燃焼器を含むWU型エンジンの実験室内での組み立てと、軸受と潤滑油の潤滑系作動試験、エンジン・ローター（インペラー、タービン、それらを連結する回転軸が一体として組み立てられたもの）の圧縮空気をタービンに吹き付けることによる回転試験が次々に終わり、続いて、初めての燃料注入によるエンジンの自立運転が、4月12日に行われた。奇しくも、フォン・オハインが水素ガスを燃料としたHeS-1エンジンの試験に成功した頃だ。

■1.5　マーフィーの法則
「裏目に出そうな物は、何かにつけ必ず裏目に出る」

これがマーフィーの法則である。どのマーフィーがいつこの法則を作ったかなど、全然分かっていないが、よく当たるので、英語圏の国ではよく聞く。WU型エンジンも例外ではなかった。

まず4月12日の初試験で、エンジンは燃料制御とは無関係に暴走した。翌日にも同じことが起こった。その原因をやっとのことで究明し、暴走問題を解決すると、今度は燃料を入れても、ある程度の回転数以上に上がらない、という問題にぶつかった。その後、別の原因で、エンジンがまた暴走した。そして、燃焼器内での燃焼ガスの圧力損失が高過ぎる、燃焼が時として不安定になる、燃焼ガス温度が不均一過ぎる、すすの発生が多い、燃焼器部品が高熱で変形する、等々の問題も加わって、燃焼関係では、散々こずることになった。

リスクが高いと思われていた圧縮機では、案の定、性能問題

にぶつかった。それだけではなく、インペラー入り口で、低速から中速時に起こる失速が原因で、翼車（Impeller）の羽根の一部が飛散した。タービンでも、応力的に厳しい設計が原因で、何枚かの動翼がそれを支えている円板（Disc（英）または Disk（米））の一部といっしょに飛散した。

しかし、こうした問題に直面し、それらを一つ一つ解いていく過程で、新しい技術が次々と生まれていった。例えば、燃焼の問題。これに対する根本的な解答は、シェル石油のエンジニア達が開発した高圧噴霧方式燃料ノズルにあった。しかし、これは1940年10月まで待たねばならなかった。インペラーの失速問題に対しては、インペラー入り口に一列の案内羽根（Inlet Guide Vane：IGV）を置き、インペラー入り口直前で、空気に予旋回を与えることによって、インペラー入り口での迎え角を減らし、失速の発生を防いだ。また、タービン円板の応力問題では、それまで蒸気タービンの動翼を支えるのに使われてい

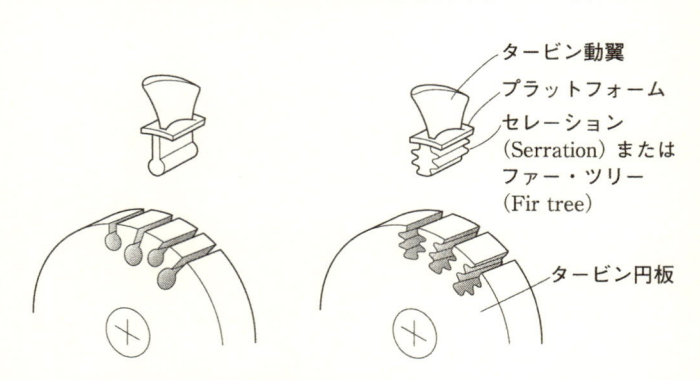

図 1-20　タービン動翼を支えるためにタービン円板に切られた円形の溝とファー・ツリー形の溝

第1章　レシプロからジェットへ

た円形の溝では、WU型エンジンのタービン動翼の遠心応力を受け持つには、接触面積が小さ過ぎることが分かった。そこで、接触面積を増やすために、新しいタイプの溝が使われた。その形を前から見ると、図1-20に示されているように、のこぎりの歯状（Serration）になっており、クリスマス・ツリーに使われるもみの木（Fir tree）に似ているところから、このタイプの溝は、ファー・ツリーとも呼ばれる。IGVやファー・ツリーは、今日のジェット・エンジンにも使われている。

　4月以来、いろいろな問題に晒され、酷使された初代のWU型エンジンは、1年後には部品の変形や軸受位置のずれなど「疲れ」を見せ始め、1938年の8月にリタイアし、試験は2代目、そして年末には3代目のWU型エンジンに譲ることになった。その間エンジンは、それまで1つであった燃焼器を10個の逆流缶型（Reversed flow can type）にし、エンジンの外周に置く（図1-21）ユニークな形状に進展していった。

　2代目のWU型エンジンに、新しいタービンを使うことになり、以前と同様に、このタービンもBTH社に設計を依頼した。ところが、新しく設計されたタービンの軸受にかかるスラスト（軸方向の力）が、ホイットルの計算値よりずいぶん大きかったことから、ホイットルとBTH社のエンジニア達との間で、その原因を探すための討議がなされた。その最中に、BTH社の設計計算では、タービン内の流れが円環状の流路内を旋回しながら通過していくにもかかわらず、流路の半径の影響が無視されていることが明らかになった。これは半径平衡の原理という、今日ではターボ機械の空力屋なら誰でも知っているものだが、当時のBTH社では、蒸気タービンの流路半径がずいぶん大きいし、また周速も低いので、空力設計には半径の影響など

図 1-21　10個の逆流缶型燃焼器を持つ WU 型エンジン
資料 1-1　©スミソニアン博物館：複写許可済み

無視していたのである。

しかし、この点についての質疑応答で、BTH 社の若いエンジニア達がホイットルの考え方に簡単になびいたせいもあってか、BTH 社のシニア・エンジニア達が頑(かたくな)な態度を取り、最後には口角泡を飛ばしての口論となってしまった。

上に話したようなエピソードがあったりして、設計や製作は必ずしも順調ではなかったが、それでもエンジンの完成度が順次高くなり、1939年6月末には、試験速度が 16,000rpm（設計値の約90％）、7月中旬には 16,650rpm（設計値の約94％）にまで達していた。

ここでは詳しく取り上げないが、ホイットルは上に話した技術的な問題だけでなく、深刻な資金難にも悩まされ、PJ 社は2、3回破産に直面している。もともと資金を出したベンチャ

第1章　レシプロからジェットへ

ー・キャピタリストは「短期投資」がビジネス戦術で、WU型エンジン・プロジェクトが期待した程スンナリと進まず、問題だらけと解釈したのであろう。投資を始めて2年も経たないうちに、継続した資金供給を渋り始めたのである。ところが、ホイットルが、プロジェクト当初（1936年3月）からその進展を航空省に逐次報告していたことが幸いして、省の内部でも興味を示す技術幹部が現れ、彼らは試験を視察に来るようになっていた。そして、WUエンジンの1937年4月の初試験から3ヵ月後に初めて与えられた雀の涙程の研究資金が、1938年10月以降は大幅に増やされ、ホイットルはまたしても超低空飛行で問題を乗り切ることができた。しかし、こうした逆境は、ついにはホイットルの健康を害する原因にもなった。

■1.6　チームワークの勝利

ホイットルがWU型エンジンの暴走問題を解き、次の問題に取り組んでいた1937年5月、ここハインケル社では、フォン・オハイン博士を中心に飛行用エンジンHeS-2の設計が始まったところであった。設計作業は1938年の半ばに終わった。このエンジンはHeS-1と同様に、水素ガスを燃料とするように設計されていた。これは、もしベーポライザー方式による燃焼の研究が失敗した時の、言わばバックアップ・エンジンであった。しかし、幸いにもベーポライザー方式の実用性が1937年9月に初めてHeS-1で実証され、その後の研究で作動特性も十分把握される等、一連の燃焼研究が成功裡に終わり、飛行用エンジンに十分使用され得ると結論されるに至って、本番の飛行用エンジンHeS-3の設計が始まった。一方、ハインケル自身も、このエンジンのために、斬新な設計の単座単発小型機He178の設計に入った。

53

HeS-3 の最初の試験で、エンジン推力が目標に比べて20％も低く、燃焼にも問題があることが分かった。しかし、この問題は、ハーンの提案したアイディアで解決され、エンジンの圧力比を高くしたにもかかわらず、エンジンの前面面積を小さくするのに成功している。チームワークの大きな成果である。

　フォン・オハイン博士の得たチームワークは、ハインケル社内だけのものではなかった。例えば、航空省（Reichsluftfahrtministerium：RLM）内のロケット・エンジン開発部門の責任者ハンス・マウホ（Hans Mauch）は、ジェット・エンジンに強い興味を持ち、ハインケル社のジェット・エンジン試験場をしばしば訪ねていたし、フォン・オハイン博士達にエンジン・ユーザーとしての助言を何かと与えていた。HeS-2 や HeS-3 の設計にあたって、エンジンの飛行寿命は50時間あればよい、と言ったのも彼だった。

　ハインケル社を訪れて、HeS-1 の運転状況を目の当たりにし、いたく感動したマウホは、ジェット・エンジンについて2つの信念を持つに至った。1つはジェット・エンジンこそが、将来の高速軍用機用のエンジンになること。もう1つはジェット・エンジンの量産を考えると、機体メーカーに任せられない。どうしてもエンジン・メーカーでないとできない、ということだった。事実、マウホは、ハインケルにジェット・エンジン事業をダイムラー・ベンツ社に移管するよう助言するが、ハインケルはそれを拒否している。

　フォン・オハイン博士のチームワークの輪は、その後、さらに広がる。ジェット・エンジンという未知なものを創造し、それに伴う技術的チャレンジに魅了された若くて有能な12人のエンジニアが、1939年の初めハインケル社に入社し、フォン・オハ

第1章　レシプロからジェットへ

イン博士のプロジェクトに参加し、少なからず貢献したのである。

実は、1936年頃からユンカース社の機体製造事業部の中で、ヘルベルト・ヴァグナー博士（Dr. Herbert Wagner）が12段の軸流圧縮機と2段の軸流タービンからなるジェット・エンジンの可能なことを見極め、ジェット・エンジンの研究を始めていたのである。それも、ユンカース社エンジン事業部の知らない間に、である。そのヴァグナー博士が、1938年にマウホにジェット・エンジン研究資金を求めた際、マウホは「ジェット・エンジンの研究を君の会社のエンジン事業部でするなら」という条件付きで資金の供給を約束した。ヴァグナー博士自身はそれでもよし、との意見だったが、この条件を聞いた彼のグループメンバーのうち、12人の主要メンバーは、エンジン事業部への移転に真っ向から反対し、ヴァグナーのエンジン・プロジェクトを指揮していたアドルフ・ミューラー（Adolf Müller）を含めた12名全員が揃ってユンカース社を辞め、ハインケル社に入社してきたのである。それも、今まで研究してきたエンジンを手土産にして、である。今でこそ、企業の知的財産権は雇用者にあり、と考えられるようになったが、1930年代に、彼らは知的財産どころかヴァグナー博士の考え出したエンジンの「物的財産」をも雇用者から持ち出してしまったのである。

こうした、羨ましいまでのチームワークの中で、HeS-3は設計変更されていった。そして、最初の設計はHeS-3Aと改名され、改良型のエンジンはHeS-3Bと名付けられた。HeS-3Bのエンジンの写真を図1-22に示す。

このエンジンの性能は満足すべきもので、目標推力450kgfもクリアーし、飛行試験をするために、航空省から要求されて

図 1-22 フォン・オハインのHeS-3Bジェットエンジン
資料 1-11

図 1-23 世界初のジェットエンジンによる飛行をしたハインケル社製He178型実験機
資料 1-11

いた10時間の耐久試験(これは、上に話した50時間のエンジン飛行寿命とは別のもの)にも合格した。そこで、このHeS-3Bエンジンはさっそく He178型機(図1-23)に搭載され、1939年8月27日午前4時、ハインケル社のテスト・パイロット、エーリッヒ・ヴァルジッツ(Erich Warsitz)の操縦で、6分間の初飛行が秘密裡に行われた。これが、世界最初の、ジェット・

第1章　レシプロからジェットへ

エンジン推進のみによる飛行であった。

　ハインケルはさっそく航空省を訪れ、ジェット・エンジンによる初飛行の成功を報告したが、彼の期待に反して、航空省のトップは彼のホット・ニュースには冷淡であった。その5日後、ドイツはポーランドへ侵攻し、第二次世界大戦の幕が切って落とされるのであるから、航空省関係者はその準備でキリキリ舞いをしていて、ジェット・エンジンに割く時間などなかったのだろう、と思われる。

　それでも、それから約1ヵ月後には航空省の高官達を招待して、He178の飛行を披露することができた。そして、ハインケルはその機を逃さず、本格的な双発ジェット戦闘機設計を航空省に提案した。また、マウホの信念を知っていたハインケルは、その頃左前になっていたヒルト (Hirth) エンジン社の買収をしたい旨、航空省に承認を求めた。それに対して航空省は、双発ジェット戦闘機He280の設計契約をハインケル社に与え、同時に、He280が1941年4月末までに飛行することを条件に、ヒルト社の買収を承認した。果たせるかな、He280はHeS-3Bエンジンを改良・大型化したHeS-8Aエンジンを2基搭載し、1941年4月2日に初飛行。かくして、ハインケルはヒルト社を手に入れるのに成功した。

　ところで、He280用のジェット・エンジンHeS-8Aは航空省が初めて公式に認めたジェット・エンジンであった。そこで、航空省はターボジェット・エンジンに公式番号「109」を与え、そのいちばん最初のエンジンということで、HeS-8Aは、公式には109-001と呼ばれた。

　その後の2年間、ハインケル社はHe280を9機使って開発を続行し、その間、高度6,000mで対気速度776km/hを記録した。

航空省のマウホは、ハインケル社やユンカース社のジェット・エンジン研究を、ただ見守っていた訳ではなかった。まず省内のロケット・エンジン研究部門にいたヘルムート・シェルプ（Helmut Schelp）を自分の開発部門に迎え、1938年の半ばに、2人でエンジン・メーカーを回り、ジェット・エンジン研究開発へ参入するよう、呼びかけた。

　勧誘を受けたエンジン・メーカー4社のうち、ダイムラー・ベンツ（Daimler-Benz）社は辞退し、ユンカース社エンジン事業部門（Junkers Motoren、略して Jumo）、BMW 社航空エンジン事業部門（Bayerische Motoren Werke Flugmotorenbau、略してBMWF）、ブランデンブルク・エンジン社（Brandenburgische Motorenwerke、略して Bramo）の3社は、航空省の呼び掛けに応えて、ジェット・エンジンの研究開発に参加することにした。その後、BMWFとブラモ（Bramo）社が合併したので、結局、ユモ（Jumo）社、合併後の BMW 社そしてハインケル-ヒルト社の3社が、戦時中ドイツでの、ジェット・エンジン研究開発そして生産に携わることになった。

　さらにシェルプは、省内機体開発部門の責任者ハンス・アンツ（Hans Antz）を説き伏せて、ジェット戦闘機の設計開発を始めさせた。これがメッサー・シュミット社製 Me262 型機シュワルベ（Schwalbe）やハインケル社製 He162 型機フォルクスイェーガー（Volksjäger）誕生の背景である。

■1.7　雨後の筍

　1939年の夏には、WU 型エンジンは機能的にかなり完成していた。それを目の前にしたイギリス航空省の幹部は「ジェット・エンジンは不可能という」それまでの考え方が間違っていた

第1章　レシプロからジェットへ

ことを、認めざるを得なくなっていた。また、イギリス航空省は、ドイツでのHeS-1の運転成功からHe178機の初飛行までの報告を、恐らく軍事情報網を通して逐次受けていただろう。こうした内外の事情に押されてか、航空省は、ついにPJ社に飛行用ジェット・エンジンW.1の開発契約を、同時にグロスター社（Gloster Aircraft Company）に、W.1型エンジンを搭載した単発のジェット実験機E.28/39型機の設計と試作の契約を、それぞれ与えるに至った。1939年9月頃と考えられる。W.1型エンジンの設計要求の中に、エンジンの飛行寿命時間は150時間あるべし、との一項が入っていた。

WU型エンジン試験での教訓を生かしたW.1型エンジンは、急遽設計され、そして製作に入った。とは言っても、WU型エンジンでの燃焼問題が解決されていた訳ではなかった。しかし、1940年10月から始まった試験で、シェル石油の開発による高圧噴霧方式燃料ノズルが良好な特性を示し、WU型エンジン試験の初日から悩まされ続けてきた燃焼問題に対する解決への糸口となった。この後のホイットル設計のエンジンには、全て液体燃料を高圧で噴霧する方式（High pressure atomizer）の燃料ノズルが採用されることになった。

W.1型エンジン部品は、それが製作中でもあるいは製作完了後でも、WU型エンジンの試験結果次第で、設計変更された。この設計変更によってかなりの部品がスクラップになったらしく、ホイットルは満足すべきW.1型エンジンの完成を待たず、WU型エンジンのスペア部品とW.1型エンジン用としてはスクラップになった部品とからなる、W.1型と基本的には同じだが飛行用には不適なW.1X型エンジンを組み立て、1940年12月から試験を始めた。そして、翌年の4月初め、本来のW.1型エンジンの組み立てが未完了だったために、そのピ

ンチ・ヒッターとして E.28/39 型機に搭載されて、地上試験に供された。後日、このエンジンは上記試験プラス132時間の試験を終えた後、アメリカへ送られることになる。

　一方、本来の W.1 型エンジンは、1941年 4 月上旬にようやく完成。12日に試運転をした後、設計回転速度到達や、航空省から飛行許可を得るための25時間耐久試験などを、急ピッチで次々にクリアーしていった。そして 5 月初め、W.1X 型エンジンに代わって E.28/39 型機に搭載され、正式な初飛行を含め、10時間の飛行試験に使われた。図 1 -24に W.1 型エンジンの写真を示す。

図 1-24　ホイットルの W.1 型エンジン
資料 1-11　松木正勝博士のご厚意による

　話はちょっとややこしくなるが、あれ程ジェット・エンジンには冷淡だった航空省が、実験機 E.28/39 の飛行試験を待たずして、1940年の半ばに、1,240ポンド（563kgf）推力の W.1 型エンジンより大きい1,600ポンド（726kgf）級推力の W.2 型エンジンの設計開発契約を PJ 社に、同時にグロスター社には W.2 型を 2 基搭載したジェット迎撃機 F.9/40 の設計試作契約を与

えている。ちょうど、ハインケル社で双発ジェット戦闘機He280型機の試作が始まった頃だ。F.9/40型機は、その後イギリスで初めての量産ジェット戦闘機ミーティアになる。

W.2型エンジンはW.1型エンジンがベースになっているが、このエンジンにはいくつかの新しいアイディアが試みられている。その1つは、タービン・ディスクの冷却法を水冷から空冷にしたこと。また、インペラーに入り口案内羽根（Inlet Guide Vanes：IGV）を取り付けたことである。

E.28/39型機の初飛行は1941年5月15日。選ばれた飛行場は、十分大きく、かつ一般人の目の少なそうな所、という条件から、なんとRAFクランウェル飛行場だった。ホイットルがジェット・エンジンの構想を論文にしてから13年後、ここクランウェルに戻り、彼のアイディアを実証することになったのである。パイロットはグロスター社のチーフ・テスト・パイロット、ジェリー・セイヤー（P. E. Gerry Sayer）。朝7時40分、飛行前のチェックを終わり、E.28/39型機の公式初飛行が始まった。

17分の初飛行は成功裡に終わった。He178型機の初飛行に後れること、約1年9ヵ月であった。その日は、航空省からの指示で、エンジン回転数を設計値の17,750rpmより約6％低い16,650rpmに抑えていたので、エンジンの推力は低く、飛行性能はイマイチの感があったが、後日、高度7,600m、エンジン回転17,000rpmで590km/hの対気速度をマークした。さらに、W.1A型エンジン推進による飛行では、高度わずか4,600mで時速690km/hに達した。図1-25にE.28/39型機を示す。

図 1-25 グロスター社製 E.28/39 型ジェット実験機
Power Jets社HP

イギリスでは、E.28/39型機の初飛行が成功裡に終わり、それに続く飛行試験を通してジェット機の飛行性能が実証されていくにつれて、オレもオレもと、まるで雨後の筍(たけのこ)のように、ジェット・エンジンの研究開発を始めるエンジン・メーカーが増えていった。例えば、ロールス・ロイス（Rolls-Royce）社は、ターボジェット研究プロジェクト（CR.1）を立ち上げた。このエンジンは、かつて自分自身ターボプロップ・エンジンに興味がありながら、金属材料の限界から諦め、ホイットルの話にも首を縦に振らなかったグリフィス博士の設計による。

メトロポリタン・ビッカース（Metropolitan Vickers）社は、以前グリフィス博士が軸流圧縮機と軸流タービンを組み合わせた形態のターボプロップ・エンジンとして設計していたものを、ターボジェット・エンジンに衣替えし、それを、F.2型ジェット・エンジンとして研究開発を始めた。

また、デ・ハビランド・エンジン社（de Havilland Engine Company）ではチーフ・エンジニアで、もとRAFで少佐であったハルフォード（Frank B. Halford）の設計によるH.1

第1章　レシプロからジェットへ

型ターボジェット・エンジンの研究開発が始まった。このエンジンは、その後ゴブリン（Goblin）という名前で量産された。

ローバー（Rover）社は PJ 社の W.2 型エンジンを製造する、という形でジェット・エンジン事業に入ってきた。しかし、ローバー社のエンジニアがホイットル設計のエンジンを、ホイットルの承認なしに「改良」し、そのエンジンの性能がすこぶる悪かったことから、両社間に大きなひび割れが生じた。ローバー社がホイットルの承認なしに行った改良の中でいちばん大きいのは、ホイットル設計の燃焼器が逆流型であるのに対して、直流型にしたことだ。これにより、エンジンの長さは少し増えるが、燃焼器上下流での流れの圧力損失が減り、エンジンの性能は少し良くなる、というのがローバー社エンジニアの意見であった。

ローバー社での W.2B/23 の開発速度の遅さに業を煮やしたホイットルは、PJ 社内で W.2B/23 の開発上の問題を解決することにし、そのエンジンの部分的再設計をした。その中には王立航空研究所（Royal Aeronautical Establishment：RAE）から推薦されたタービン翼型が使われた。そのエンジンは W.2/500 型と呼ばれ、1942年の9月に、最高回転速度で1,700ポンド（771kgf）もの推力を出した。

■1.8　傑作ジェット戦闘機 Me262 シュワルベの誕生

He178 型機が世界最初のジェット・エンジン推進のみによる飛行に成功する約1ヵ月前の1939年7月に、ドイツ航空省はユンカース社エンジン事業部に、ジェット・エンジン設計開発契約を与えていた。このプロジェクトの責任者として、オーストリア生まれのアンセルム・フランツ博士（Dr. Anselm Franz）が選ばれた。ターボ機械の流体力学についての知識では、彼は

社内一の定評があった。このジェット・エンジンは、開発終了後、航空省にとって4番目の公認エンジンとなったので、エンジンはJumo004と名付けられた。

　Jumo004を設計するに当たって、フランツ博士はいくつかの技術的チャレンジに直面した。その1つは、圧縮機。彼は、圧縮機の形態を軸流圧縮機とした。それは以前、彼がゲッチンゲン大学の空気力学研究所との共同研究で、軸流圧縮機を使った航空レシプロ・エンジン用スーパーチャージャーを設計し、その性能が非常に高かったからである。それでも圧縮機については、まず圧縮機単独の要素試験が必要と考えたが、高速で大馬力を要するこの圧縮機を駆動するものはどこにもなく、仕方なく2分の1のスケール・モデルを作って試験することにした。
　また、フランツ博士にとって、定圧燃焼器は未知のシステムであった。したがって、彼はこれも単独にシステマチックな研究をすることにした。
　ドイツでは、ニッケルとかクロームといった耐熱材が入手難だったので、Jumo004には耐熱材を不使用のこととの要求が、航空省から出ていた。フランツ博士にとって、この要求は、彼が直面した技術的チャレンジの中でも、いちばん大きいものだった。ジェット・エンジンでは、軽くて大推力を出そうとすると、どうしてもタービン入り口温度を高く取らねばならない。したがって、耐熱材はどうしても必要となる。それが使えないとすると、どうすれば良いか。

　圧縮機の2分の1のスケール・モデル試験では、圧縮機の翼が振動で飛散するという事故が早々に起こった。フランツ博士は、その原因を究明し設計改善をしていたのでは時間が経つば

第1章　レシプロからジェットへ

かりで、フル・サイズの圧縮機の開発に間に合わないと判断して、その後の圧縮機の開発試験は、直接エンジンですることに決めた。

一方、燃焼器の単独要素開発は比較的順調に進み、エンジンの初試験が始まるまでに、エンジンが一応問題なく作動しうる程度にまで達していた。それでも、さらに技術完成度を高めるため、この燃焼器要素開発は、エンジンの試験と並行して続けられた。耐熱材を不使用のこと、という航空省の要求に対する答えには時間がかかった。結局このチャレンジが、圧縮機出口の高圧空気の一部を使ったタービン冷却という、今日のジェット・エンジンではなくてはならない技術を生む母体となった。

上に話したエンジン要素の単独試験と並行して、Jumo004型エンジンの最初のタイプ、つまりJumo004A型エンジンの設計が1939年の秋に始まった（図1-26）。Jumo004A型では、冷却の技術が未完成だったので、タービン、排気ダクト等のエンジン高温部には、耐熱材が使われることになった。そして、翌年の春には設計が終わり、10月にはエンジンの部品調達と組み立てが相次いで完了して、地上試験が開始される、という超スピードで、1941年1月に430kgfの推力を出すところまでいった。しかしこの値は、エンジン回転数を制限していたこともあって、設計値の600kgfを大幅に下回っていた。加えて、圧縮機静翼の振動問題にぶつかったため、エンジンの部分的な再設計が必要となった。そして、再設計されたエンジンは、8月に契約推力値の600kgfを記録した。

その直後、エンジンの飛行試験をするために、航空省から要求されていた10時間耐久試験に挑戦し、12月にそれをパス。そして1942年1月、契約推力値を67%も上回る最大推力1,000

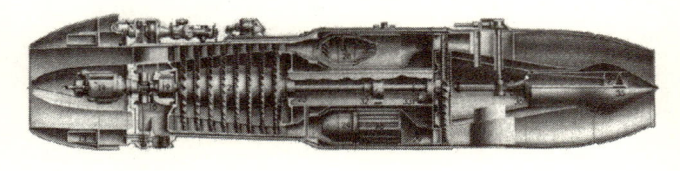

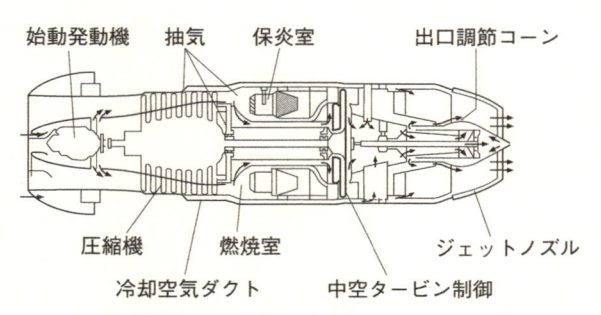

図中ラベル:
始動発動機　抽気　保炎室　出口調節コーン
圧縮機　燃焼室　冷却空気ダクト　中空タービン制御　ジェットノズル

図 1-26　Jumo004A 型エンジンの断面図
資料 1-2 および資料 1-11

kgf に到達、1942年 3 月に Me110 での飛行試験開始、続く1942年夏から本番の Me262 による飛行試験開始と、エンジン開発は順調に進み始めた。

Jumo004A エンジン 2 基による Me262 型機（図 1-27）の初飛行は、1942年 7 月18日、ババリア地方のライプハイム（Leipheim）で行われた。操縦桿はフリッツ・ヴェンデル（Fritz Wendel）が握り、わずか12分という短時間の飛行であったが、地上からの観察では、既に、この戦闘機の比類なき性

第1章　レシプロからジェットへ

図 1-27　メッサー・シュミット社製 Me262 シュワルベ双発ジェット戦闘機
資料 1-11

能の良さが、垣間見られたようである。

　こうして、開発当初につまずいた Jumo004A 型エンジンが、開発上の関門を次々とパスしていくにつれ、航空省の Jumo004A に対する評価が高まっていった。そして、Me262 型機の期待以上の高性能が、飛行試験ごとに確認されるに至って、航空省は、ユンカース社に定格推力を 840kgf とした Jumo004A 型エンジンの80台の限定生産契約を与え、競争開発中のハインケル社 He280 型機の開発プロジェクトを、キャンセルしてしまった。1943年3月のことであった。

　しかし、Jumo004A 型エンジンは耐熱材を使っていたこともあってエンジン重量は 850kg と重く、航空省の要求を満たしていない、量産には不向きなエンジンだった。そこで、量産型 Jumo004B 型エンジンの設計が、この頃始まった。このエンジンでは冷却タービンが初めて採用されたが、一挙に耐熱材を取り除いた訳ではない。Jumo004B-0 型エンジンでは Jumo004A に比べて耐熱材の使用量は50%減少され、その後

Jumo004B-1、B-2、B-3と進んで、Jumo004B-4型ではニッケルの使用量はゼロとなり、クロームの使用量もわずか2.2kgに減少された。

最初の量産型になったJumo004B-1エンジンは100時間もの耐久試験にパスし、50時間のTBO（オーバーホールから次のオーバーホールまでのエンジン使用時間：Time Between Overhaul）の承認を航空省から受けた後、1943年6月から量産開始となった。

ところで、空冷されたのはタービンだけではない。排気ダクトや、可変排気コーンも空冷されている。可変排気コーンは、飛行中の推力を制御する際に、タービン入り口温度を一定に保つ目的で、工夫されたものである。

量産型のJumo004B-1を搭載したMe262型機は、その後、急速なテンポで機体の開発が進むが、その途上の1943年の夏、何機かが続けざまに墜落するという大事件が起こった。事故調査の結果、墜落の原因はエンジンのタービン動翼飛散と分かった。そこで、ユンカース社では、昼夜をあげてのタービン動翼飛散原因の追究が始まった。しかし、ユンカース社の努力は、なかなか実を結ばない。

しびれを切らした航空省は、ついに1943年12月、ユンカース社にドイツ中からタービンのエキスパートを招き、この問題についての技術会議を開いた。彼らは国立研究所の所員、大学の教授、ターボ機械業界のエンジニア達であった。その中に、ハインケル-ヒルト社のエンジニアで、弱冠34歳ながら既に振動のエキスパートとして知られていたベンテレ博士（Dr. Max Bentele）がいた。

招待されたエキスパート達は、材料の欠陥や製造上の問題など、あらゆる角度から、動翼飛散の原因を討議した。ベンテレ

博士は、燃焼器が6個、その下流にあるタービン・ノズルが36枚の静翼、また問題のタービン動翼のすぐ下流に位置する支柱（Struts）が3本であることに注目し、問題のタービン動翼の固有振動数の1つが動翼回転数の3倍または6倍の周波数と一致しないか、との疑問を持った。

彼の意見が明快かつ説得性に富んでいたので、さっそくタービン動翼の固有振動数を測ったところ、その一次曲げモードの固有振動数が、エンジンを最高速で回転させた場合、その回転周波数の6倍の値と一致することが分かった。この問題がJumo004A型エンジンで起こらなかったのは、Jumo004A型エンジンではタービン動翼の材料が違い、加えて動翼まわりの燃焼ガス温度がJumo004B型エンジンより少し低かったために、一次曲げモードの固有振動数がJumo004B型エンジンのタービン動翼のそれより少し高くなり、回転周波数の6倍との一致点は、エンジンの最高使用回転数より上に移動していたからである。

この振動問題は、動翼厚みを先端付近で減らし、動翼高さを1mm減らすことと、エンジン最高回転数を9,000rpmから8,700rpmに下げることで解決された。

それでは、ベンテレ博士はJumo004B-1のタービン動翼の固有振動数をどう測ったのか？　読んだ文献には書かれていなかったので、不明である。しかしその1年前に、彼は自分の働くハインケル-ヒルト社で、航空機エンジン用ターボチャージャーに使われていたタービンが飛散する、という問題にぶつかっている。当時、タービン動翼のような、複雑な三次元幾何形状物体の固有振動数を測る器具もなければ、それを予測する計算方法もなかったので、彼はタービン動翼の固有振動測定法を

考案して、問題の解決に役立てた。この時も同じ方法を用いた可能性が高いので、彼の考案した方法とはいったいどんなものか、話そう。

動翼振動問題で注意を要するのは低次の振動モード、そして、その中でも一番振動周波数の低い一次の曲げ振動モードである。このモードでは動翼の根元に節（振幅ゼロのところ）があり、先端に腹（振幅のいちばん大きいところ）がある。そこで、ベンテレ博士はタービン動翼の根元を支え、先端にバイオリンの弦を軽くあてて弾き、その音をピアノ調律師に聞かせ、その音がピアノのどのキーの音と同じかを判定させた。そして、そのピアノ線の材料、直径、長さ、張力などを測り、それらを基に彼は一次の曲げ固有振動数を計算したのである。

もちろん、この計算結果は、実際に運転中のタービン動翼の固有振動数と、厳密には一致しない。この方法では動翼の回転による遠心力と燃焼ガスの高温の影響が入らないからである。しかしこの計測法と計算法で、十分な近似値が得られたようである。

こうして、さしもの難問も鮮やかに解かれたのである。ここに見られるドイツのチームワークは、国家的なスケールと言える。

Jumo004B-1型エンジンを2基搭載したMe262型機の性能は、例えば飛行速度850km/h、上昇限度12,000mと、比類なきものであった。航空省は、ドイツが降伏する1945年5月8日までに、1,400機ものMe262を生産させ、その相当数を、遅まきながら、1944年の初めから戦線に投入した。

Me262型機はその高性能を駆使して、高高度を飛ぶボーイング社製B29型爆撃機さえ問題にせず、連合国側にずいぶん

な打撃を与えたようだ。

Jumo004型エンジンの開発は004B型に留まらずに続行され、1944年の末にはアフター・バーナーつきで推力1,200kgfの004E型も完成している。これは1945年量産開始の予定だったが、終戦のため陽の目を見ることはなかった。

Jumo004型エンジンの総生産基数は、何と6,000台を超えていたという。

■1.9　後追いのイギリス

PJ社とローバー社間に起こった問題は、ホイットルの要請もあって、ロールス・ロイス社がローバー社からPJ社のエンジン製造権を引き取り、その見返りとしてローバー社に船舶用エンジン事業を譲渡するという条件で、解決された。1943年の初めであった。

W.2B/23（RB.23）型エンジンは、その後ロールス・ロイス社とPJ社の協力によって開発が急速に進み、開発目標推力1,600ポンド（726kgf）をクリアーした。このエンジンはその後の耐久試験の結果、180時間のTBOを航空省から承認され、RB.23 ウェランドⅠ（Welland Ⅰ）という名前で、ミーティアⅠ型機のエンジンとして、1943年の10月から生産が始められた。Jumo004B-1型エンジン納入開始に後れること、わずか4ヵ月にまで追い付いた。

RB.23 ウェランド搭載のミーティアⅠ型機は、1943年の夏に初飛行、翌年の5月から実戦部隊への配備が始まり、7月暮れから、実戦に投入された。この飛行機は、その俊足を生かして、ドイツのV-1飛行爆弾を撃墜することができ、結局、第二次世界大戦で連合軍が実戦に使った、唯一のジェット機となった。

RB.23 ウェランドが生産に入った後、ロールス・ロイス社バーノルズウィックでの開発活動は RB.26 ダーウェント (Derwent)、RB.41 ニーン (Nene) と進み、一方ダービーでは、軸流圧縮機を使ったエイボン (Avon) の開発が始まった。

■1.10 アメリカ合衆国の参戦

1939年9月1日にポーランドへ侵攻を開始したドイツ軍は、4週間でポーランド全土を押さえた後、北のノルウェー、西のオランダ、ベルギー、ルクセンブルクへと、その圧倒的な機動力を駆使して急速に戦線を拡大し、侵攻を続けた。イギリスとフランスは9月3日にドイツに宣戦布告し、ドイツの侵攻を阻止しようとするが成功せず、翌年6月下旬にはフランスがドイツに降伏し、ヨーロッパ大陸はスイス、スウェーデン、スペイン、ポルトガルといった中立国は別として、ほぼドイツの手に落ちてしまった。大西洋を西に渡ったアメリカ合衆国は、既に1939年9月5日に中立を公式宣言しており、ここにイギリスは全く孤立してしまった。占領したフランスから、ドーバー海峡を渡ってのドイツ軍のイギリス侵攻は、もはや可能性の問題ではなく、時間の問題となった。

その前哨戦として起こった、1940年8月のバトル・オブ・ブリテンと言われる空戦は、ポーランドやフランスからイギリスに逃れてきたパイロット達の活躍も手伝って、イギリス側の勝利に終わったものの、イギリスの軍事基地や工業地帯は、ドイツ機の爆撃によって大きな被害を受けた。さらにドイツは、その年の9月から2ヵ月間というもの、毎夜、首都ロンドンを集中的に爆撃した。いわゆる、ロンドン・ブリッツ (London blitz) である。ホイットルの W.1 エンジンや W.2 エンジンの開発は、こうした状況の中で進められていたので、航空省の幹

第1章　レシプロからジェットへ

部がジェット・エンジンの英国内での生産の可能性を憂慮したのも、容易に理解できる。

　ドイツ軍によるロンドン・ブリッツは、中立の立場を選んだアメリカ国民にとって大きなショックであった。英国の植民地政策に反抗して独立した国の民ではあっても、大多数のアメリカ人には、イギリスはやはり特別な国であった。その国の首都が、それも軍事的価値のそれ程大きくないロンドンが、毎夜爆撃されたのである。しかしアメリカ国内は、1929年に始まった経済大恐慌から未だ十分回復しておらず、加えて、第一次世界大戦参戦が多くの戦死者を出しただけで、目に見えた見返りがないという結果を生じていたために、世論は中立維持であった。

　こうした状況の下で行われた大統領選挙（1940年11月）では、ニュー・ディールなどの政策で、庶民に圧倒的な人気のあったフランクリン・ルーズベルト（Franklin Roosevelt）が勝ったものの、彼はその選挙戦中、イギリスを助けヒットラーに勝つことが必要でもあり正しい姿勢だとは知りつつも、参戦を口にすることはできなかった。こうした自己の信念と世論の板ばさみになっていた彼が、大統領としてとった政策は、大きな政治的リスクを含むものであった。例えば、翌年1月、正式に大統領になって間もなく、彼は議会に軍需品貸与法なるものの立法を要請し通過させた。これは、アメリカの持つあらゆる軍需品をイギリスに貸すというもので、世論を押し切って参戦することのできない彼にとっては、最大限の対英援助であった。その後、国民には伏せたまま、北大西洋上でイギリスのチャーチル（Sir Winston Churchill）首相と4日間にもわたる対独秘密会談をしたり、海軍にアメリカからイギリスの輸送船団

(それまでに、1,500隻ものイギリス輸送船がUボートによって撃沈されていた)の護送を命じ、Uボート攻撃をも許可していた。つまり、ルーズベルト大統領は世論が参戦へ傾くのを忍耐強く待つと同時に、対英援助とヨーロッパ戦線への出兵の準備を既に始めていたのである。

そうした背景があって、1941年3月、アメリカ政府はハップ・アーノルド (Henry H. "Hap" Arnold) 将軍をイギリスに派遣し、戦況の実地調査をさせた。その際、彼は秘密裡に開発中のジェット機が間もなく初飛行することを聞いた。アメリカ国内での、科学者を中心とするジェット・エンジンの可能性についての国防省諮問委員会が「かさばり、重過ぎ、非現実的」と結論付けたいきさつもあり、大いに驚き、同時にその技術を何とかアメリカへと考えた。

そのアーノルド将軍に、ジェット・エンジンの国内生産を憂慮していたイギリス航空省幹部がアメリカでの生産を要請したので、話はトントン拍子に進んだ。そして、ホイットルのエンジンとPJ社の技術者をアメリカに送り、アメリカでのジェット・エンジン生産を促進するという点で、両者は合意した。その結果、前述のW.1Xエンジンが分解され、PJ社の技術者同乗のもとに、その年の10月1日アメリカへ空輸された。

ホイットル自身も、翌年の1942年5月26日にアメリカに飛び、ジェット・エンジンの生産会社として既に指名されていたジェネラル・エレクトリック (General Electric : GE) 社を訪れた。GE社では、W.1Xを基にしたエンジンをGE I-A型エンジンと名付けていた。そして、その後の2ヵ月半というもの、GE社や、GE I-A型エンジン搭載を予定したXP-59Aジェット試作戦闘機を設計中のベル航空機 (Bell Aircraft Corporation) のエンジニア達に、ジェット・エンジンの性能、運転特

性、技術的問題に関する種々の助言を与えた。

XP-59A型機は計画通りGE I-A型エンジンを搭載して1942年10月2日に初飛行したが、この機も、また推力増強型のI-16（このエンジンの米陸軍航空隊による名称はJ31）エンジンを搭載したYP-59A型機も、正式な戦闘機にはなり得なかった。

1943年に入り、GE社はアメリカ陸軍航空隊の要請で、推力4,000〜4,600ポンド（1,800〜2,100kgf）を目指したI-40（J33）型エンジンの開発を始めた。それから2年後の1945年、このエンジンが生産段階に入った後、アメリカ陸軍航空隊はその量産を、GE社から、生産設備のより整っていたアリソン（Allison）社に移管した。このエンジンを搭載した3機のロッキード（Lockheed）社製P-80シューティング・スター（Shooting Star）ジェット戦闘機が終戦直前にヨーロッパに送られたが、実戦には参加しなかった。

ところで、ルーズベルト大統領の待ちに待っていた、世論を参戦へ大きく傾かせる出来事が起こった。1941年12月8日の、日本軍による真珠湾攻撃である。実はこの1日前に、大統領は日本政府の秘密電信の傍聴解読文を読んでおり、「これは、我我に対する宣戦布告である」との明快な解釈をしている。しかし、彼はこのトップ・シークレットの情報を、海軍に通告していない。大統領の世論の参戦への傾きを待ち望むスタンスから、故意に知らせなかったのではないかとは、今日の歴史家が持つ、ルーズベルト大統領への疑問である。

続く12月11日のドイツとイタリアのアメリカへの宣戦布告は、有無を言わせずアメリカを戦争に引きずり込んだのであ

る。

■1.11　日本での戦時中のジェット・エンジン研究開発

第二次世界大戦中にジェット・エンジンを研究開発し、ジェット機の飛行に成功したのは、上に話したドイツ、イギリス、アメリカの3ヵ国だけではない。日本とイタリアでもジェット機の飛行に成功している。日本では、ドイツ以上に軍の関係者がリーダーとなって、エンジン業界を引っ張っていった感がある。その中でも、種子島時休海軍大佐が日本でのジェット・エンジンのパイオニアであり、同時に啓蒙者だったと言える。

日本のジェット・エンジンの研究開発については、既にいくつもの文献（例えば資料1-14から1-16）があるので、ここでは省略する。

■1.12　レクイエム

第二次世界大戦が終わって、敗戦国の日本やドイツでのジェット・エンジン開発活動は全て停止させられ、組織は解散させられた。戦勝国のイギリスでは、ジェット・エンジンの設計開発にかけては国内一のPJ社が、その量産能力のなさから生存できず、1946年の初頭に国有化され、その試作と実験部門は切り離されてRAEのガスタービン部門と合併し、国立ガスタービン研究所（National Gas Turbine Establishment：NGTE）となった。

終戦後、ジェット・エンジンのパイオニア達はどうなったか？

ホイットルには、逆境にもめげず、健康を害してまでも、ジェット・エンジン一途に歩いたことによって立てた輝かしい功績に対して、やっと報われるべき日がやってくる。まず、1945年

第1章　レシプロからジェットへ

にイギリス機械学会において、ジェームス・クレイトン(James Crayton)賞を受賞する。その3年後には王立発明者褒章協会賞、そして、英国空軍准将として当時の国王ジョージ6世(George VI)からナイトの叙勲を受ける。さらに、1965年にはアメリカ航空宇宙学会(American Institute of Aeronautics and Astronautics：AIAA)からゴダード(Goddard)賞、1977年には英国の機械学会 I Mech E(Institute of Mechanical Engineers)からジェームス・ワット(James Watt)賞を受賞。そして、1991年には、フォン・オハイン博士と共に、エンジニアのノーベル賞との別名を持つ、チャールス・スターク・ドレーパー(Charles Stark Draper)賞の受賞者となる。ドレーパー賞は、アメリカの権威あるNAE(National Academy of Engineering)が、工学上人類に顕著な貢献をした人に与える、非常に権威のある賞である。

　ホイットル卿は引退後、アメリカのメリーランド州コロンビア(Columbia, Maryland)に移り住み、そこで1996年に生涯を閉じることになる。

　一方、フォン・オハイン博士は1947年にアメリカ空軍(以前の陸軍航空隊)に招かれ、オハイオ州デイトンのライト・パターソン基地内にある空軍研究所に勤務することになる。その後、1956年にそこのディレクターに、1975年に研究所内の航空機推進研究部でチーフ・サイエンティストに昇進し、4年後に引退する。滞米中、彼のジェット・エンジンのパイオニアとしての役割とその後の技術向上への貢献に対して、多くの団体から、いろいろな形で賞賛を受ける。その中で、主なものを2つ挙げるとすれば、AIAAのゴダード賞と上述のチャールス・スターク・ドレーパー賞(1991年)である。引退後、しばらくはデイトン大学で教鞭をとっていたが、その後フロリダ州メル

ボルン（Melbourne, Florida）に移り、そこで1998年に永眠する。

Jumo004型エンジンの設計開発の責任者フランツ博士も、フォン・オハイン博士同様、アメリカ空軍に招待されて1946年にアメリカに移住し、それから1950年まで、空軍研究所の所員としてアメリカのジェット・エンジン・メーカーへの技術顧問の役目を果たした。しかしジェット・エンジンの設計開発の味を忘れることができず、それまでになかった小型、中型のターボプロップやターボシャフト・エンジンの設計開発を当時のアブコ・ライカミング（Avco Lycoming）社の社長に持ちかけ、1950年からコネチカット州ストラトフォード（Stratford, Connecticut）で同社の副社長のポジションに就く。

彼の指揮下で開発されたT53型やT55型ターボシャフト・エンジンを搭載したヘリコプターは、今でも日本を含めて世界中の空を飛んでいる。また、これらのエンジンの開発中、フランツ博士はかつてのJumo004開発チーム・メンバーの中の数人をアメリカに呼び寄せ、アメリカでのエンジン開発に貢献させている。1968年に引退した後も、コンサルタントとして毎日会社へ「遊びに」来ていたという。彼のジェット・エンジン開発貢献に対し、アメリカ機械学会から、トム・ソーヤー（R. Tom Sawyer）賞を受賞、またアメリカ陸軍からは民間人に与えられる最高の功労勲章を受けている。彼は1994年、ストラトフォードの実家で逝去する。

例の振動のエキスパート、ベンテレ博士は、1955年にカーチス・ライト（Curtiss Wright）社に招かれてアメリカに渡り、カーチス・ライト社がジェット・エンジン事業から撤退するまで、そこでジェット・エンジンの研究開発に従事する。その後1967年にアブコ・ライカミング社に移り、フランツ博士の右腕

第1章 レシプロからジェットへ

となる。2001年にはアメリカ機械学会から、長年のジェット・エンジン技術への貢献に対して、トム・ソーヤー賞を受けている。

　終戦後のイギリスでは、ロールス・ロイス社をはじめ各ジェット・エンジン・メーカーが、さらなるエンジンの大型・高性能化を図った。その結果、戦時中に開発されたエンジンは、どのエンジンもリタイアへの道をたどることになった。
　こうした状況の中で、1946年の後半、当時の労働党の党首で、英国首相でもあったクレメント・アトリー（Clement Attlee）が、英国とソ連との友好関係を促進する政策の一環として、10台のRB.26ダーウェントと10台のRB.41ニーンを、ロールス・ロイス社が当時のソ連に輸出するのを許可する、という「事件」が起こった。なぜこれが「事件」かというと、当時ジェット・エンジンは国防上機密扱いを受けており、それを冷戦の始まらんとする頃に、ロールス・ロイス社がこの仮想敵国に輸出することを政府が許可したからである。政府とロールス・ロイス社の見解では、ソ連のジェット・エンジン技術は非常に遅れており、エンジンの中でいちばん重要な材料である耐熱ニッケル合金を作ることができない。しかも、ジェット・エンジンは既に大型・高性能化が進行中で、ダーウェントやニーンのような、言わば前世代のエンジンがソ連の手に渡ったところで、問題はないはずであった。さらに、これらのエンジンを搭載したジェット戦闘機は、既に海外に輸出されており、ソ連がその気になればそれらを買収することも考えられた。ソ連からのエンジン購入要求は、その後1947年5月にもあり、総計で30台のダーウェントと25台のニーンがソ連に売られた。
　ロールス・ロイス社のニーンは、ソ連では、クリモフ

(Klimov) RD-45型エンジンと命名された。その後クリモフ社では、このエンジンの推力を増加する努力をし、完成した新しいエンジンに、クリモフ VK-1型エンジンとの名称を与えた。

　ホイットルの W.1型エンジンが長男なら、RB.23 ウェランドが次男、RB.26 ダーウェントが三男で、そして RB.41 ニーンは四男と、こういう家系を作れば、W.1X から発展したアメリカの GE/アリソン J33 と、RB.41 ニーンから発展したロシアのクリモフ VK-1 とは、いわば従兄弟同士となる。
　この従兄弟同士は、ヒョンなことから、初対面をする機会を得る。それは1950年11月10日、朝鮮半島上空において、であった。J33 は米空軍の P-80戦闘機のエンジンであったことは既に述べた。一方 VK-1エンジンは、ソ連の開発した MiG-15戦闘機のエンジンであった。因果なものである。

第2章 より速く、より遠く
── 熱サイクル

■2.1 馬の力と押す力

　図2-1に示すように、「足で地面を後ろへ押す」という作用力の反作用として、我々は前へ歩くことができる。タイヤが回転運動を利用して「地面を後ろへ押す」という作用力の反作用で、自動車は前へ進むことができる。水を手足で搔き「後ろへ押す」という作用力の反作用として、泳ぐことができる。同様に、レシプロ・エンジンの先端に付いているプロペラが回転し「空気を搔いて後方に効率よく押しやる」という作用力の反作用として、プロペラ機は前進することができる。

　それでは、我々が動こうとする場合、周りの物に頼らねばならないか、と言うと、必ずしもそうではない。例えば、図2-2に示されているような、庭に散水するためのピストル形をした散水ノズル。その引き金を引き、水が速い速度で飛び出す際、水の飛び出す方向と反対方向にノズルは動こうとし、その力が手にかかるのを感じる。消火用の放水ノズルにしても、同じである。速い速度で噴出する水と反対の方向に動こうとするノズルをしっかりと支えるのに、2～3人の消防士が必要にな

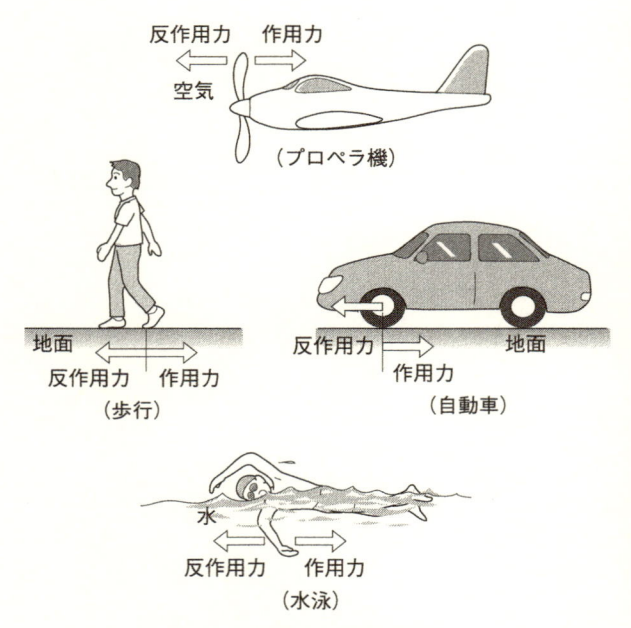

図 2-1 作用力と反作用力
自分の周りにある物（固体、液体または気体）を押し（作用）、その反作用で自分が押した方向と反対の方向に動く例

る場合さえある。別の例を出そう。膨らませた風船の口から手を放して自由に飛ばしてやると、風船の口から出て来る圧縮空気の方向と反対の方向に、風船は飛ぼうとする。

これらの例では、圧力のかかった水なり圧縮空気が、出口から高速で飛び出してくるその作用力の反作用として、ノズルなり風船がその反対方向に動こうとするのである。

実は、ジェット・エンジンも、排気口から多量の燃焼ガスが「高速で後方めがけて噴き出す」という作用力の反作用で、飛

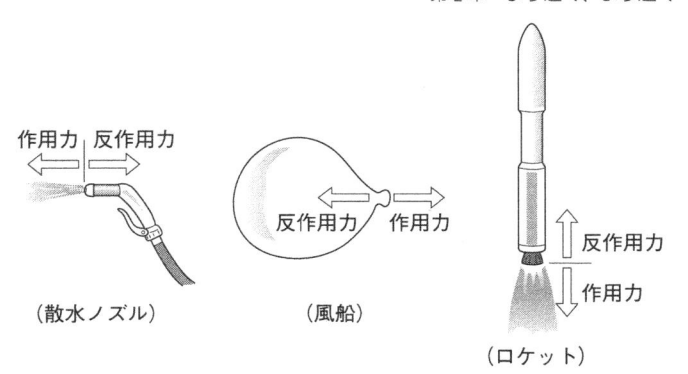

図 2-2　流体の作用力と反作用力
自分の持っている物（液体または気体）を噴き出し（作用）、その反作用で自分が噴き出した方向と反対の方向に動く例

行機を前進させるための推力を発生するのである。ただし、燃料を燃やすための酸素を大気中から取っているので、空気のないところではジェット・エンジンは作動しない。つまり、ジェット・エンジンがまともに作動するためには、空気を「吸う」必要がある。そのために、ジェット・エンジンを、呼吸するエンジン（Air breathing engine）という範疇に入れる人達もいる。まるで、動物扱いである。

この推力発生機構は、液体燃料ロケット・エンジンのそれと同一である。違いはと言うと、ロケットは燃料の水素だけでなく、燃焼に必要な酸素をも内蔵していることである。したがって、ロケット・エンジンは真空中でもロケットを推進できる。

上の話からも分かるように、ジェット・エンジンの推力は力である。固体の場合、力は「固体の質量とそれにかかる加速度の積」で表せる。しかし、連続流体の場合は、近似的に「エンジンの入り口で流れの持つ運動量（入り口での流体の質量と流速

の積)と、出口で流れの持つ運動量(出口での流体の質量と流速の積)の差」となる。

では、どれ程の推力が飛行機にとって必要なのだろうか。例えばボーイング社製のジャンボ・ジェット機B747-400(図2-3)だと、海面上標準大気時(高度0m、15℃、1気圧、無風)に400人以上の乗客を乗せ390トンからの最高離陸重量で離陸するのに、4基のエンジン全部で約1,010kN(約103,000kgf)もの推力が必要である。

図 2-3　ボーイング社製B747-400型機
資料 2-1

これが、高度が10,700m(35,000ft)でちょっと低速だが対気マッハ数が0.8(標準大気中で、機速は237m/sまたは854km/h)での巡航時には、高高度のために空気の密度が低くなって機体の抗力が減るだけでなく、離陸時と違って、機体重量は主翼の揚力とバランスするので、4基のエンジンの合計推力は約214kN(約21,800kgf)程度でよい。それでも、この時のエンジンのパワーを馬力に換算すると、約69,000psにもなる。

飛行中のエンジンの推力値を、図2-4を参考にして式に表すと、次のようになる。

第2章 より速く、より遠く

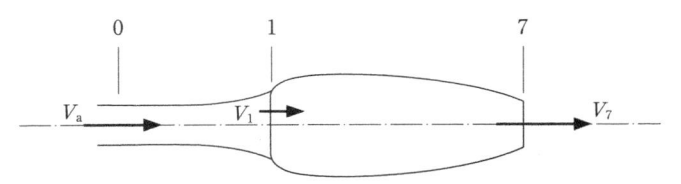

V_a：飛行速度
V_1：エンジン入り口での空気の流入速度
V_7：エンジン出口での排気燃焼ガスのジェット速度

図 2-4　飛行中のジェットエンジン出入り口付近での流れの速度

$$F_N = [m_7 \times V_7] - [m_0 \times V_a] + [P_7 - P_{atm}] \times A_7 \quad (2-1)$$

　上の式で、位置0はエンジンの上流で十分離れたところにあり、そこでの静圧：P_0 は大気圧：P_{atm} と同じ。m_0 はエンジンに毎秒入ってくる空気の質量流量で、エンジン入り口（位置1）での質量流量：m_1 と同じ値。V_a は飛行機の飛行速度。位置7はエンジンの排気口出口で、そこでの排気燃焼ガス質量流量が m_7 で流速が V_7。飛行速度：V_a が超音速だと、エンジン出口静圧：P_7 が大気圧：P_{atm} より高くなり、追加推力（その差圧と排気口出口での流路断面積：A_7 を掛けた値）発生の原因になる。しかし、亜音速旅客機用エンジンでは、通常、上式右辺第3項はゼロである。この式のエンジン推力は、エンジン上流側での流れの運動量を差し引いている（式（2-1）の右辺第2項）ので、正味推力（Net thrust：F_N）と呼ばれる。

　それに比べ、図2-5に示されているような、地上試験装置で発生するエンジンの推力は、前進速度：V_a がゼロなので、式（2-1）の右辺第2項もゼロになり、

$$F_G = [m_7 \times V_7] + [P_7 - P_{atm}] \times A_7 \quad (2-2)$$

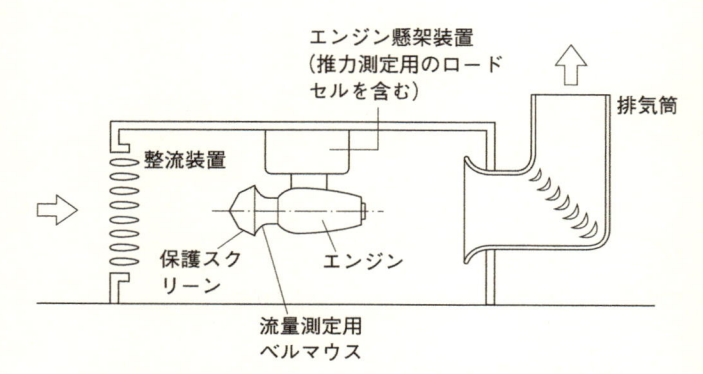

図 2-5　典型的なジェットエンジンの地上試験装置

となる。これを総推力(Gross thrust：F_G)とか静止推力(Static thrust)と呼ぶ。しかも、一般の亜音速旅客機用のエンジンでは、上式の右辺第2項もゼロになる。

上の式では、推力の単位として、SI(国際単位系)による力の単位ニュートン(N)が使われている。しかし、航空業界では、むしろ以前からあったメートル法による(kgf)とかトンや、フィート・ポンド法による(lbf)の方がよく使われている。これらの推力の数値関係を、下の式に示す。

$$F(\text{N}) = F(\text{kgf}) \times 9.8 = F(\text{lbf}) \times 4.445 \quad (2-3)$$

では、なぜジェット・エンジンの出力は、レシプロ・エンジンのように馬力で表示されないのか。確かに、ジェット・エンジンの出力を数式上、次のように馬力で表すことはできる。

$$P(\text{ps}) = [F_N(\text{N}) \times V_a(\text{m/s})]/735.5 \quad (2-4)$$

上で話した巡航時のエンジン推力値から馬力値への変換に

は、この式が使われた。しかし、地上試験のように前進速度がゼロの場合、エンジンが一生懸命大きな推力を発生していても、馬力の値にするとゼロでしかないので、ジェット・エンジンの出力単位として適当でない。また、同じエンジンを性能の違う飛行機2機に積んで飛行試験をすると、エンジンは同じ推力を出していても、飛行機の性能の違いから、2機の飛行速度が違ってくる。したがって、良い性能の飛行機に積まれたエンジンの方が馬力が高くなる、という不公平が出てくる。こうした理由から、ジェット・エンジンの出力は推力でしか表されない。

では、なぜレシプロ・エンジンやターボプロップ・エンジンの出力が推力でなく、馬力で表されるのだろうか。それは、レシプロ・エンジンでは、推力を発生するプロペラはエンジン部品ではないからである。そこで、エンジン出力軸端とプロペラとか動力計といった負荷との間にカップリングを付け、そこにかかるトルク:τ(Nm) と回転角速度:ω(rad/s) を測って、次の式から馬力を求めることになる。

$$P(\text{ps}) = [\tau(\text{Nm}) \times \omega(\text{rad/s})]/735.5 \quad (2\text{-}5)$$

このように、馬力は実は力ではなく、パワー、言い換えれば仕事率なのである。

■2.2 エンジンの性能パラメーター

ジェット・エンジンの性能を示すパラメーターは、推力以外に、燃料消費率 (Specific fuel consumption:SFC) (kg/hr/kgf)、比推力 (Specific thrust) (kgf/kg/s)、推力重量比 (Thrust-to-weight ratio) (kgf/kg) などがある。

SFC は、エンジン推力 1kgf 当たり毎時間燃料をどれだけ消

費するかで、エンジンの経済性を示す重要なパラメーターである。

また比推力は「空気吸い込み流量1kg/s当たりエンジンがどれだけの推力を発生するか」というもので、入り口流量がエンジンの前面面積に比例する傾向にあるので、エンジンの大きさを示すパラメーターと考えられる。

推力重量比は「エンジン重量1kg当たりどれ程の推力を出すか」というパラメーターで、エンジンの重さの指数とも言える。タービン入り口温度（Turbine inlet temperature：TIT）の高いエンジン程、この値が大きくなる傾向にある。飛行機メーカーとしては、エンジンが軽い程飛行機の機速を速くできるか、燃料を余計積めるので、飛行機の航続距離を長くできる。飛行機のユーザーにとっては、エンジンが軽い程旅客なり貨物を多く積めるので、経済的なメリットがある。

■2.3　限りない性能向上の追求
2.3.1　ターボジェット・エンジンの基本熱サイクル

人間の欲には限りがない。ジェット・エンジンの軽さ、ジェット機の速さが認められるにしたがって、ジェット・エンジンをどのタイプの飛行機にも使いたい、もっと速く飛びたい、もっと遠くまで飛びたい、という要求が出てくる。要は、もっと推力が大きくて、SFCの低いジェット・エンジンが欲しいという要求である。そういう要求に応えるには、まず推力・SFCを左右するパラメーターを見つける必要がある。

図2-6にジェット・エンジンの熱サイクルを示す。比較のために、理想サイクル（点線）と現実サイクル（実線）の両方を示しておく。ここでは地上試験時のエンジン・サイクルの話を

第2章 より速く、より遠く

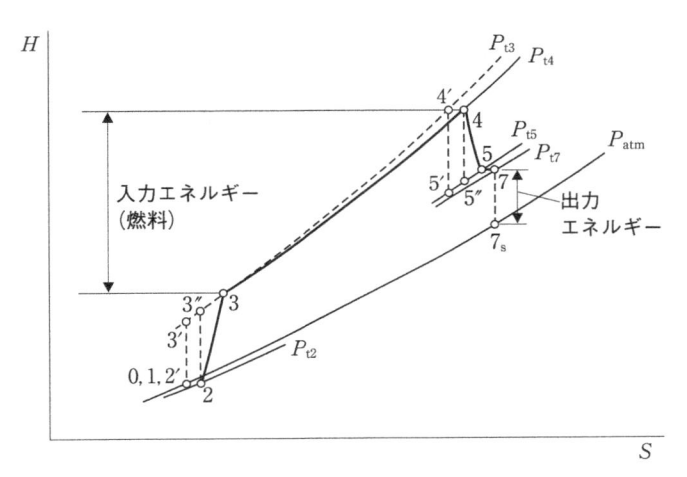

図2-6 ターボ・ジェットエンジンの熱サイクル

するつもりなので、この H–S 線図には飛行速度によって発生するラム圧は考えられていない。

ところで、熱力学的にはこのサイクルは、ガスタービン・サイクル（Gas turbine cycle）または、ブレイトン・サイクル（Brayton cycle）と呼ばれる。

図2-7に典型的なターボジェット・エンジンの断面図と位置番号を示す。この図は、図2-6での流れの状態点がエンジンのどこにあたるか、を示すためのものである。

エンジン入り口上流：点0から点1までの間での圧力損失は無視できるが、点1から点2までの入り口ダクト内での圧力損失がある。しかし、熱的には、点0から点2までは外界との熱のやり取りはなく、断熱的である。その結果、点2が点0や点1の位置に比べて、水平にエントロピーの増加する方向に少し

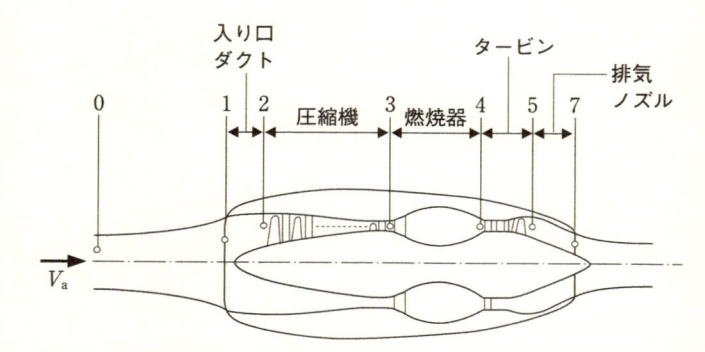

図 2-7 典型的なターボ・ジェットエンジンの断面と位置番号

ずれる。

次に、圧縮過程。点2から点3までの圧縮機による空気の圧縮は、外界と熱のやり取りがない、断熱的なものを仮定する。これは実際のエンジンにも近似的にあてはまる。その過程でロスがあるので、点3でのエントロピー値は点2より高くなる。そして、点3が右上がりの P_{t3} 線上にあるので、効率100%の理想圧縮機が空気を点2から点3″までロスなしで圧縮するのに必要なエンタルピー上昇：$(H_{t3''}-H_{t2})$ よりも高いエンタルピー上昇：$(H_{t3}-H_{t2})$ を必要とする。両者の比が圧縮機の断熱効率である。

$$\eta_{c,ad} = (H_{t3''}-H_{t2})/(H_{t3}-H_{t2}) \qquad (2-6)$$

ところで、上式の中に使われているエンタルピー量は、直接測れない。そこで、H_{t2} と H_{t3} を入り口と出口での全温度に代え、H_{t2} から $H_{t3''}$ への移動は等エントロピー的なので、

$$(H_{t3''}/H_{t2}) = (T_{t3''}/T_{t2}) = (P_{t3}/P_{t2})^{(\kappa-1)/\kappa} \quad (2-7)$$

なる便利な関係を使うと、

$$\eta_{c,ad} = [(P_{t3}/P_{t2})^{(\kappa-1)/\kappa} - 1]/[(T_{t3}/T_{t2}) - 1] \quad (2-8)$$

という、近似的だが圧縮機の入り口と出口で測れる全圧と全温を使った、便利な断熱効率の式が得られる。ここで、κ には圧縮機入り口から出口までの比熱比の平均値である。そして、(P_{t3}/P_{t2}) を圧縮機の圧力比と呼ぶ。

では、圧縮機内のロスの原因は何か？ これはいくつもあるが、その代表的なものを4例だけ、図2-8に挙げる。それらは、流れと翼との摩擦と翼表面境界層の発達による翼形状損失（図2-8(a)）、ハブ壁面境界層内の流れが、主流の作る翼間方向の静圧差に勝てず、翼の正圧面から負圧面に流れ込むことによる二次流れ損失（図2-8(b)）、300m/sから400m/sもの高速で周方向に回転する動翼のチップから0.3mm程度しかないところに静止しているケーシングとの間を、動翼正圧面側から負圧面側に流れる漏れ流れ損失（図2-8(c)）、そして遷音速圧縮機の入り口付近に発生する衝撃波および、それと翼表面境界層の干渉による損失（図2-8(d)）である。

P_{t3} がサイクル中でいちばん高い全圧、P_{t0} がいちばん低い全圧であるところから、P_{t3}/P_{t0} はサイクル圧力比（Cycle pressure ratio：CPR）ともオーバーオール圧力比（Overall pressure ratio：OPR）とも呼ばれる。

圧縮機から出て来た圧縮空気は燃焼器に入るので、点3は燃

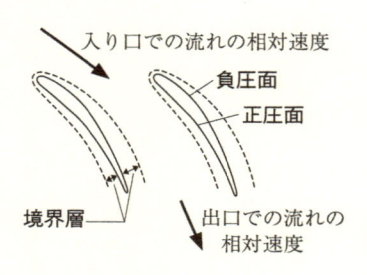

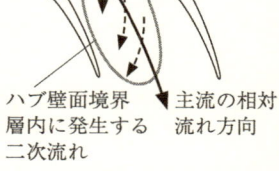

(a) 摩擦と翼表面境界層発達による全圧損失
入り口での流れの相対速度
負圧面
正圧面
境界層
出口での流れの相対速度

(b) 二次流れによる全圧損失
ハブ壁面境界層内に発生する二次流れ
主流の相対流れ方向

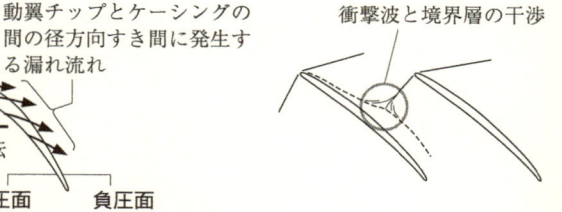

(c) 動翼チップでの漏れ流れによる全圧損失
動翼チップとケーシングの間の径方向すき間に発生する漏れ流れ
動翼の回転方向
正圧面　負圧面

(d) 衝撃波およびそれと境界層との干渉による全圧損失
衝撃波と境界層の干渉

図 2-8　軸流圧縮機内での全圧ロス・メカニズムの4例

焼器入り口状態も兼ねている。燃焼器の中で空気は燃料と混合され、燃焼が起こる。この結果として生じる燃焼ガスは燃焼器出口に達し、そこでの状態（P_{t4} と H_{t4}）は点4で示されている。

燃焼器内では、図 2-9 に示されているように、一部の空気は、一次領域で霧状で燃焼器内に噴射される燃料と混合してその燃焼に寄与し、残りの空気は、燃焼筒の壁面を外側から冷却しながら下流に低速で流れ、たくさん開けられた小さな穴を通して、二次領域および希釈領域で燃焼筒内に入り、燃焼ガスと

第2章 より速く、より遠く

混合するので、圧力損失が起こり、$P_{t4} < P_{t3}$ となる。

加えて、燃焼効率が、設計点では100%に近くとも100%ではない。そこで、燃焼器出口での全エンタルピー量：H_{t4} は、下のエネルギー平衡の式

$$(m_3 + m_f) \times H_{t4} = m_3 \times H_{t3} + m_f \times (\text{LHV}) \times \eta_{cc} \quad (2-9)$$

を使って計算される。ここに、m_3(kg/s) は圧縮機から燃焼器に入ってくる空気量、m_f(kg/s) は燃料流量、(LHV)(kJ/kg) は液体燃料の持つ熱量から蒸発熱分を差し引いた熱量、そして η_{cc} は燃焼効率である。

点4での全エンタルピー：H_{t4}、したがって全温度：T_{t4} はサイクル中でいちばん高い温度、点1での全温度：T_{t1} はいちばん低い温度なので、両者の比：T_{t4}/T_{t1} は、サイクル温度比

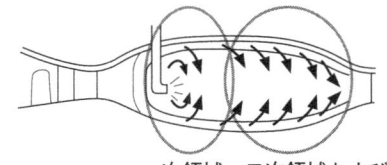

一次領域　二次領域および希釈領域

エンジン中心線

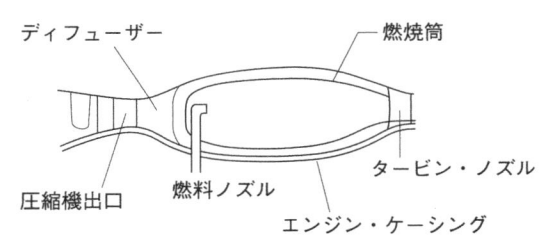

ディフューザー　　　　　　　燃焼筒

圧縮機出口　　燃料ノズル　　　タービン・ノズル
　　　　　　　　　エンジン・ケーシング

図 2-9　典型的な円環状燃焼器内の流れ

(Cycle temperature ratio：CTR）と呼ばれる。

燃焼過程を終えた燃焼ガスは、次に膨張過程に入る。この過程も、圧縮過程と同じく、断熱的と仮定する。

点4は、燃焼器出口での状態でもあり、近似的にタービン入り口での状態でもある。膨張過程ではロスがあるため、タービン出口点5でのエントロピーの値は点4でのエントロピーの値より高くなる。そして点4での全圧 P_{t4} を点5での全圧 P_{t5} で割った値 P_{t4}/P_{t5} がタービンの圧力比である。そして点4と点5での全エンタルピーの差：$(H_{t4}-H_{t5})$ は、同じ圧力比でも理想的に膨張した場合の全エンタルピーの差：$(H_{t4}-H_{t5''})$ より小さくなる。この両者の比をタービンの断熱効率と呼ぶ。

$$\eta_{t,ad}=(H_{t4}-H_{t5})/(H_{t4}-H_{t5''}) \qquad (2\text{-}10)$$

この場合も圧縮機の場合と同じで、タービン入り口と出口で測った全圧と全温を使って、断熱効率を次のように近似的に表すことができる。

$$\eta_{t,ad}=[1-1/(T_{t4}/T_{t5})]/[1-1/(P_{t4}/P_{t5})^{(\kappa-1)/\kappa}]$$
$$(2\text{-}11)$$

ここに、κ は燃焼ガスの比熱比で、タービン入り口と出口での値の平均値である。

タービン内のガスの流れは、圧縮機を通る空気に似て、いろいろな原因でロスを生ずる。図2-8で見たタイプのロスは、タービンにもあるが、図2-10(a) に示すように、タービン通路の曲がり角は、圧縮機通路の曲がりよりずっと大きく、そのため、タービン内での二次損失はロスの中でもいちばん大きい。

第2章 より速く、より遠く

また、燃焼器に近いところにあるタービン翼の前縁は、圧縮機のそれより、ずいぶん厚い。これは、タービン翼内部に冷却空気の通路を設けているためである。今日のタービンでは、エンジンを軽くするために、TIT（タービン入り口温度）をかなり上げており、今ある最良の耐熱合金を使っても、冷却してやらないと融けてしまう。したがって、燃焼器近くに位置するタービンのノズル（静翼）も動翼も、圧縮機出口から引いてきた高圧空気で、内外部を冷却しているのである。図2-11にタービン冷却通路の例を示す。この大きい前縁が通路ハブおよびチップ側壁と合うところで、図2-10(b)に示すような大きな渦が発生し、それが下流に向かって流れるので、馬蹄形をなす。この渦が隣の翼の負圧面側に流れ込み、これまた大きなロスの原

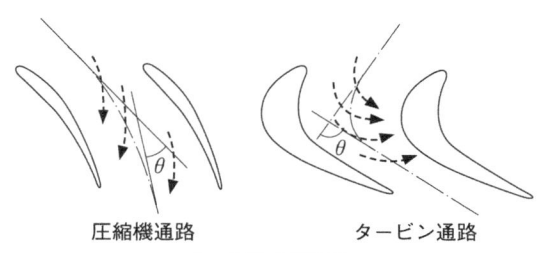

圧縮機通路　　　　タービン通路

θ：主流の転向角

(a) 圧縮機よりずいぶん大きいタービン通路の二次流れ

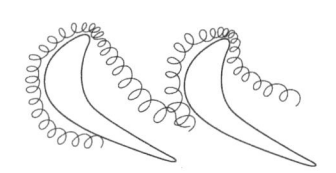

(b) タービン前縁で発生、通路内で発達する馬蹄形渦

図2-10　タービン内での全圧ロス・メカニズムの2例

因になる。

しかしそうは言っても、本質的に、タービン内の流れは上流から下流に向かって加速する、いわゆる加速流である。加速する流れに発達する境界層は薄く、剥離しない。これは、上流から下流に向かって減速する圧縮機内の流れと正反対である。したがって、タービンの断熱効率は、一般に圧縮機の断熱効率より高い。

タービンが流れから得たエネルギーで圧縮機を駆動するのだから、両者のエネルギーの平衡式から、

$$(m_3 + m_f) \times (H_{t4} - H_{t5}) = m_1 \times (H_{t3} - H_{t1}) \qquad (2\text{-}12)$$

が得られる。そして、点5は、上の式から得られる H_{t5} の値と

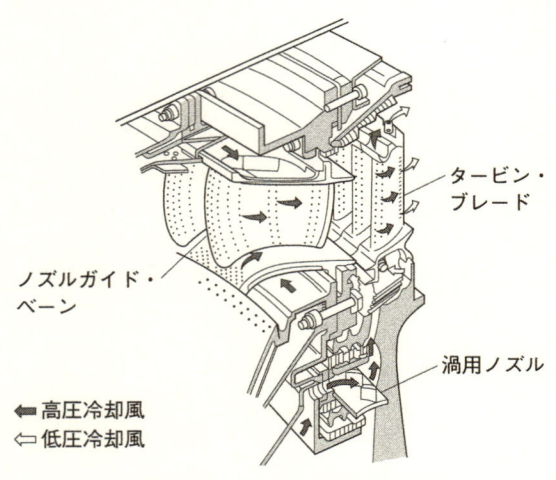

図 2-11 タービン冷却通路の例
資料 2-4

P_{t5} の線の交点である。

　タービンを出て来た燃焼ガスは、排気ノズルを通り、エンジン出口（点7）から高速ジェットとして噴き出す。排気ノズル内でも少しの圧力損失がある（$P_{t5} > P_{t7}$）ので、点7は、点5から水平に、エントロピーの増加する方向に少し移動する。

　亜音速旅客機用エンジン出口での静圧：P_{7s}（現実サイクル）は大気圧：P_{atm} と同じなので、出口での静エンタルピー値も P_{atm} 線上の点 7_s での値となる。そして、エンジン出口での全エンタルピーと静エンタルピーの差が高速噴流の運動エネルギーなので、エンジン出口でのジェット速度：V_7 は

$$H_{t7} - H_{7s} = V_7^2/2 \qquad (2\text{-}13)$$

で、計算される。

　次に、もう一歩進んで、サイクル全体の効率の話をしよう。図2-6をもう一度見てみよう。ここでの出力エネルギーは1 kg/s の質量流量当たり $(H_{t7} - H_{7s})$（kJ/kg）である。したがって、毎秒の出力エネルギー量を Q_{out}（エンジン出口での質量流量：m_7 と $(H_{t7} - H_{7s})$ の積）とし、燃料としてサイクルへの毎秒当たりの入力エネルギー量を Q_{in}（燃料流量：m_f と上述の（LHV）の積）とすると、その比：Q_{out}/Q_{in} はサイクル効率（Cycle efficiency：η_{cyc}）、またはエネルギー変換効率（Efficiency of energy conversion）と呼ばれる。

　では、飛行中のエンジンのサイクル効率（$\eta_{cyc,FL}$）はどうなるかと言うと、分子になるエネルギー量は、静止していた時と違い、エンジン出口で持っている流れの運動エネルギーの一部は、流れがエンジンに入ってくる時に、既に持っていた運動エネルギー：$m_0 V_a^2/2$ なので、前者から後者を引いた値となり、

$$\eta_{\text{cyc,FL}} = \left[\frac{1}{2}\{(1+\text{FAR}) \times V_7{}^2 - V_a{}^2\}\right]/\{(\text{FAR}) \times (\text{LHV})\}$$
(2-14)

となる。ここに、FAR は燃料と空気の質量比：m_f/m_0 のことで、一般に0.02から0.025程度である。

この値は、確かに熱力学上の意義はあるが、流れがエンジンの内部を通過しながら得たエネルギー量の全てが、飛行機を有効に推進するエネルギー量である保証はない。両者の比、つまり流れがエンジンの内部を通過しながら得たエネルギー量のうち、何％が飛行機を有効に推進するエネルギー量（近似的に$(m_0(V_7-V_a)V_a)$）であるか、という比を推進効率（Propulsive efficiency：η_{prop}）と呼ぶ。そして、この推進効率と先の飛行中のエンジン・サイクル効率とエンジン燃料消費量の間には、

$$\eta_{\text{cyc,FL}}\eta_{\text{prop}}\text{SFC}_{\text{FL}} = (3600 \times V_a)/(\text{LHV}) \quad (\text{m/s})/(\text{kJ/kg})$$
(2-15)

との、簡単で明瞭な関係が得られる。ここに、サイクル効率を重要視するサイエンスとSFC（燃料消費率）を重要視するビジネスの間に、橋がかけられることになる。

以上が、ジェット・エンジンの熱サイクルの紹介であるが、ここで紹介した熱サイクルは、最も基本的なものであることと承知して頂きたい。実際に、メーカーがサイクル計算する場合に比べると、下に話すように、ずいぶん簡単にしてある。

例えば、ここではタービンの駆動エネルギーが圧縮機の必要エネルギーと同じ、と仮定されている。しかし実際には、タービンはもう少し多くのエネルギーを発生している。その一部は軸受でのロスや、いくつものギアを介して繋がっている潤滑油

第 2 章　より速く、より遠く

ポンプ、燃料ポンプ、発電機などを駆動するのに消費されている。それだけではない。圧縮機やタービンの動翼を支えている円板が回転すると、その周囲にある空気が円板との摩擦で引きずられるように回転することによるロス（風損と呼ばれる）がある。また、圧縮機で圧縮される空気の一部は燃焼器に入らず、潤滑油の漏れを防ぐためのシール用に使われたり、タービン翼やタービン円板の冷却に使われたりする。シール用の空気はごく少量ではあっても、エンジンの出力に寄与しない。タービンの冷却に使われる圧縮空気は、それがどこでエンジン通路内に戻されるかで、タービンの出力に寄与できるものもあれば、できないものもある。

　熱サイクルの話が、案の定、抽象的なものになってしまった。そこで、ターボジェット・エンジンのサイクルを、"サラリーマンのしがなさ"という、もっと身近な現象に比喩してみよう。それでサイクルの理解を深めてもらおう、というのが私の魂胆である。

　サラリーマンは毎朝、オフィスに到着するまでに、通勤電車やバスに払う交通費というロスをすでに起こし、エントロピーを上げている。これが入り口ダクト内での全圧損失にあたる。

　オフィスに到着する。そこには会社が支給するオフィス、机や椅子、コンピューター、空調設備、照明器具、事務用具等がある。これらは仕事には必須で、サイクルでは圧縮機にあたる。そして、圧縮機でエンタルピーの上昇があるように、オフィス自身やその付帯設備によるエンタルピーの上昇がある。これは、会社にとって間接費にあたる。もしオフィスやその付帯設備が理想的なものならエンタルピーの上昇はあっても、エントロピーは増加しない。しかし実際にはコンピューターが稀で

もダウンする、エアコンが動かない、蛍光灯が切れる、床に埃がたまる。したがって、修理費も要れば清掃費もかかる。これがロスでエントロピーの増加となり、エンタルピー上昇値（間接費）も上がる。

就業時間になる。サラリーマンの働きが、燃料という形でのエネルギー入力にあたる。この入力があってこそ、会社の製品に価値が付加される。サラリーマンの労働効率は非常に高いが、それでもコンピューターのモニターとにらみ合って働いている途中に、ガールフレンドからの電子メールが入る。友人から次の土曜日の野球の試合の詳細について、電話連絡がある。理想的な働きに比べると、少しエントロピーの増加が多くなる。

この後に続く膨張過程は、会社からの労働に対する見返りである。会社はサラリーマンに報酬を与える前に、まず間接費を差っ引く。それも、オフィスとその付帯設備に対する間接費以上に、である。なぜなら、諸経費や給与計算をする人が必要だし、その人達もオフィスやコンピューターが必要だからである。これは、タービンが発生するエネルギー量が、圧縮機の必要とするエネルギー量以上で、ポンプ類や発電機の必要とするエネルギーや、軸受やギアによるロスも含まれているのと同じである。

それだけではない。圧縮機やタービン円板に発生する風損や軸受シール用空気のロスも、タービンが賄わねばならない。これが会社の不動産税や事業税、さらに株主への配当である。こういうタイプのエネルギー損失を、ジェット・エンジンのサイクル計算では、一括してパラシティック・ロス（Parasitic loss）と呼ぶ。何とも意味深長なロスの名前である。

こうした引き算をして残ったのが、会社がサラリーマンに支払う給料の総額である。これがエンジンでは出力エネルギーに

あたる。したがって、仕事の割に見返りの多い職、あるいは、同じ見返りでも仕事量の少ない職はサイクル効率の高い職ということになる。

昨今、工学部の学生達の多くが、卒業後、工学関係以外の職に就くと聞く。彼等は、どの職のサイクル効率がいちばん高いか、チャンと計算しているのである。こういう輩(やから)には、熱力学など教えんほうがよろしい。

さて、支払われた給料は、その全額がサラリーマンの自由になる訳ではない。所得税や住民税がある。住宅ローンの返済がある。電気代、水道代、電話料などは、全然使わなくとも基本料金を払わねばならない。そして残った、片手でシッカと握れる程度の福沢諭吉と野口英世を給料総額で割った値が、推進効率にあたる。

2.3.2 サイクル圧力比とタービン入り口温度が、ターボジェット・エンジンの性能に与える影響

上で話したターボジェット・エンジン・サイクル圧力比（CPR）とタービン入り口温度（TIT）の値を変えるとエンジンの性能はどう変わるだろうか。

その結果を、SFC（燃料消費率）を縦軸に、エンジン入り口流量1kg/s当たりのエンジン総推力、つまり比推力（Specific thrust）を横軸に取ったグラフに示すと、図2-12のようになる。これから、空気流量を上げないでエンジンの推力を増加しようとすると、TITを上げることが有効であり、SFCを下げようとすると、CPRを上げることが有効であると分かる。しかし、TITを一定に保ったままCPRを上げ続けると、図2-12には示されていないが、やがてSFC最低値に至り、さらにCPRを上げるとSFCは逆に増加し始めるので、注意が要る。

sfc(kg/hr/kgf)

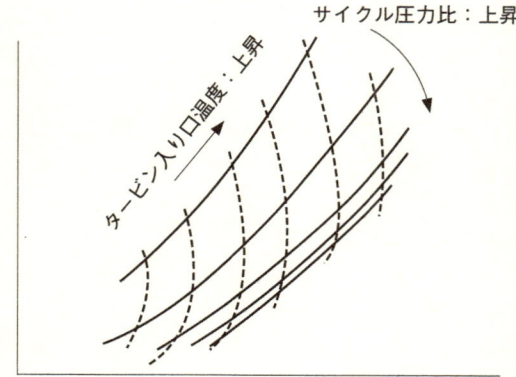

(グラフ中のラベル)
サイクル圧力比：上昇
タービン入口温度：上昇

比推力(kgf/kg/sec)

図 2-12 地上でのターボジェット・エンジンの性能特性

2.3.3 ターボファン・エンジンの誕生と成長

話は少々戻るが、1940年代の終わり頃は、ジェット・エンジンの推力を上げ、SFC を下げるために、サイクル圧力比を上げるのに努力が集中されていた。その頃のジェット・エンジンのサイクル圧力比はせいぜい 4：1 とか 5：1 程度であり、サイクル圧力比が高くなる程 SFC が減る傾向を示す領域なので、それは当然の成り行きであった。

この頃、ジェット・エンジン事業では後発の米国プラット・アンド・ホイットニー（P&W）社では、8：1 という高い圧力比を持った多段軸流圧縮機を研究中であった。ところが、この圧縮機を試験してみると、2つの問題にぶつかった。1つは、始動するのに大きなトルクが必要であること。もう1つは、低速回転で、空気流量が予測値よりずいぶん低く、上流段が失速してしまうことであった。

第2章 より速く、より遠く

　後者は、上流段と下流段の低速回転時の空力的ミス・マッチング問題である。設計時点では圧縮機のどの段も正しく設計されていても、低速回転時には、上流段が空気を十分圧縮できず、密度の低いまま空気を下流段に送るため、下流段の受ける体積流量は、下流段が吸い切れる限度（チョーク限界）以上になる。この条件では、下流段はチョーク限界以上の流量は吸い取らない。しかし、その流量は上流段にとっては低過ぎ、その結果、上流段は失速してしまうのである。

　そこでP&W社のエンジニア達の考え出したアイディアは、この多段軸流圧縮機を２つのモジュールに分け、その各々を機械的になんらの連結もない別々のタービンで駆動することであった（図２-13）。こうすることで、設計回転速度では設計通りの２つのモジュールが、タービンの空力特性を利用して、低圧モジュールの回転数が減る割には高圧モジュールの回転数が減らないようにできる。圧縮機のチョーク流量は回転数と共に上昇するので、単軸構造の時の下流段に比べると、この同芯二軸構造での下流段の方が吸い込み量が多くなる。これによって、

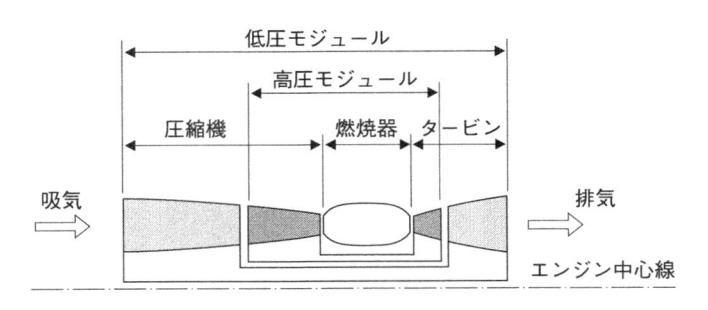

図 2-13　P&W社考案による圧縮機の２モジュール化を含む同芯二軸構造

上流段の失速を防げたのである。この時以来、低圧モジュールの圧縮機は低圧圧縮機（Low Pressure Compressor：LPC）、それを駆動するタービンは低圧タービン（Low Pressure Turbine：LPT）、高圧モジュールの圧縮機は高圧圧縮機（High Pressure Compressor：HPC）、それを駆動するタービンは高圧タービン（High Pressure Turbine：HPT）と呼ばれるようになった。

それどころではない。この構造によって、8：1の圧縮比どころか、12.5：1という前代未聞の高圧力比でも、低速回転から高速回転まで圧縮機が正常に働くことが分かったのである。加えて、P&W社のエンジニア達は、軽くなった高圧モジュールを始動するだけでエンジン全体を始動できることをも実証したのである。

こうした研究成果をもとに、P&W社はサイクル圧力比12.5：1、離陸推力44.5kN（4,500kgf）、SFC 0.775kg/kgf/hrという、未曾有の大型高性能ターボジェット・エンジンの可能性をはっきり見るに至った。ちなみに、当時、ジェット・エンジンで世界の先頭を走っていたロールス・ロイス（RR）社が開発中のRRエイヴォンは、サイクル圧力比6.5：1前後、目標離陸推力26.7kN（2,700kgf）級、またアメリカのジェット・エンジン業界では、先輩格のGE社が開発試験中のJ47型エンジンのサイクル圧力比は5：1、目標離陸推力22.3kN（2,300kgf）級であった。

このエンジンはJT3C（軍事用呼称はJ57）として成功裡に開発され、1952年より量産がはじまった。

大西洋を東に渡ったイギリスでは、デ・ハビランド社が、1949年7月に世界最初の四発ジェット旅客機DH.106コメット

第2章　より速く、より遠く

Ⅰ型機の初飛行を成功させた。それから3年間の開発を終えた1952年5月、BOAC（British Airwaysの前身）は、コメットⅠ型機をロンドン-ヨハネスブルク間の定期便に就航させた。どちらかと言うと、運航コストが高く、航続距離のさほど長くないコメット機ではあったが、その優雅なスタイルと乗り心地の良さで、旅客の間では大好評であった。そして、例の悲劇の連続墜落事故が起こるまでの約1年半の間、世界のエアラインから多くの引き合いや注文があった。

その頃、今はなきパン・アメリカン航空（Pan American Airways：PAA）は、ジェット旅客機をドル箱路線のニューヨーク-ロンドン間に使いたかった。しかも直航便で、である。その頃のレシプロ旅客機は、ニューヨーク-ロンドン間を飛行する場合、ギャンダー（カナダ）、レイキャビク（アイスランド）、シャノン（アイルランド）に降りて給油せねばならなかったので、飛行速度の高いジェット機で、しかも直航なら旅客に大きくアピールする、というのがPAAの皮算用であった。

そこでPAAはP&W社を訪ね、相当数のエンジンの買い付けを条件に、その時までには57.8kN（5,900kgf）に成長していたJT3（JT3C-6）の離陸推力を、約35％も上回る新型エンジンの早急な開発を要求した。まだ飛行機がないのに、エンジンの買い付けをするのは、異例のことである。P&W社はそれを受け、この超大型エンジンの開発を始めた。このエンジンJT4（軍事用呼称はJ75）は、1～2年の間に開発され、目標の離陸推力77.8kN（7,940kgf）が達成された。

その間、PAAはダグラス社やボーイング社に働きかけ、紆余曲折の結果、ダグラス社はDC-8-30ジェット旅客機を、またボーイング社はB707-321型機を、それぞれ開発することに

105

なった。両機とも、JT4A を 4 基搭載した大型ジェット旅客機である。

1958年10月末、開発の終わった B707-321 型機を、PAA はさっそくニューヨーク-ロンドン線に投入した。そして、最高巡航マッハ数0.92という高速性と航続距離の長さから、プロペラ機どころか、実はその 3 週間前から BOAC が同じ路線で運航を開始していた英国デ・ハビランド社製のコメット四発ジェット旅客機をも、駆逐してしまったのである。長距離ジェット旅客機時代の幕開けである。

こうして、B707-321 や DC-8-30 型シリーズ機による高速旅客渡洋運航サービスは順風満帆のように思えたが、間もなく、これらの飛行機が大きな社会問題を引き起こすことになってしまった。バリバリという、健康を害する程の離陸時の騒音問題だ。もちろん、いちばんの音源は、排気ジェット速度の高さである。

ジェット騒音は、ジェット速度の 8 乗に比例する。サイクル圧力比の高いターボジェット・エンジン程、出口での排気ジェット速度は高くなるので、JT4型エンジンはこれまで以上にうるさいエンジンになった訳である。

エンジン推力を失わずに、どうやってジェット騒音を低くすることができるか？　これが、P&W 社のエンジニアが早急に解かねばならない問題となった。そこで考え出されたのが、タービンと排気ノズルとの間にもう 1 つ新しいタービンを設け、圧縮機駆動用タービンから出て来た排気が排気ノズルに到達するまでに、その排気エネルギーの一部をこの新しいタービンに吸収させることであった。このタービンで、これまた新しく付

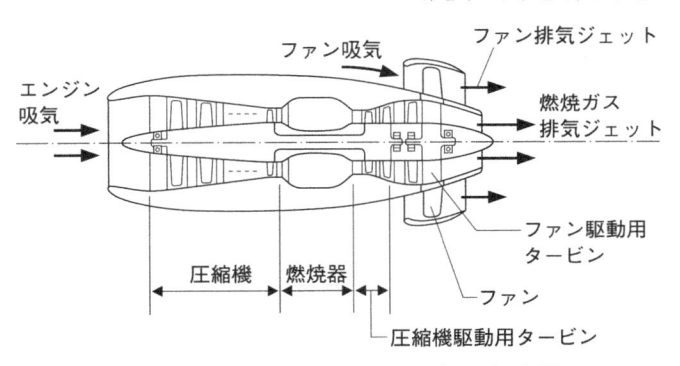

図 2-14 ターボファン・エンジンの概念図

け加えられたファンを駆動し、このファンが空気を吸い込み、ある程度圧縮し、エンジン内部、つまりコア（Core）に入れないで、そのまま排気ノズルから高速で噴出させる訳である。概念としては、図2-14に示されているようなものである。

上の話を、数式を使って、もうちょっと具体的に考えてみよう。一般的には、式を使うと分かる話が分からなくなる場合が多いが、この場合は逆である。

地上で運転されているジェット・エンジンを考えよう。ジェット・エンジン出口での流れの持つエネルギーは式（2-13）から、

$$Q_{out} = m_7 \times (H_{t7} - H_{7s}) = m_7 \times V_7^2/2 \qquad (2\text{-}16)$$

ここで、例えばこのエネルギー量の半分 $[(m_7 \times V_7^2/2)/2]$ を、ファンを駆動するタービンに吸収させたとしよう。すると、エンジン排気流量 m_7 を変えないから、V_7^2 が半分になる。ということは、V_7 は約0.707倍となる。つまり、排気ジェット速度と推力は以前の約70.7%になる。

吸収したエネルギーで、タービンはファンを駆動し、そのフ

ァンが、エンジン排気流量 m_7 と同じだけの空気を吸い込むと仮定しよう。

$$m_{17} = m_7 \qquad (2\text{-}17)$$

点17はファン出口とする。

ここで、タービンもファンも要素効率が100%であれば、ファン排気の持つ運動エネルギーも $[(m_7 \times V_7^2/2)/2]$ となり、その排気速度はエンジンの排気ジェット速度と同じであるはずだ。つまり、ファンの排気も、ファンを駆動するタービンを付ける以前のエンジンの約70.7%の推力を発生する。したがって、両者で合計141%の推力を発生することができる。何と40%以上の推力増加が可能なのである。それも「燃料消費量を増やさずに」である。それ故、SFCは約29%も低下する。ところで、ファンに吸い込まれる空気流量と、コア側のエンジンに吸い込まれる空気流量の比をバイパス比(Bypass Ratio：BPR)と呼ぶ。

もちろん、実際のファンもタービンも効率は100%ではなく、大きなエンジンでは88〜91%程度なので、推力の増加量SFCの減少量も理想的な値ほどではないにしても、このアイディアのもたらすエンジン性能向上と騒音の低減は、多大なはずである。

P&W社ではこのアイディアに沿って、同芯二軸構造のターボジェット・エンジン JT3Cを基に、JT3D型ターボファン・エンジン(軍事用エンジンとしての呼称はTF33)を開発した。ただし、このエンジンのファンは図2-14に示されているようなアフト・ファン型ではなく、LPC(低圧圧縮機)の上流端に付けられたフロント・ファン型(図2-15)である。

このエンジンは、1958年に初飛行し、BPRを1.4と上の例よ

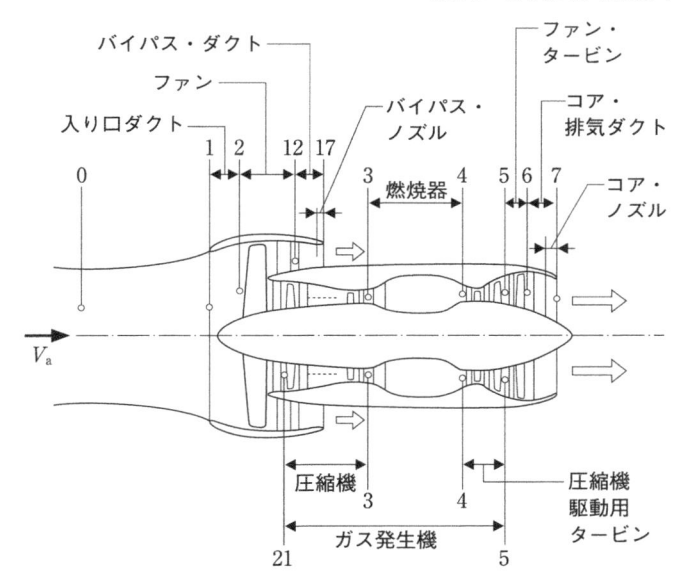

図 2-15　典型的なターボファン・エンジンの断面と位置番号

り多めに取ったこともあり、JT3C に比べて離陸推力が30％以上も増加し、SFC（燃料消費率）も15〜20％も低下、離陸時のエンジン騒音は10dB も減るなど、正に目を見張るような性能向上を示した。そしてこの JT3D は、初めての量産型民間航空機用ターボファン・エンジンとして、ボーイング社製 B707-320B やダグラス社製 DC-8-60 シリーズに搭載された。

これ以後、ジェット旅客機と言えば、英仏両国が協力して開発した超音速旅客機コンコルドを除けば、全てが JT3D 同様のフロント・ファン型のターボファン・エンジンを搭載するようになった。

ファンの排気とエンジンの排気との両方で推力を発生させるという概念は、当時としても新しいものではなかった。ホイットル卿によって、ジェット・エンジンの推進効率を上げるためのアイディアとして、1936年に特許化されているし、RR 社が RR コンウェイ・エンジンで実験しているが、バイパス比が小さ過ぎ、SFC の低減は無視できる程度だった。

ターボファン・エンジン（エンジンの位置番号は図 2-15 を、H-S 線図は図 2-16 を参照のこと）が、純粋なターボジェット・エンジンに比べて、著しい性能向上を達成してみると、次に待っていたのは「どこまで性能向上が可能か」という質問であった。これに答えるには、ファンをサイクルに加えたことで、

サイクル圧力比：$CPR = \dfrac{P_{t3}}{P_{atm}}$

タービン入り口温度：$TIT = T_{t4}$

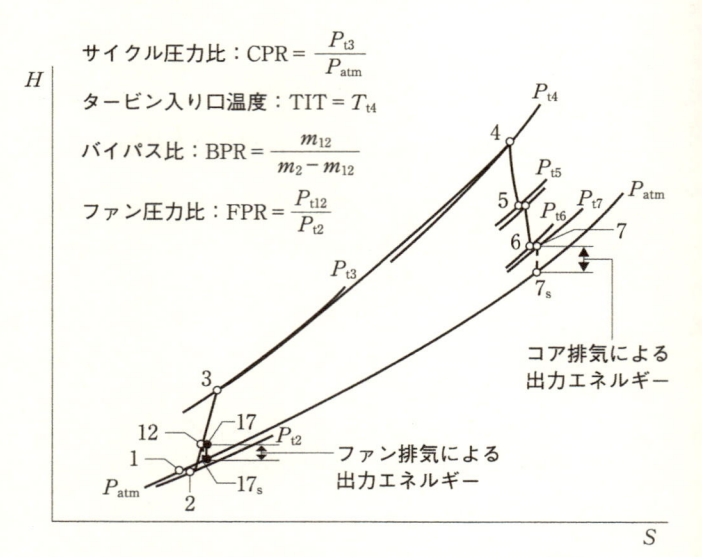

バイパス比：$BPR = \dfrac{m_{12}}{m_2 - m_{12}}$

ファン圧力比：$FPR = \dfrac{P_{t12}}{P_{t2}}$

図 2-16　ターボファン・エンジンの H-S 線図

第2章　より速く、より遠く

どんな新しい性能パラメーターが現れたかに、まず目を向けねばならない。

ファンがバイパスされる空気に与えるエネルギーは、ファン流量と、ファンを通過する際に空気が受ける全エンタルピーの増加量の積である。そして、前者はコアに入ってくるエンジン流量と、BPR（バイパス比）を介して関係している。後者はファン圧力比（Fan Pressure Ratio：FPR）の関数である。したがって、BPRとFPRが、ターボファン・エンジンの性能に結び付いている、と理解できる。そこで、CPR（サイクル圧力比）とTIT（タービン入り口温度）をコア最高性能の値に保ったまま、BPRとFPRを変えると、図2-17に示されているような、一群の曲線が得られる。

そして、これらの曲線群の包絡線を引くと、右下がりの曲線が得られる。この包絡線こそが、ターボファン・エンジンの最適性能曲線である。この包絡線の、一群の曲線との接点では、バイパス側の排気ジェット速度とコア側の排気ジェット速度の比（V_{17}/V_7）の値は0.75から0.85程度である。

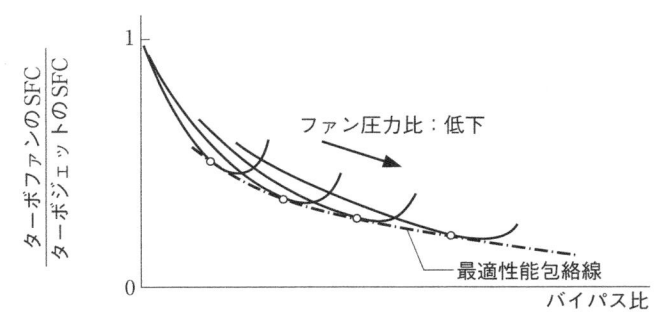

図 2-17　ターボファン・エンジンのBPRとFPRの変化による性能変化と最適性能曲線

もちろん、上の包絡線は、CPRとTITをある一定の値に保ったままで得られたものだ。したがって、技術水準が上がり、今まで以上に高い要素効率でもっと高いCPRとTITの組み合わせが可能になると、同じ図2-17でも、さらにSFCの低い最適性能曲線が得られる。ちなみに、現在の大型ターボファン・エンジンのCPRは離陸時には30：1以上で、高いエンジンになると40：1を少し超える。一方、TITは1,400～1,500℃程度である。

　BPRを増やしFPRを下げ続けると、行き着くところはプロペラによって推力を発生するターボプロップ・エンジンであり、またヘリコプターのメイン・ローターによって揚力を発生するターボシャフト・エンジンである。しかし、ここでは、これらの派生エンジンや、飛行機の推進機関ではないが熱サイクル的にはガスタービンであるAPU（Auxiliary Power Unit：補助動力装置）についての話は、省かせてもらう。

第 3 章　流れと機械のハーモニー
──エンジンの主要構成要素

■3.1　ウォーム・アップ

　図 3-1 に、風が、置かれた平板に対して直角の方向に吹いている様子を示す。風は平板に当たり、平板の表面と平行に、左上と右下に流れ去る。ということは、平板があるために、平板に向かって吹いていた風の速度が平板に近づくにつれ減速し

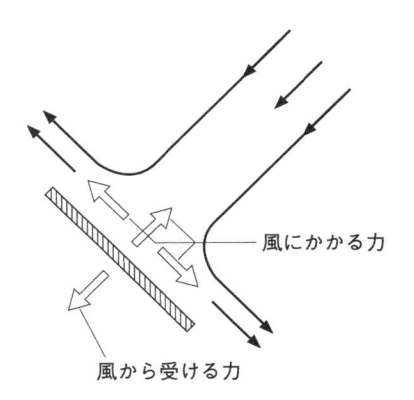

図 3-1　支えられた平板に風が直角に当たる場合の力とその方向

た、つまり、風にとっては上流方向の力を受けたことになる。一方、平板は同じ大きさの力を、風が受けるのとは反対の方向に受けている。作用力に対する反作用力である。

次に、図3-2に示されているように、「く」の字板に風が吹く場合を観察する。流れは、「く」の字板があるために、図3-1の場合と違って、右下の方向だけにしか流れ出ない。ということは、流れから見ると、「く」の字板に入って来た時は上流方向に力を受けて減速し、流れの方向が右下向きに変わった後は、ゼロから加速されるので、下流方向の力を受けることになる。

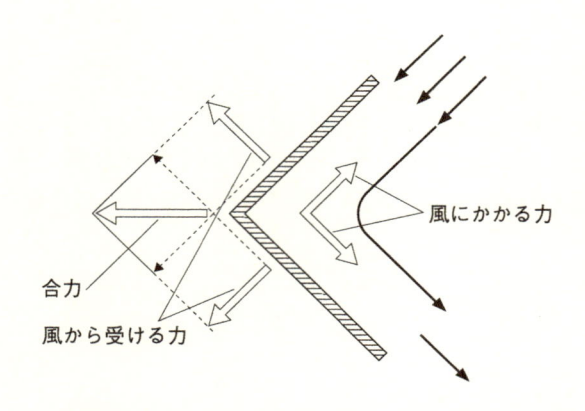

図3-2 支えられた「く」の字板に風が当たる場合の力とその合力

一方、同じ現象を「く」の字板から見ると、風の受けるのと同じ大きさの力が、反対方向にかかることになるので、図3-2では左下向きと左上向きの方向に力がかかることになる。したがって、もし「く」の字板の支えを取り除くと、「く」の字板は風から受ける力の合力の方向、つまり図3-2の左の方へ

第3章 流れと機械のハーモニー

動き出す。

そこで、図3-3にあるように、いくつもの「く」の字板を1つの大きな円板の円周上に並べてみよう。円板の中心には軸があって、回転できるようになっていると、この円板は、一連の「く」の字板が動くに従って回転する。この回転軸に負荷が付いていると、それに仕事を与えることができる。この回転「機械」が、はなはだ素人っぽい説明で恐縮だが、タービンである。

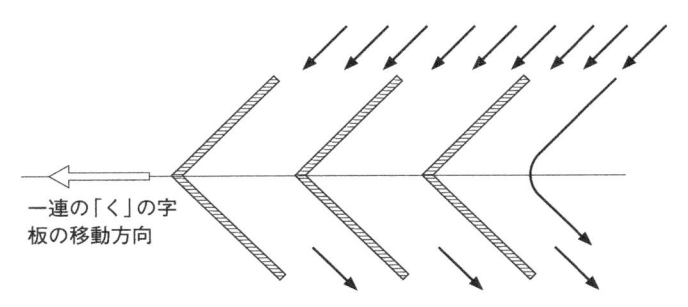

図 3-3　風に吹かれた一連の「く」の字板の移動方向

ここで、実際のタービン動翼を観察しよう。図3-4に、典型的なタービン翼型と、その幾何形状を言い表すのに使われる用語を示す。タービンの翼型の形状は、静翼でも動翼でも、一般的に次のような傾向を持っている。

入り口付近では、冷却通路を内蔵している場合もあって、鈍頭な前縁を持ち、また、翼の厚みが下流に向かって急速に増える。ここでの翼表面は曲線的である。

一方、出口付近では、流れの速度が速いので、後縁でのロスを低くするために翼が薄いし、流れを下流に向けて、加速する

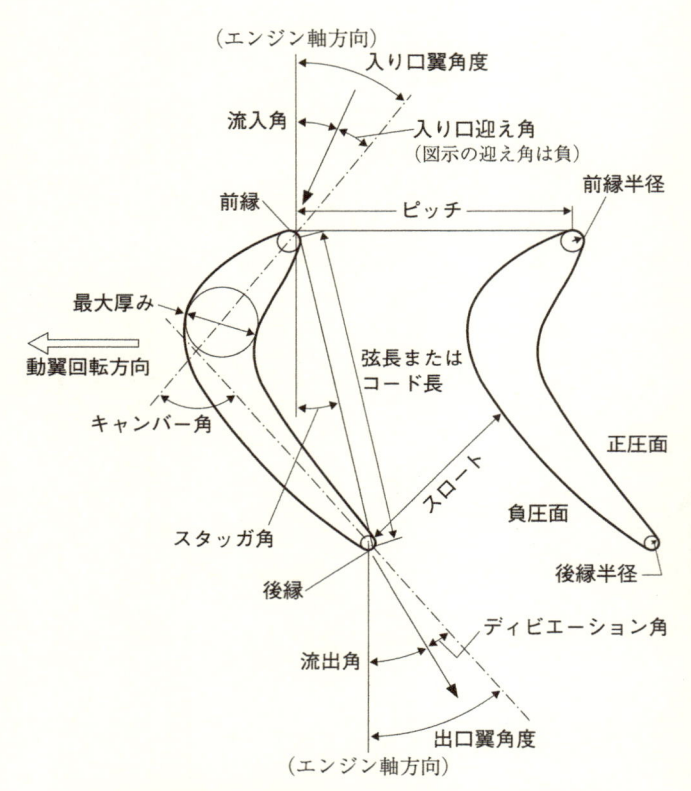

図 3-4 典型的な軸流タービンの翼型とその呼び名

ように設計するので、隣の翼との間にできる通路幅のいちばん小さいところ、つまりスロート（Throat）の位置が、後縁に近い。また、そこでは、翼型が直線的である。

　全体としては、スタッガ角が45度以上、キャンバー角が60度から110度、またはそれ以上と、非常に高い。

第3章 流れと機械のハーモニー

さて、「く」の字板の話では、板の受ける力と円板の回転し始める方向に、話の重点が置かれていた。しかしタービン動翼が既に回転している場合、回転の影響も、同時に考慮せねばならない。つまり、第1章で紹介した速度三角形を、ここで利用せねばならない。

図3-5に、タービン動翼出入り口での速度三角形を示す。タービン動翼の「見る」流れが相対速度なので、相対速度：W_{in}の方向は、タービン動翼の入り口翼角度に近く、タービンの周速：Uは、もちろん、タービンの半径：rと回転数：Nの積に比例する。残る一辺が、入り口での絶対速度：C_{in}だ。

さて、「く」の字板の時に見たように、タービン動翼を回転

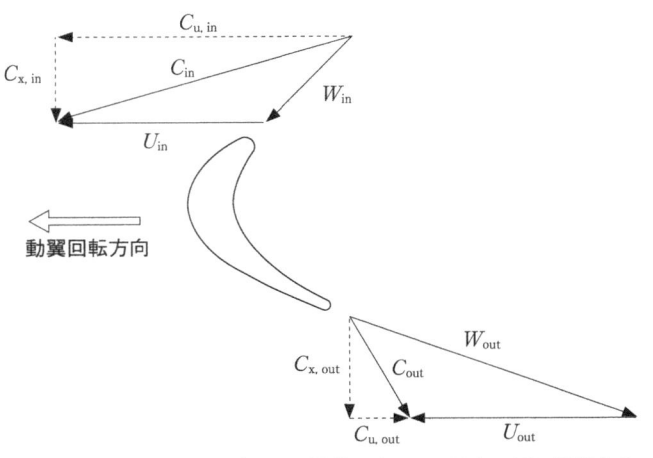

（ここで図示した $C_{u, out}$ はタービン回転方向と反対なので負の値をとる）

図3-5 軸流タービン動翼出入り口での速度三角形

させるためにかかる力は、この絶対速度のタービン回転方向成分だけが寄与している。これを、$C_{u,in}$ と書こう。添え字のuは回転方向成分であること、inはタービンの入り口であることを示す。

次に、タービン出口ではどうなるか。流れ（相対速度）はタービン出口翼角度に近い角度で、タービンから出て行く（W_{out}）。それにタービンの周速：U を付け加えると、タービン出口での速度三角形の残り一辺が、絶対速度：C_{out} となる。ここでも、タービンを回転させるための力に寄与する流れの運動量は、C_{out} のタービン回転方向成分：$C_{u,out}$ だけである。ここで注意して欲しいことは、図3-5に示されている速度はベクトルなので、方向性を持っている点である。そして、円周方向ではタービンの回転方向を正、逆方向を負と約束する。また軸方向では、流れの上流から下流への方向を正、逆方向を負とする。

上の話から、タービン動翼を回転させる動力は、力に毎秒当たりの回転方向への移動距離、つまり周速：U を掛けたものなので、タービンが流れから毎秒受けるエネルギー量は、下の式で表される。

$$mC_p(T_{t,in} - T_{t,out}) = m(C_{u,in} - C_{u,out})U \qquad (3-1)$$

ここで、C_p は定圧比熱係数。上の式の両辺から毎秒当たりの流れの量：$m(kg/s)$ を取り除き、タービンの形状に一般性を持たせるために、タービンの半径を入り口から出口まで変わっても適用できるようにすると、

$$C_p(T_{t,in} - T_{t,out}) = C_{u,in}U_{in} - C_{u,out}U_{out} \qquad (3-2)$$

が得られる。これはタービンのためのオイラーの式（Euler equation）と呼ばれる。流れは、タービン動翼を通過することによってエネルギーを失うので、その全温度も同様に下がる。上の式の左辺は、その量を示している。

　圧縮機のオイラーの式も、圧縮機とタービンの違いさえ理解しておけば、同じように導かれる。圧縮機とタービンのいちばん大きい違いは、タービンが流れからエネルギーを吸収するのに対して、圧縮機は流れに「圧縮することを目的」にエネルギーを与えることである。したがって、圧縮機では流れが圧縮機動翼を通過することによって、その運動量は増加する。しかし話を進める前に、典型的な軸流圧縮機の翼形の形状と用語を図3-6に示す。

　圧縮機の翼型形状は、静翼でも動翼でも、次のような一般的な傾向を持っている。まず、入り口付近では流速が高いので、前縁は尖頭的で、下流に向かっての翼厚みの増加は徐々である。また、流れを下流に向けて減速させるように設計するので、スロートは前縁に近い。そして翼表面は、タービンほど丸みを帯びていない。

　一方、出口付近では、流速が入り口付近ほどではないにしても高いので、後縁でのロスを低くするために、翼が薄い。そして、翼表面は直線的である。

　全体として、タービン翼型に比べ、コードの長さの割には最大翼厚みの値が小さい。また、最大翼厚みのある位置は、前縁からコードに沿って40〜50％程度だが、超音速翼型になると50％を超える。そしてタービン翼型と違い、キャンバー角が10度からせいぜい40度程度と小さい。

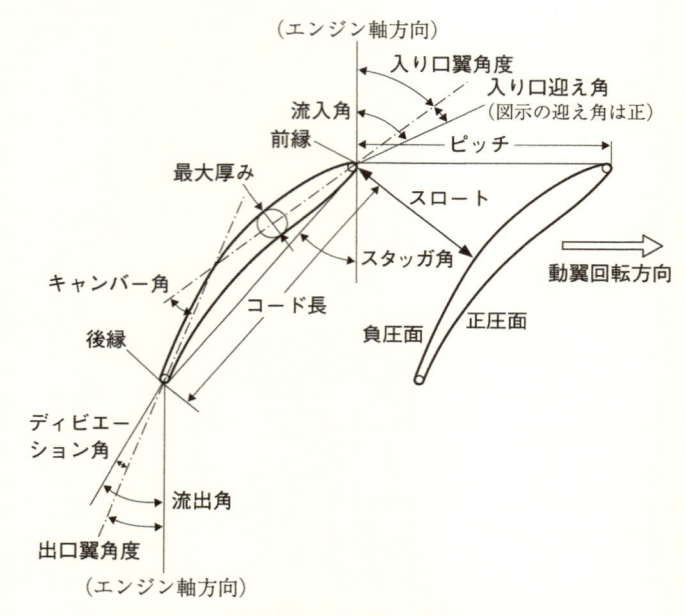

図 3-6 典型的な軸流圧縮機の翼型とその呼び名

設計点では、相対速度：W の方向は、圧縮機動翼の入り口翼角度に近くなるように設計される。それに動翼の周速：U を付け加えると、圧縮機入り口での速度三角形の二辺が得られ、残りの一辺が絶対速度：C となる。そして、圧縮機動翼からの力とエネルギーを受けるのに関与するのは、タービンの時の例で見たように、$C_{u,in}$ だけである（図 3-7）。

圧縮機出口でも、入り口と同様な速度三角形を描き、$C_{u,out}$ のみが力とエネルギーを受けるのに関与することを考えれば、式（3-2）を参考にして、次の式を得られることが分かる。

第3章 流れと機械のハーモニー

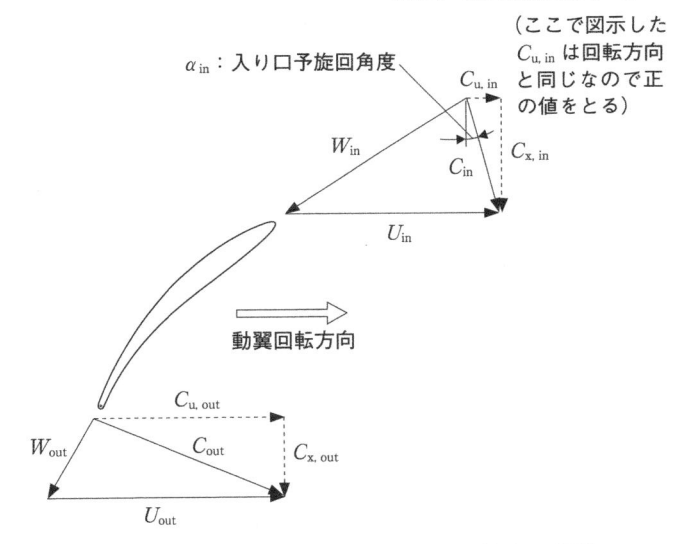

(ここで図示した $C_{u,in}$ は回転方向と同じなので正の値をとる)

α_{in}：入り口予旋回角度

動翼回転方向

図 3-7 軸流圧縮機動翼出入り口での速度三角形

$$C_p(T_{t,out} - T_{t,in}) = C_{u,out}U_{out} - C_{u,in}U_{in} \quad (3-3)$$

これが、圧縮機に対するオイラーの式である。ここでも、速度ベクトルは、周方向では動翼の回転方向を正ととり、軸方向では流れの上流から下流に向かっての方向を正にとる。

以下、エンジンの主な構成要素について話すが、入り口と排気ダクトについては、紙面の関係で省略する。

■3.2 ファン

第2章の図2-15からも分かるように、ターボファン・エンジンを前から見た時に、エンジン・ナセルの内側に見える回転

機が、ファンの動翼である。ファンは空気を圧縮するので、空気力学的には圧縮機である。したがって、ファンと圧縮機は、見かけも構造もよく似ている。違いと言えば、ファン動翼を出て来た流れがバイパス側とコア側に二分されるので、ファンにはファン・バイパス静翼とファン・コア静翼の、2つの静翼があることくらいである。そこで、ファンの形状や機能は、下に話す軸流圧縮機に任すとして、ここでは、ファン動翼の形状が設計技術の進展と共にどう変遷してきたかを話そう。

図3-8に、ファン動翼を側面から見た時のスケッチを示す。ファン動翼の吸い込む空気流量が多いので、翼がどうしても長くなる。この長翼の支持は、ハブ側での片持ちなので、ハブを支点とする翼の曲げと捩じりの固有振動数が低くなり、翼の振

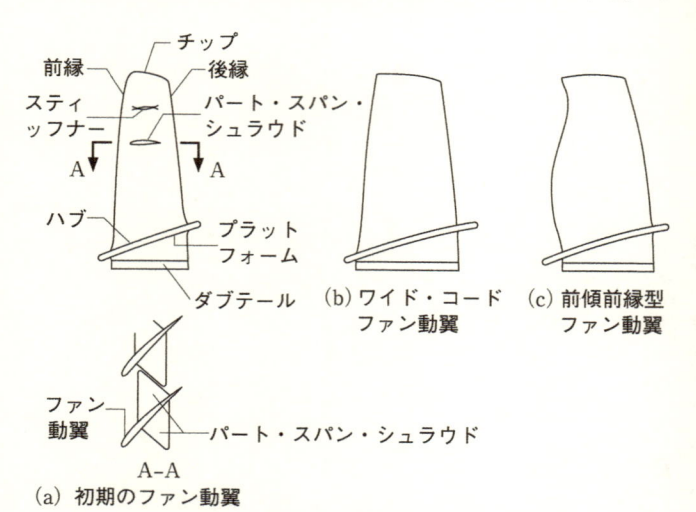

図3-8 ファン動翼形状の変遷

第3章 流れと機械のハーモニー

動による破損の発生する恐れがある。

初期のファン動翼では、それを防ぐために、パート・スパン・シュラウドを使い、お互いに支え合うことによって食い止めていたが、1980年代に、ファン動翼の弦長（Chord length）を長くし、翼自身の「強さ」を増すことによって固有振動数を上げる、という設計法が開発され、パート・スパン・シュラウドが廃止され（図3-8(b)）、パート・スパン・シュラウドによる1.5ポイントくらいの効率ペナルティーがなくなった。

その後、ファン動翼での衝撃波による圧力損失減少の研究に力が注がれ、GE、P&W、RRの三大エンジン・メーカーは、それぞれ圧力損失の低下と動翼固有振動数の低下防止の妥協として、逆「S」字形の前縁を持つような動翼に行き着いた（図

図 3-9　GE90-115B ターボファン・エンジンの逆「S」字形前傾前縁型ファン動翼
© GE社 (2009)：複写許可済み

123

3-8 (c))。その一例として、GE 社の GE90-115B エンジンを図 3-9 に示しておく。このアイディアを取り入れたファン前縁形状は、将来のファン動翼でも広く使われると思われる。

これら大型エンジンでは、ファン動翼の遠心応力が、それを支持するディスクにとって高過ぎる傾向にあるので、各社ともファン動翼の軽量化には、ずいぶん努力している。図 3-9 を見ると、動翼が黒く前縁あたりが金属性の輝きを示しているが、これは動翼が軽量化のため、カーボン繊維を使った複合材でできているので黒く、また異物吸い込み時のインパクトから複合材を保護するために、チタン合金の薄板が前縁に接着されているからである。なお複合材の表面には、紫外線や石油成分から保護するために、ポリウレタンのコーティングが施されて

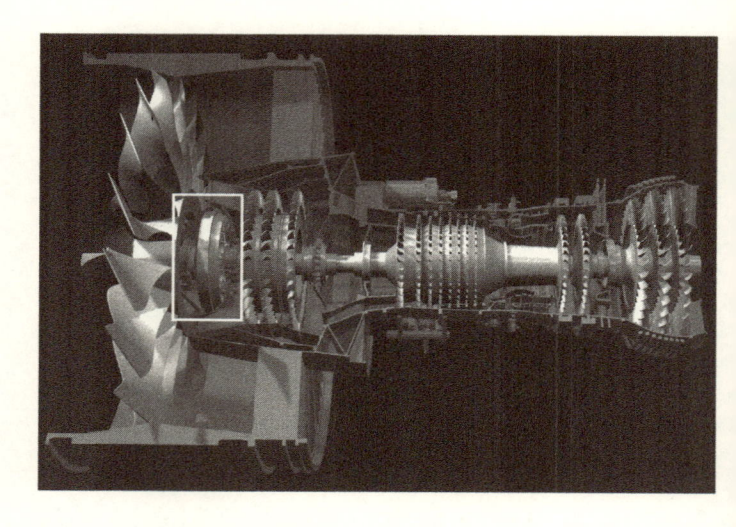

図 3-10　P&W 社が開発中の PW1000G 型ギヤド・ターボファン・エンジン　© UTC (2009)：複写許可済み

いる。

また、ファン動翼によっては、超塑性状態で成型された2枚の鍛造チタン合金板と補強材を拡散接合して作られた中空のものもある。こうした技術を使っても、ファンのBPRの上限はせいぜい10：1程度である。

これに対して、P&W社が開発中のPW1000G型エンジン（図3-10）には、LP軸の上流端とファン動翼の間に減速歯車が入っていて、ファンの回転速度を低くすることができ、現在の材料強度限界内でBPRを12程度にまで引き上げられる。このエンジンについては、第5章で話す。

■3.3 圧縮機
3.3.1 形状と機能

第1章の図1-4で、2種類のターボ圧縮機を示した。この2つのタイプの圧縮機は、どういう風に使い分けられているのだろうか。

現在量産中のターボファン・エンジンを調べてみると、遠心圧縮機は推力の低い、離陸推力が3,000kgf程度以下の小型エンジンに使われており、大型エンジンでは、軸流圧縮機のみが使われていることが分かる。なぜこういう傾向があるかと言うと、実は軸流型も遠心型も得手不得手があり、ある条件では高効率を出せても、別の条件では効率を高く出せないからである。では、どういう条件かと言うと、軸流型は流量が多く段圧力比が比較的低い時に高効率を出せ、遠心型は逆に、流量が少なく段圧力比が高い場合に高い効率で作動する。これを定量的に示すのに便利な、比速度（Specific speed）と呼ばれる圧縮機性能パラメーター：N_sがある。これは、もともとポンプで確立されたもので、次の式で示されているように、体積流量を

代表する変数を分子に、圧力上昇を代表する変数を分母に持つ。

$$N_s = N(\text{rpm}) \times \frac{[体積流量を代表する変数]}{[圧力上昇を代表する変数]} \quad (3-4)$$

　上の N_s を横軸に取り、実験で得たいくつもの単段圧縮機の段効率を縦軸に取ると、図3-11のようになる。この図から、最高効率の値は軸流機の方が高いことと、ある N_s 値を境として、遠心機の方が軸流機より効率の高い領域のあることが分かる。それゆえ、流量の低い小型ジェット・エンジンでは遠心圧縮機が、大型エンジンでは軸流圧縮機がそれぞれ使われる傾向にある。

　基本的には、上で話した考え方で圧縮機の形態（Configuration）が決められる。しかし、新しいエンジンを設計するために、実際に圧縮機の幾何形状を決めるには、図3-11のグラフだけでは不足である。なぜなら、N_s という非常に簡単明瞭なパラメーターでは、圧縮機内に起こるあらゆる空力的な現象

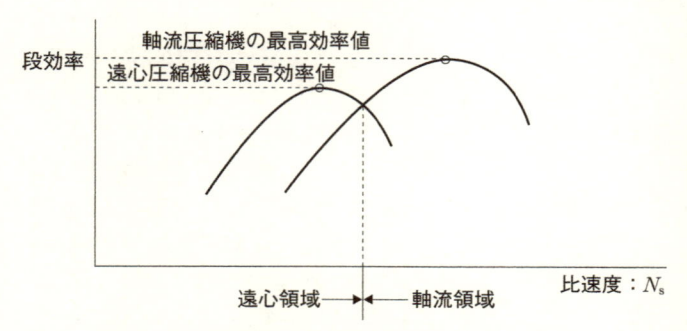

図 3-11　比速度による単段圧縮機の効率の傾向

第3章 流れと機械のハーモニー

を、全て含めることはできないからである。

そこで、ジェット・エンジン・メーカーは、過去から現在に至るまでの膨大な研究データや、実際のエンジンで得た経験を基に作った、実験式なり解析モデルを持っていて、それらを使って得られる効率の推算精度を高めている訳である。正確な圧縮機性能予測能力は、三次元 CFD という設計ツールのある今日でも、エンジン・サイクル・スタディーや初期設計では必須のものである。

さて、この先、多段軸流圧縮機に的を絞って話を続けよう。多段軸流圧縮機を横から見ると、図3-12に示されているように、上流端に可変入り口案内羽根（Variable Inlet Guide Vane：VIGV）があって、その後、動翼と静翼が交互に並んでいる。そして、通路の高さは、上流から下流にかけて低くなっている。これは、そこを通る空気が圧縮機各段によって少しずつ圧縮され、体積が減ってゆくが、それでも軸方向の流速を適当な値に保つためである。

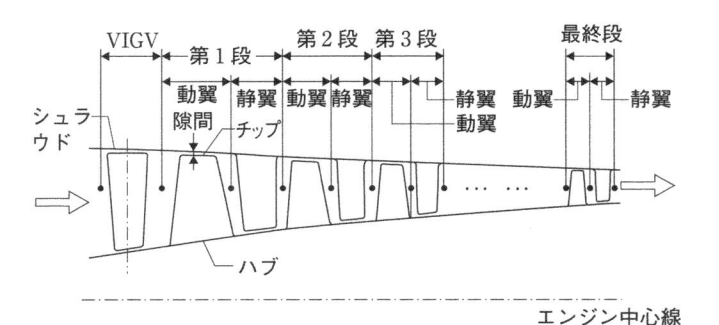

図 3-12 典型的な多段軸流圧縮機の流路側面図

VIGVの役目は、圧縮機の回転数のいかんにかかわらず、第1段動翼に入っていく流れの相対速度方向を、動翼の性能にとって最適な入り口迎え角範囲内に留めておくことである。そのために、VIGVの軸を中心に、圧縮機の回転数の低い時は閉じるように、回転数が上がるに従って徐々に開くようになっている（図3-13）。

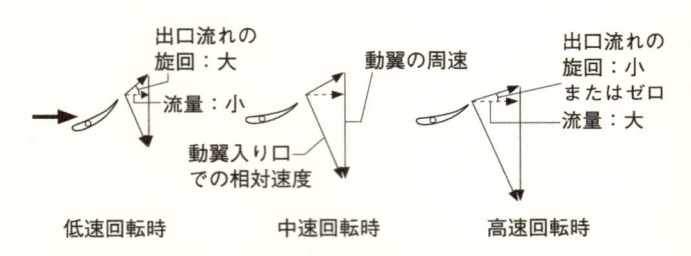

図3-13　VIGVの圧縮機回転数による取りつけ角の変化
動翼入り口での相対速度方向が圧縮機回転数にかかわらず、あまり変わらないことに注意

　動翼の役目は、流れの全圧を効率良く上げることにある。しかし、ここは軸流圧縮機の詳細な空力設計を話す場ではないので、動翼の全圧損失の特性を、損失機構の中でもいちばん大きい二次元の形状損失で代表させて、定性的に話す程度でお茶を濁させてもらいたい。

　圧縮機翼の全圧損失は、図3-14に示されているように、正の入り口迎え角が高くなり過ぎると、全圧損失が増え、流れが不安定になり、ついには翼列が失速（Stall：ストール）する。逆に負の入り口迎え角が高くなり過ぎても、全圧損失が増えるだけでなく、ついには翼列のスロートでの流れマッハ数が1になり、それ以上の流量を吸えないという、いわゆるチョーク

全圧損失係数：ω　　流入マッハ数：増加

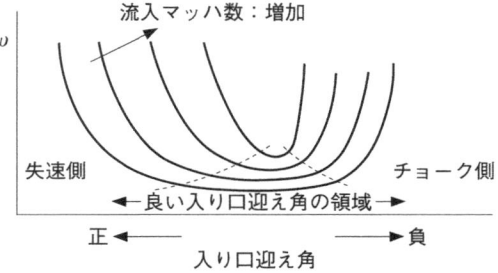

失速側　　　　　　　　　　　　　　チョーク側
←――良い入り口迎え角の領域――→
正　　　　　　　　　　→ 負
入り口迎え角

図 3-14　軸流圧縮機二次元翼列の典型的な入り口迎え角と全圧損失係数の関係

(Choke) 現象が発生する。こういう性能特性の中で、全圧損失の低い入り口迎え角領域がある。それを圧縮機翼列の「最適入り口角度範囲」と呼ぶ。軸流圧縮機の空力設計では、高い性能を要求される設計点での入り口迎え角がこの領域にあるようになされる。しかも、ストールの発生する条件からなるべく離れたいので、設計点を最適流入角度領域内でもチョーク側へ故意にずらす。

圧縮機動翼を観察すると、ハブからチップにかけて捩じりがあり、同時に翼の厚みがチップからハブにかけて増している（図 3-15）のが分かる。この捩じれは、ハブからチップにかけて流路半径が大きくなり、それにつれて周速も増加するため、どうしても速度三角形が「寝て」くるからである。またチップでの相対速度がハブより高いので、そこでの翼厚は薄く、一方、ハブでは動翼全体の遠心力を支持せねばならないので、ハブでの翼厚が高い。

動翼出口では、ハブからチップにかけて同程度の仕事を流れに与え、直下流にある静翼にとって、入り口迎え角が最適入り口迎え角領域に位置するように、速度三角形が決められる。

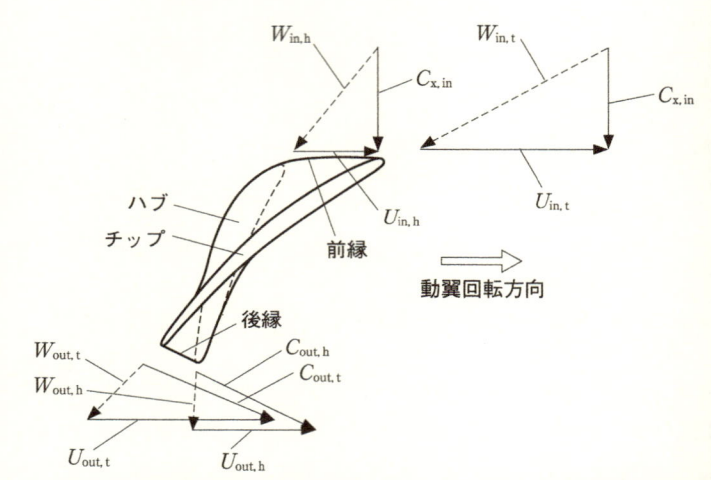

図 3-15　動翼チップからハブにかけて翼の捩じれと断面の変化
入り口で流れの予旋回角度はゼロと仮定

　こういう条件を総合すると、チップ側では、翼の断面は薄く、キャンバー角は小さく、弦長は長くなる。それがハブ側では、分厚い断面、大きいキャンバー角、チップに比べて短い弦長を持つようになる。

　動翼からの流れを受け入れた静翼は、流れの静圧を高め、次の段の動翼に都合の良い角度で流れを流出させる、という役目を持っている（図 3 -16）。静翼は回転していないので、流れに仕事を与えることはない。そこで、静圧上昇は、入り口流れの持っている動圧の一部を、静翼を通して流れの絶対速度を減速することによって静圧に変える、というプロセスを使う。しかし、減速の度が過ぎると、静翼の負圧面で発達する境界層が厚くなり、ついには剥離を起こすので、過度な減速は避けねばな

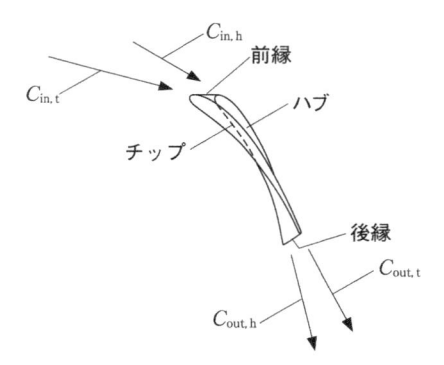

図 3-16　静翼入り口と出口での流れの方向

らない。静翼でのハブからチップにかけての翼の捩じりは、動翼程ではない。

　こうして1段ずつ設計した結果を繋ぎ合わせると、図3-17のようになる。100％回転数での設計がなされるが、実際の圧縮機では90％以上の高速回転領域で高い効率を出さねばならない。それは、離陸、上昇、巡航といった燃料消費量の多い運転条件が、全てこの高速回転領域に散らばっているからである。

　一方、90％以下の中低速領域では高い効率は要求されないものの、急速な加速にもサージを起こさない、高い空力安定性が必要である。高い空力安定性は、多段圧縮機の各段が空力的に安定な点で運転されていないと望めない。ところが、多段軸流圧縮機による圧力比は、高いものになると回転数の5乗ほど、通過流量は4乗ほどの関数になるので、中低速回転時には下流段へ行くほど、流路断面積に比べて体積流量が大きくなり過ぎ、下流段とくに最終段で、チョークを起こしてしまう。一方、通過流量が第1段動翼にとって低くなり過ぎ、ストールが発生する。

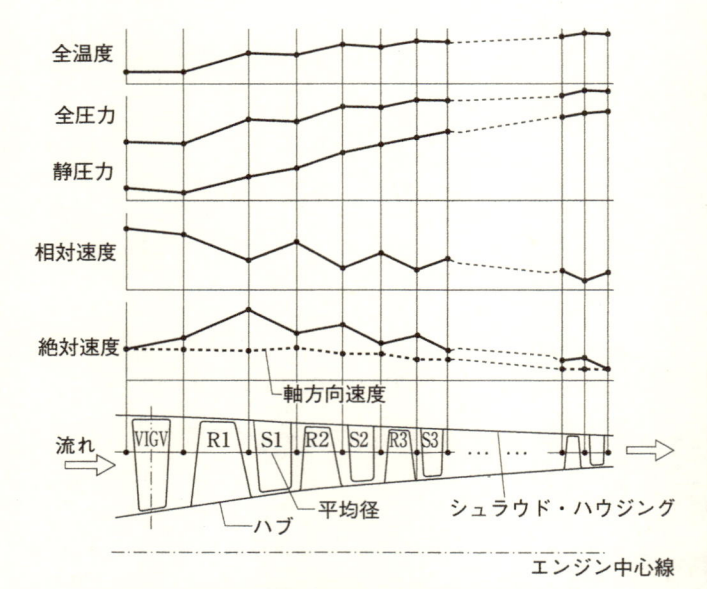

図 3-17 多段軸流圧縮機の平均半径に沿った速度、圧力、温度の分布

上流段と下流段のミス・マッチングである。

そこで、中間段から流量の一部を抽気して、上流段には十分な流量を通過させ、下流段にはチョークを起こす程の流量を流さないという手段や、VIGVや上流段数段の静翼を可変にし、上流段でのストールを防ぐという手段が取られる。既に話した同芯二軸構造にするのも、非常に有効である。

今日の大型ターボファン・エンジンの圧縮機では、上の3つの手段が全て使われている。もちろん、中間段での抽気は、SFCの観点からは好ましくないので、圧縮機の回転数があまり高くならないうちに、抽気バルブを閉じる。一方、VIGV

第 3 章 流れと機械のハーモニー

も可変静翼も、回転数が上がるにつれて閉じ角を減らし、95%回転数程度以上では、設計値セッティングで使われる。

3.3.2 作動特性

圧縮機が低速で回転している時は、流量も吐出圧力も低い。圧縮機の回転速度が高くなるにつれて、圧縮機の吐出流量が増加し、吐出圧力も高くなる。そこで、回転速度を一定に保ち下流の管路抵抗を上げると、流量は減り、吐出圧力はさらに増える。その様子を、圧縮機吐出流量を横軸に、圧力比を縦軸にとったグラフに示すと、図3-18に見られるような右上がりの作動特性となる。

今日のジェット・エンジンでは、圧縮機の下流にある管路抵抗は、第1段のタービン・ノズルによる影響がいちばん大きい。

管路抵抗をズーッと低くすると、ついには圧縮機内のどこかがチョークを起こし、それ以上に管路抵抗を下げても、作動線はさらに下がるが、流量はもう増えない。つまり回転速度特性線は垂直になる。ここでは、衝撃波によるロスがあまりにも大

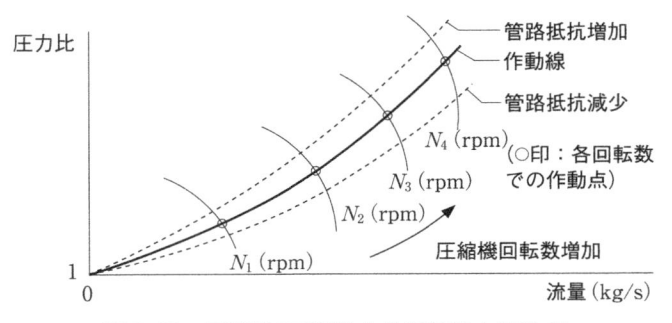

図 3-18 圧縮機の典型的な作動特性と作動点

き過ぎ、圧縮機の効率は非常に低い。

　一方、管路抵抗を上げていくと（第1段のタービン・ノズルのスロート面積を小さくすることによって得られる）、圧縮機は下流の抵抗に負けじと、流量を減らしても圧力比を増す。この結果、圧縮機の各翼列に入って来る流れの入り口迎え角が増え、各翼列の空力負荷が増加するので、管路抵抗を上げ続けると、いつかは圧縮機のどこかの翼列が負荷限界を超え、ストールを起こす。それでも、他の翼列が失速した翼列分の静圧上昇を賄うことができれば、圧縮機は相変わらず安定運転ができるが、そうでない場合は、圧縮機出口での静圧が瞬間的に圧縮機下流の静圧より低くなり、風が高気圧から低気圧に向けて吹くように、圧縮機下流から上流に向かって逆流が発生する。もちろん、下流にあるタービンへは、逆流のあるなしにかかわらず、今まで通り、流れ続けられる。

　逆流が発生すると、その分の流れが下流からなくなるので、圧縮機下流の静圧が低くなり、あたかも管路抵抗が低くなったような状態となる。そこで圧縮機は安定運転を回復できる。ところが実際は管路抵抗に変更はないのだから、やがて以前の状態まで戻り、逆流がまた発生する、というサイクルが繰り返される。圧縮機のサージ（Surge）現象である。

　高効率領域は、高速回転領域のチョークとサージの間にある（図3-19）。圧縮機が定常に作動している場合と、その中のある翼列が失速してしまう場合の間に、一種の遷移的な流れの状態が中速回転領域で存在する。旋回失速と呼ばれる非定常ストールである。

　ところで、図3-19で示された圧縮機性能マップ、つまりコンプレッサー・マップ（Compressor map）だが、試験をした

第3章　流れと機械のハーモニー

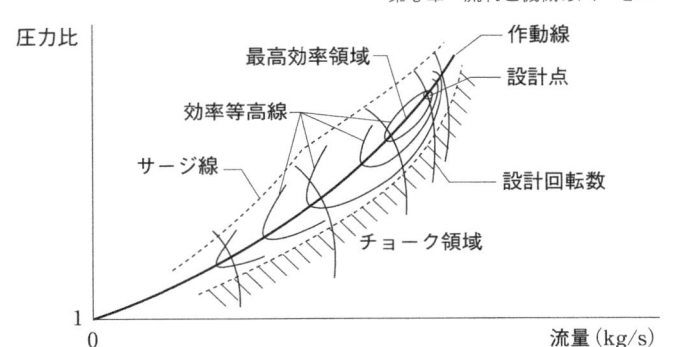

図 3-19　圧縮機の典型的な作動領域と効率等高線

日の気温や気圧が試験結果に影響を与えないようにするため、試験時の流れのマッハ数を変えずに、試験データをある標準入り口条件に変換する、という手段が取られる。ジェット・エンジン用圧縮機の場合、標準入り口条件は、海面上、気温15℃、1気圧、無風状態である。そこで、図3-19の横軸は、試験時に測られた流量：m(kg/s) そのものではなく、この標準大気条件に修正された流量：m_{ref}(kg/s)、圧縮機回転数も修正回転数である。

この圧縮性流体の相似則は、圧縮機の性能を表す時だけでなく、エンジンの性能を表す推力、馬力、燃料消費率にも適用される。ただ、タービンの性能を表す場合には、入り口での標準条件がないので、マッハ数の関数としての流量パラメーターとか回転パラメーターが使われる。

■3.4　燃焼器

燃焼器（Combustion chamber）の目的は、燃料を効率良く燃やし、なるべく高い熱エネルギーを、それも燃焼ガス温度が

出口でなるべく一様になるように、発生させることである。今日のジェット・エンジンでは燃焼効率は高く、離陸や巡航時のように、大出力での運転時には燃焼器の効率は99.5～99.8％くらいである。出力の低いアイドル時でも95～96％程度の効率が得られており、一生懸命頑張っても80～91％前後の圧縮機屋やタービン屋にとっては、羨ましい限りである。

かと言って、燃焼器屋はただ給料を取りにだけ会社へ来る訳ではない。アイドル時での残りの4％、離陸や巡航時の残りの0.2～0.5％は大気汚染に直結するので、これらをゼロにせねばならない。

ところで燃焼効率とは、ある量の燃料を燃やした時、燃料の持つ理論的な熱エネルギーの値と、実際に測った発熱量の比である。ただし、分母の理論的な熱エネルギーの値は、液体燃料が気体になる際に奪う潜熱（マイナスの値）の量だけ低くなる。

加えて、燃焼器に対する設計要求が厳しい。例えば、上の効率云々はもちろんとしても、飛行機の地上でのアイドルから高高度・高速飛行までのあらゆる使用条件下で、安定した燃焼が得られること。これは第一の要求である。

次に、燃焼器が軽量・小型であること。しかし、燃焼器を軽量・小型化するためにその容積を減らし過ぎると、燃焼効率と燃焼の安定性の低下を招く。

燃焼器出口での燃焼ガス温度分布の高い一様性も、設計要求の一つ。これがなぜ必要かと言うと、燃焼ガス温度の一様性が高い程、局所最高温度が低くなり、燃焼ガスをもろに受ける第1段タービン・ノズルの寿命が長くなるからである。

さらに、燃焼器部品寿命の十分長いことも、設計時に要求される。何しろ、燃焼がその内部で起こっているのである。燃焼

第 3 章 流れと機械のハーモニー

筒壁は2,000℃もの高温ガスからの輻射と対流に晒されるので、材料が伸びたり、冷却が不十分だと融けたりする可能性も出てくる。したがって、クリープや熱疲労、酸化による寿命限界が、自ずから生じる。設計寿命の目標値は、エンジンによってずいぶん違うが、平均飛行時間が2〜4時間程度の中型エンジンでは、5,000回の飛行に耐えられる程度である。

3.4.1 形状と機能

図3-20に、典型的な直流円環型燃焼器（Annular combustion chamber）の断面図を示す。以前は円筒形のカン型燃焼器（Can type combustion chamber）とか、カン型と円環型をいっしょにしたような、カニュラー型燃焼器（Cannular type combustion chamber）も使われていた。それらは、それらなりの長所を持っていた。特にカン型燃焼器は、熱による燃焼筒壁の歪みが少ない、燃焼筒を1本ずつ簡単に取り外し、検査や交換ができる、等の利点を持っているので、産業用のガスター

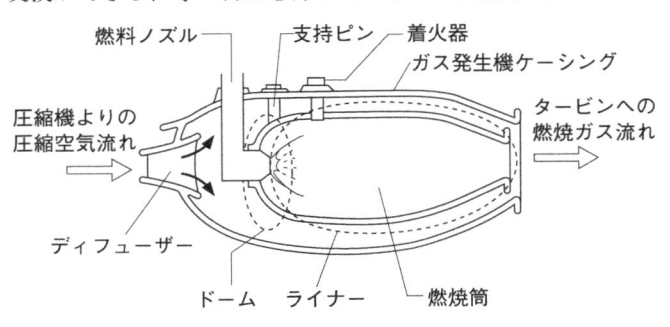

図3-20 典型的な直流円環型燃焼器の断面図

ビンでは、このカン型燃焼器がよく使われている。

　しかし、今日のジェット・エンジンでは、円環型が使われる。それは、圧縮機とタービンの間にある空間を上手く使え、同じ容積の燃焼器ならカン型より短くできることと、タービン入口での円周方向の温度分布の一様性が、カン型の場合よりずっと良いからである。

　遠心圧縮機付き小型エンジンの場合、その外径が比較的大きいので、同じ円環型燃焼器でも逆方向に置き、その内径側に圧縮機駆動用のガス発生機タービンを納めることによって、エンジンをさらにこぢんまりとさせる場合が多い。なお、ガス発生機というのは、エンジン推力や馬力のもとになる高エネルギー・ガスを発生する機械、という意味で、圧縮機、燃焼器、圧縮機駆動用タービンの三要素を組み合わせたものを指す。

　燃焼器は、外径側はガス発生機ケーシング（Gas generator casing）、内径側は燃焼器内壁に囲まれ、燃料ノズル（Fuel nozzle）、燃焼筒（Flame tube）、着火器（Igniter）から構成されている。

　燃焼筒は、上流端にあるドーム（Dome）と、円環部のライナー（Liner）からなり、ドームの中心部に、L字形をした燃料ノズルの出口部が位置する。燃焼筒は、上流側では、ドームとライナーの結合部の近くにある、ガス発生機ケーシングから径方向に差し込まれたいくつものピン、下流側では第１段タービン・ノズル・アセンブリに支持されている。

　燃料ノズルは、燃焼器出口での燃焼ガス温度の高い一様性を得るために、１つの燃焼器に、小型エンジンでも12個、大型エンジンだと30個程度も付いていて、高圧にした液体燃料に予旋回を与え、小さいノズルから燃焼筒内に噴霧し、圧縮機からの

第3章 流れと機械のハーモニー

高圧空気と急速に混合させる役目を持っている。噴霧した際、燃料の粒が小さい程（つまり、燃料の表面積が大きい程）、また空気中の酸素との混合が良い程、燃焼効率が高くなるので、燃料の粒を小さくした上に、微粒になった燃料を燃焼器内でなるべく大きな空間に70度から120度程度のスプレー角で噴霧する。

　燃料ノズルの一例として、図3-21に、エアレーティング・タイプ（Aerating type）の燃料ノズルを示す。

　着火器（Igniter）は、エンジン始動時に燃焼器内で燃料を着火するため、通常2つ装着されている。その位置は、燃焼筒のライナーの上流端近くである。着火器はエキサイターから送られてくる高圧の電気エネルギーを使い、エネルギー量はせいぜい4J程度だが、26,000Vもの電圧を電極間にかけ、プラズマ状のアークを発生させることによって、燃料と空気の混合ガ

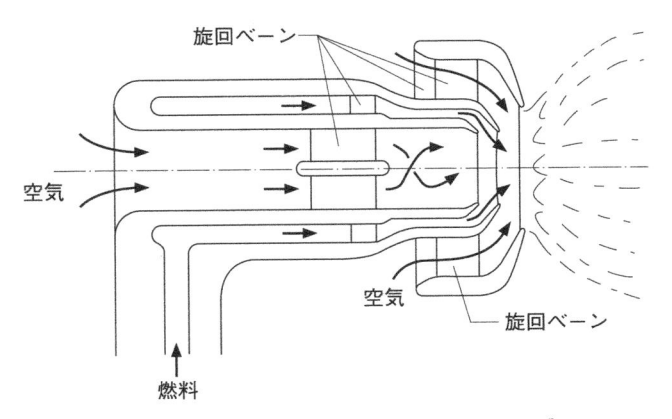

図3-21　エアレーティング・タイプ燃料ノズル
資料3-14

スに点火する。このアークは、着火器作動中は、毎秒1回から2回の頻度で、発生される。

　ドームとライナーは高温に晒されるため、その材料は高い耐熱性と耐酸化性、そして製作上、良い溶接性を持ってなければならない。一方ドームやライナーの内外壁面の差圧は、さほど大きくない。そこで、これらは1mmに満たない厚みのニッケル合金（例えば、インコネル625とかハステロイX）板を板金、溶接した一体構造になっている。そして、その表面には、大小無数の穴が分布しており、それらを通して圧縮空気が、安定で効率の高い燃焼、保炎、ドームとライナー壁の冷却、燃焼ガスの希釈、燃焼器出口での燃焼ガス温度の高い一様性等を同時に

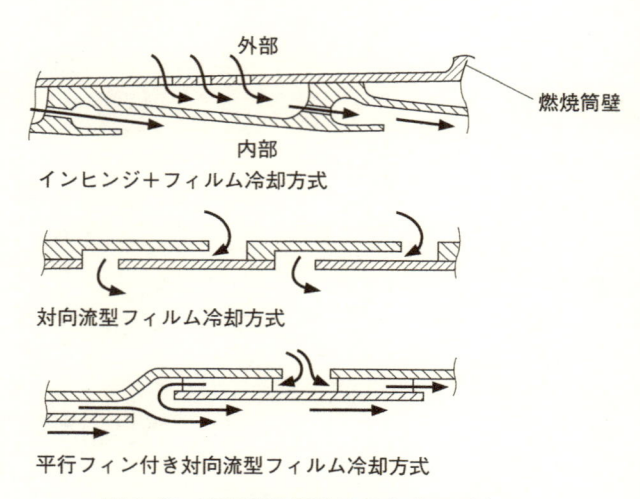

図 3-22　高温燃焼筒壁冷却方式の3例
資料 3-23

得られるように、燃焼器内に流れ込む。図3-22にライナー壁の冷却通路の3例を示すが、その他にも、ライナー壁を均等に冷却するために、燃焼筒の内壁に薄いセラミック・コーティングを施した上に、レーザー光線で直径0.5mm程度の小穴を何十万も開けているものもある。

　燃料を燃やすための圧縮空気だが、最近までは、だいたいの見当として図3-23に示されているように、圧縮機から出て来た圧縮空気が燃焼と保炎に寄与するのは、せいぜい30～35％程度。そして50％は燃焼筒壁の冷却、燃焼ガスの希釈、そして燃焼器出口での燃焼ガスの高い一様性を得るのに使われる、と言われていた。しかし、時と共に汚染排気に対する規則が厳しくなり、なるべく希薄な状態での燃焼へと移行しつつあるので、燃焼用の空気量が増え、希釈用の空気量が減ってきた。残りの15～20％はタービンの冷却や、軸受のシールに消費される。

　燃焼筒の容積は、大きい程燃焼時間を長くでき、燃焼効率から見ると非常に好ましいが、エンジンの長さ、重さに直接影響を与えるので、できるだけ小さく設計されている。では実際のジェット・エンジンでは、どれ程の容積内で、どれ程の熱エネルギーが発生されるのか。後者を前者で割った値は、燃焼筒の熱負荷の高さを示し、ジェット・エンジンではこの値は、離陸時、5×10^{10}～2×10^{11}J/(m³hr) にも及ぶ。この値は、産業用石油焚きボイラーに使われる燃焼器の熱負荷の10倍、またある資料によれば、家庭のガス調理器の5,000倍にもなるという。

　燃焼筒内の流れは、図3-23に見られるように、上流から下流に向かって、一次領域（Primary zone）、二次領域（Secondary zone）、希釈領域（Dilution zone）と呼ばれる3領域に分かれている。一次領域で、燃料ノズルから噴霧された微粒燃

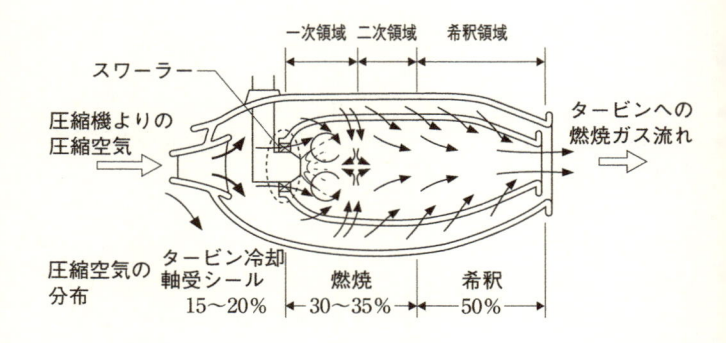

図 3-23　圧縮空気の分布、保炎渦と燃焼筒内の3領域

料の燃焼が始まり、それが二次領域で完了し、希釈領域で燃焼ガス温度の一様性が高められる。

3.4.2　排気物質

ジェット燃料は灯油であり、炭素と水素の化合物（C_nH_{2n+2}）である。この燃焼中に起こる化学反応は非常に複雑であるが、だいたい2つの過程に分けられる。まず、C_nH_{2n+2}が高温に晒されると熱分解が起こり、CとHの結合が切れる。そして、離れたHはH_2となり、Cは酸化してCOになる。これらは、中間可燃焼ガスの主成分である。この現象が一次領域で起こっている、と考えてよさそうである。

このH_2とCOの2成分が、さらに供給される圧縮空気内の酸素と反応を続け、H_2がH_2Oに、COがCO_2となる。これで、燃焼完了である。と言ってしまえば、いかにも簡単なように聞こえるが、燃料の各々の粒は、その大きさも、気化してか

第3章 流れと機械のハーモニー

らの一次領域や二次領域での滞留時間も同一でないし、酸化の度合いも一様ではない。そこで、一次領域で大部分の燃料が既に燃焼完了するとはいえ、少量ではあるが、二次領域でも燃焼完了し切れないものも出てくる。後者をなくすことができれば、燃焼効率は100%になる。しかしCO_2が地球の温暖化に加担していることが分かって以来、燃焼効率100%だけでは、許されなくなってきている。

燃焼効率を100%にした上で、CO_2の発生を抑えようとすると、もはや単なる燃焼の問題ではなくなり、燃料の使用量を減らす、または炭素のない、あるいは熱量の割には炭素の少ない燃料に換える必要が出てきた。

今までの話で、霧状燃料の粒の大きさが小さい程、燃焼時間が長い程、燃焼効率が高くなることがわかった。もう1つ、燃焼温度をさらに上げて、燃料の熱分解と酸化を促進することも、燃焼効率の向上に結び付く。こうすることによって、COとか未燃のUHC(Unburned hydrocarbonまたはTotal hydrocarbon：THC)の量が減るからである。

しかし、ここに1つ困った問題がある。酸化が促進されるのは、COだけでなく、大気中にある化学的に安定した窒素が、高温燃焼ガス内にあるOとかOHといった化学活性種と反応し、NOになる。これは、サーマルNOと呼ばれ、燃焼筒内の火炎温度が高い程、また燃焼ガスの燃焼筒内での滞留時間が長い程、発生量が増える。また、サーマルNOに比べれば少量であるが、燃焼プロセスの初期の比較的低温で燃料の過濃な火炎の中でも、温度依存性のあまりないプロンプトNOと称されるNOも発生する。これらのNOがエンジンから排気として出て来ると、大気中の酸素と化合しNO_2となり、光化学

スモッグを発生させたり、雨に含まれて酸性雨の原因になったりする。また、大気中でオゾンを破壊する原因にもなるのである。NO や NO_2 などの窒素酸化物は一括して、NO_x と称される。

汚染排気を少なくし、燃焼効率を上げようとして CO や THC を抑えようとすれば、NO_x が多くなる。図 3-24 は、この問題を如実に示している。

排煙が汚染排気物の一つであったのは、ずっと昔の話で、最近のジェット機では見られなくなった。しかし、だからと言って、もう問題がなくなった、という訳ではない。排煙の原因である煤は、稀ではあるが、今でも燃焼筒の壁に付着し、そこで酸化することによって、壁の一部を融かしたり、煤の大きさによっては、タービン動翼にぶつかった際に動翼表面の耐熱コーティングの一部を剥がし、動翼の寿命を縮める原因にもなる。

煤は固体炭素なので、燃料の構成化学成分である C と H が解離する程の熱エネルギーを受けていながらも、酸素供給が不

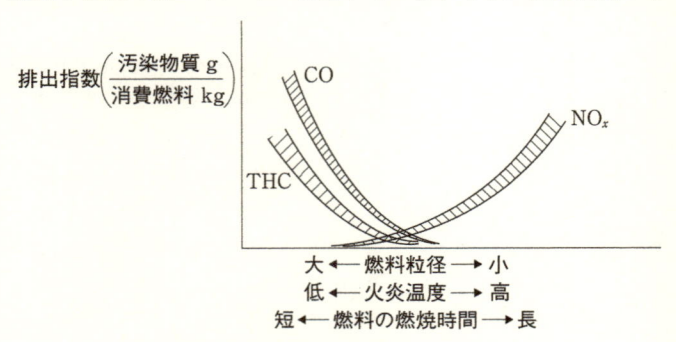

排出指数 $\left(\dfrac{汚染物質\ g}{消費燃料\ kg}\right)$

大 ←―― 燃料粒径 ――→ 小
低 ←―― 火炎温度 ――→ 高
短 ←―― 燃料の燃焼時間 ――→ 長

図 3-24　汚染物質の発生傾向
資料 3-9

十分であるためにCOやCO_2になれないような状況に陥った時に発生するものと考えられる。例えば、未燃の燃料が燃焼筒壁に付き、炎からの輻射エネルギーを受けた時、もし酸素の供給がそこで不十分であれば、煤発生の可能性が出てくる。

排出される排煙の度合いは、スモーク・ナンバー（Smoke number：SN）で査定される。その細かな定義は省略するが、SN値が低い程、排気の中に含まれている煤の量が少ない。今のエンジンに対しては、標準大気の時のエンジン離陸定格：F_{00}の推力をキロ・ニュートン（kN）で表した場合、$SN = 83.6(F_{00})^{-0.274}$かあるいは50か、どちらか低い方の値以下であるよう、要求されている。

3.4.3 作動特性

燃焼中の燃焼器に投入される燃料流量を少しずつ減らしてみると、炎がだんだん弱くなり、やがて消えてしまう。今度は逆に、燃料流量を少しずつ増やしていく。この時も、度が過ぎると炎が消えてしまうのである。つまり、ある空気流量に対して、燃料が多過ぎても、少な過ぎても、安定した燃焼が得られない。

燃料流量と空気流量の比（Fuel to air ratio：FAR）が高くなると、燃料と空気の混合気は過濃（Rich）だ、と言われる。逆にFARが低くなると、混合気は希薄（LeanまたはWeak）だ、と呼ばれる。そして、過濃の度合いが過ぎて、燃焼が不安定になり始める時、FARは過濃限界（Rich limit）に達した、と言われる。その反対が、希薄限界（Lean limitまたはWeak limit）である。では「何と比べて、FARが高いとか低いとか評価するのか」と言えば、「最も安定した燃焼を得られる時のFAR値に比べて」である。この最適FAR値は

地上では0.01〜0.016程度、高度と共に増え、20,000mでは0.02〜0.025程度である。

この過濃限界と希薄限界でのFARの値の差は、エンジンの空気量が多くなる程、燃焼器の容積が小さくなる程、そして飛行高度が高くなる程、小さくなっていく。つまり、安定燃焼を得るのが難しくなっていく訳である。この様子を図3-25に示す。このグラフの縦軸には、FARの代わりに当量比（Equivalence Ratio：Φ）が使われている場合もある。この当量比とは、ある空気量に対して、それが含む酸素を100%使って初めて完全燃焼できる燃料の量m_f^*と、同じ空気量に対して実際にエンジンに注入される燃料の量m_fの比つまり、m_f/m_f^*のことである。したがって、当量比が1より小さい場合が希薄（LeanまたはWeak）、1以上だと過濃（Rich）となる。そして、当量比が1または1に近い時に、いちばん安定した燃焼が得られる。しかし、ここで注意を要するのは、当量比が1の時は火炎温度が最高になり、NO_xの発生にいちばん「良い」条件でもある、ということである。

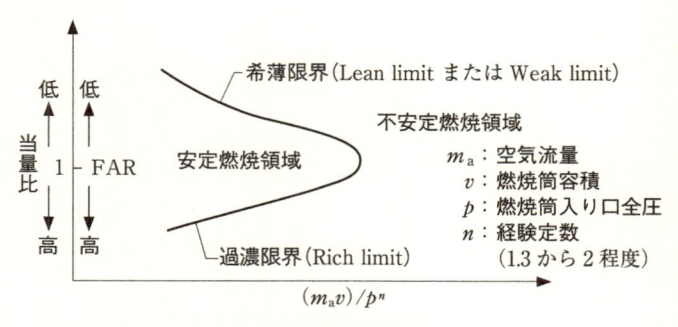

図 3-25　安定燃焼領域と限界
資料 3-10

縦軸：当量比 / FAR（低・高）
横軸：$(m_a v)/p^n$

希薄限界（Lean limit または Weak limit）
過濃限界（Rich limit）
安定燃焼領域
不安定燃焼領域

m_a：空気流量
v：燃焼筒容積
p：燃焼筒入り口全圧
n：経験定数（1.3から2程度）

最後に燃焼振動。小さな燃料の微粒が「ボッ」と燃える瞬間、その周りの微小領域で、瞬間的に燃焼ガスの圧力が、ほんの少し変動する。それによって、燃焼ガスの局所流速が、微小ながら変わる。それが火炎伝達率に影響をわずかに与え、燃料の発熱率変動の原因になって、次の「ボッ」にフィードバックされる。このフィードバックがプラスだと、この系内で、自励振動が発生する可能性が出てくる。これがエンジンの振動問題になってはならないのはもちろんであるが、振幅が小さく、機械的に何ら問題がない場合でも、考えてみれば、燃焼器は一種の共鳴箱みたいなものなので、不必要な燃焼振動の原因になり、またエンジン騒音に寄与することになる。目下のところ、騒音問題に対しては、燃焼器の形状を少し変えたり、FARの制御を調節したり、何段もあるタービン・ノズルによって、エンジン出口から燃焼器が直視できないようにしたりして、対処している。

■3.5 タービン
3.5.1 形状と機能

燃焼ガスが燃焼器から出て来た時の平均ガス温度は、熱サイクル上、いちばん高い温度で、それがマッハ数0.1から0.15くらいの速さで、第1段タービン・ノズルに入っていく。このタービンがガス発生機タービンで、高圧圧縮機つまりHPCを駆動するので、高圧タービン（High Pressure Turbine：HPT）とも呼ばれる。

ここで、図3-26に、P&W社製PW4084型ターボファン・エンジンを示す。この図から分かるように、2段のHPTで11段ものHPCを駆動している。なぜ、圧縮機の段数とタービンの段数が、こんなに違うのだろうか。

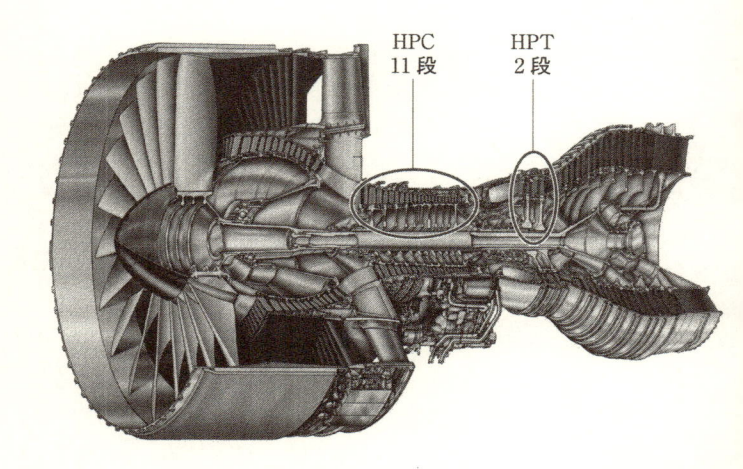

図 3-26 P&W 社製 PW4084 型ターボファン・エンジンの HPC と HPT
© UTC (2008): 複写許可済み

　この問いに答えるに当たって、まず、圧縮機とタービン翼内での静圧分布の違いを見てもらおう。圧縮機翼列内では、動翼でも静翼でも、図 3-27の左に示されているように、翼の正圧面上でも負圧面上でも、入り口から出口に向かって静圧が上昇している。特に翼の負圧面は凸状をしており、ここでは、境界層内外の流れの混合が抑制されるので、静圧上昇の度が過ぎると境界層が剥離し、圧縮機の効率低下の原因になる。つまり、圧縮機翼列内での減速に、限界がある。

　一方、タービン翼列内では、図 3-27の右に示されているように、正圧面上でも負圧面上でも静圧上昇は少なく、全体として前縁から後縁（翼列入り口から出口）に向かって静圧が降下しており、境界層剥離の可能性はない。

　この、圧縮機とタービン翼列内での静圧分布の違いから、圧

第3章 流れと機械のハーモニー

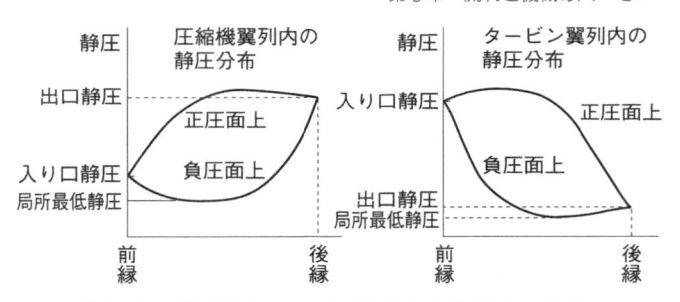

図 3-27 圧縮機とタービン翼列内の静圧分布の違い

縮機にはタービン程の負荷をかけられないのである。ここで言う負荷とは、近似的に言って、図3-27の正圧面上の静圧曲線と負圧面上の静圧曲線で囲まれた空間の面積のことで、圧縮機やタービンの段圧力比と、比例関係にある。したがって「大きな負荷がかけられない」ということは、段圧力比を大きくとれない、ということになる。

タービン動翼では、図3-27の右に示されている後縁での静圧をどんどん下げても、境界層の剥離がないので負荷を大きくかけることができる。つまり、タービン出口の静圧をどんどん下げることができる。その結果、タービンは、少ない段数で、多段の圧縮機を駆動することができるのである。

ただこれにも、やはり限度がある。負荷を大きくするにしたがって、出口での静圧が下がるだけでなく、負圧面上の最低静圧値も下がり過ぎ、そこから後縁に向かっての静圧上昇が高くなっていき、タービン効率が、低くなり始めるからである。

では、タービンの負荷限度は、どこにあるのか？ 図3-28をご覧頂きたい。これは、スミス・チャートと呼ばれるグラフで、1965年に、RR社のスミス（Stan Smith）が発表して以

段負荷係数：$(\Delta H_t / U^2)$

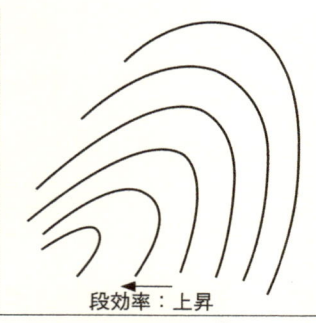

段効率：上昇

流量係数：C_x / U

図 3-28　タービン段効率の傾向を示すスミス・チャート

来、今日でも世界の軸流タービン屋の間で重宝されている程、重要なものである。これは、スミスが当時RR社にあった軸流タービンのデータを基にして作ったもので、示されている段効率の値は、単段軸流タービンの断熱効率測定値に、チップ・クリアランスをゼロと仮定して修正を加えたものである。また、このグラフに使われたタービンの反動度は、必ずしも50%ではないが、それに近い値であった、と聞く。反動度とは、段全体で起こる静エンタルピー低下量のうち、何%が動翼内で起こるか、で定義される。

このチャートに使われている段効率は、上でも言ったように、タービン段の断熱効率なので、第2章の式（2-10）や（2-11）で定義されている通りである。そして、チャートの横軸には無次元量の流量係数（Flow coefficient）：(C_x / U) が使われている。C_x は軸流方向の流れ速度、そして、U は動翼の回転周速度だ。また、縦軸の無次元係数は、段負荷係数（Stage loading coefficient）と呼ばれ、タービン段での全エン

第3章 流れと機械のハーモニー

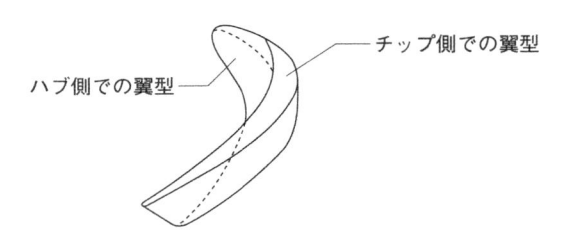

図 3-29 タービン動翼のスパン方向の捩じれ

タルピーの低下量を、動翼回転周速度の自乗：U^2 で割った無次元量である。そして、一連の曲線は、段の断熱効率の等高線である。したがってこのチャートから、得たい段効率に対する段負荷の限度が分かる。

タービン翼型は、圧縮機のところでも述べたように、ハブからチップにかけて、半径の違いから周速度が変化し、したがって入り口での流入速度ベクトルの方向も変わる。そこで、翼の入り口角をそれに合わせるので、図 3-29 のように捩じれる。この捩じりのため、ハブでは反動度が低くなりやすく、チップでは高い反動度が得られやすい。

そして、動翼のチップからハブに向かうにつれて、翼の厚みが増える。これは、チップではゼロの遠心応力が、そしてハブでは翼全体の質量による遠心応力が、翼断面にかかるからである。

タービンの設計に当たっては、圧縮機の場合と同様に、エンジン・メーカーの持つ膨大な研究データやエンジンからの経験を基にした、実験式や解析的モデルが大いに役立っている。加えて、古典的なツヴァイフェル係数（Zweifel coefficient）、やエインレー-マティーソン（Ainley-Mathieson）の圧力損失

モデル、偏差角モデルなども、エンジン・メーカーの経験による修正を加えて、使われている。

今までに話したタービンの形状と機能は、HPTだけでなく、ファンやLPCを駆動するLPT（図3-30）にも当てはま

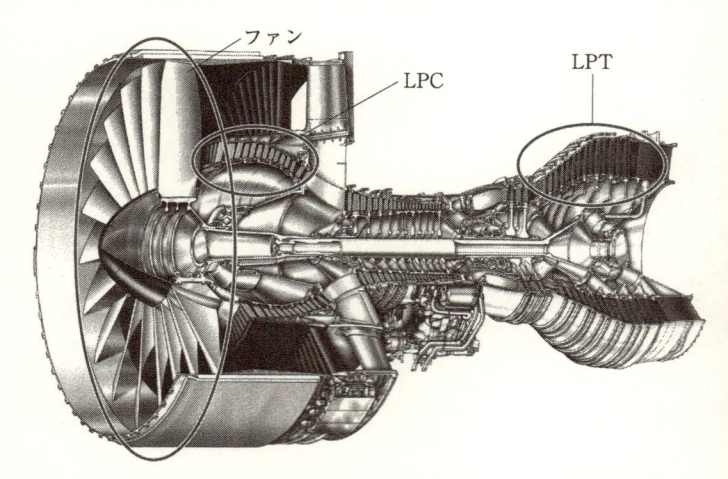

図3-30　P&W社製PW4084型ターボファン・エンジンのファン、LPCとLPT
©UTC（2008）：複写許可済み

るが、1つLPTがHPTと大きく違うところは、HPTなら単段か2段で10段から16段程度のHPCを駆動することができるが、LPTの段数は、ファンとLPCの合計段数とあまり変わらない。それも、段数を減らすために流路を半径の大きいところへ持っていき、その周速を高くしても、である。

それは、ファンがたった1段でも、バイパス比：BPRが高いと、それに比例してファンの消費するエネルギー量が増えるからである。

3.5.2 冷却

同じ重さのエンジンでもっと大きな推力（ターボファンおよびターボジェット・エンジンの場合）または馬力（ターボプロップおよびターボシャフト・エンジンの場合）を発生しようとすると、タービン入り口温度（英国では TET、米国では TIT とか T4 と呼ばれる）を上げねばならない。ところが、TIT を高くしたエンジンに、今ある金属材料、それもコバルトとかニッケルをベースにした高温に強い合金を、そのまま燃焼器出口にあるノズル・ベーンや動翼に使うと、図 3-31 からも分かるように、高温のために材料の強度が減り、酸化（Oxida-

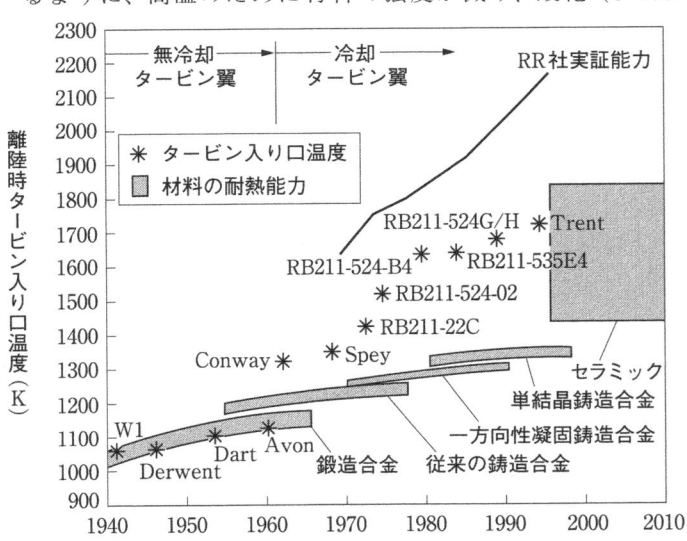

図 3-31 タービン翼材料の温度使用限界と RR 社エンジンのタービン入り口温度の比較

資料 3-21

tion）とかクリープ（Creep）という現象が起こって、長時間の部品寿命が得られなくなる。それどころか、融けてしまう場合さえある。そこで1960年以来、ノズル・ベーンや動翼を、圧縮機から出て来た高圧空気の一部を使って冷やす技術が開発されてきた。第1章で、ドイツのJumo004型エンジンでは、高温材料の供給不足から、タービンのノズル・ベーンや動翼を圧縮機からの空気の一部を使って空冷したことを話したが、理由は違っても、工学的理念は同じである。

しかし、エンジンのサイクル効率から考えると、冷却空気を使うことはペナルティーなので、この観点からはできることなら冷却空気は使いたくない。冷却空気が必要なら、なるべく少量にしたい。そのため、新材料や冷却法の研究・開発、または改良の努力が続けられてきた。それらは、今日でも、ジェット・エンジン技術の中で、いちばん大きな研究課題の一つである。

当初は、中実のタービン翼に径方向の穴をいくつも開け、そこへ冷却空気を通す（図3-32（a））という、簡単な対流（Convection）による冷却だった。しかし、この方法では冷却効果が低いため、もっと良い冷却法がその後開発された。例えば、インピンジメント（Impingement：図3-32（b））法。これは、翼の内部に小穴がたくさん開けられた空洞円柱を入れ、その内部から高速の冷却空気をタービン翼の内壁（特に温度の高い前縁部）目がけて噴き出させて翼を冷却する方法である。また別の例は、トリップ・ストリップ（Trip strip）を冷却通路内壁に設ける方法。これは幾連もの矩形断面を持つ「山脈」を冷却通路内壁に設けることによって、冷却空気を通路内でできるだけ攪乱し、伝熱効果を高める方法である。それ以外にも、冷却空気をタービン翼根元の複数箇所から取り込む方法、

第3章 流れと機械のハーモニー

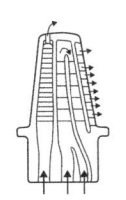

(a) 径方向流れ(対流)

(b) インピンジメント

(c) 複数冷却取り入れ
複数冷却通路トリップ・ストリップ
後縁エジェクション

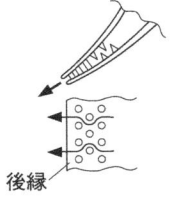

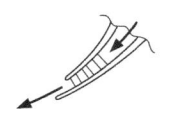

(d) ペデスタルとピン・フィン

(e) 正圧面後縁エジェクション

(f) フィルムとインピンジメントを含んだ内外両壁冷却

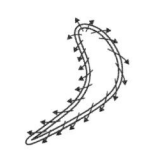

(g) トランスピレーション

図 3-32 タービン翼冷却方法の7例
資料 3-22

冷却後の空気を翼のチップや後縁から噴き出させるようにしたものもある（図 3-32 (c)）。

タービン翼の後縁近くでは翼が薄く、トリップ・ストリップを入れる空間がない。そこで、ペデスタル（Pedestal）と称す

る円柱状のトリップ装置や、円錐状のピン・フィン(図3-32(d))、また冷却空気通路を内蔵したために厚くなった後縁では、圧力損失の増加を懸念して、その翼厚を減らすために翼正圧面の後縁をカット・バックした正圧面後縁エジェクション(図3-32(e))も、逐次、考案され設計に取り入れられるようになった。

その後、さらに効果的な冷却方法として出てきたのが、それまでの内壁冷却(Internal cooling)と違った、外壁冷却(External cooling)である。これは、タービン翼を内部から冷却するのではなく、冷却空気を、翼の薄い壁に開けた穴から外へ流出させ、それでタービン翼の外表面を覆うことによって、翼温度を限界以下の温度に保とう、という考え方である。空気が極めて良好な断熱材であることを考えれば、納得のいくアイディアである。これは、フィルム・クーリング(Film cooling)と呼ばれる。

最初は、温度の特に高い翼前縁に使われた。タービン翼の前縁は鈍頭である。いくつも開けられた小穴を持つ鈍頭は、シャワーの湯の出てくる部分に似ているので、この前縁冷却法はシャワー・ヘッド(Shower head)冷却と呼ばれる。その後、翼の両面にも、翼外面温度が高くなりそうなところにこの方法が使われるようになった。この冷却法はギル(Gill)冷却、つまり魚の「えら」冷却という、上のシャワー・ヘッドに負けない、想像力に富んだ名前が付けられている。まあ、そう言われれば、タービン翼は何となく魚に見えてくる。

冷却空気がフィルム・クーリングに使われる場合、図3-33や図3-34にあるように、冷却空気の噴き出し方向と速度や冷却通路の断面形状によって、冷却効果がずいぶん変わる。また、冷却効果は下流に行く程低くなるので、必要ならば多段の

燃焼ガス：T_G　フィルム冷却空気

TBC
翼壁
内部冷却空気：T_C

$$\eta = \frac{T_G - T_F}{T_G - T_C}$$

図 3-33 フィルム冷却の有効性
資料 3-22

（円形断面の冷却孔）　　（拡散型非円形断面冷却孔）

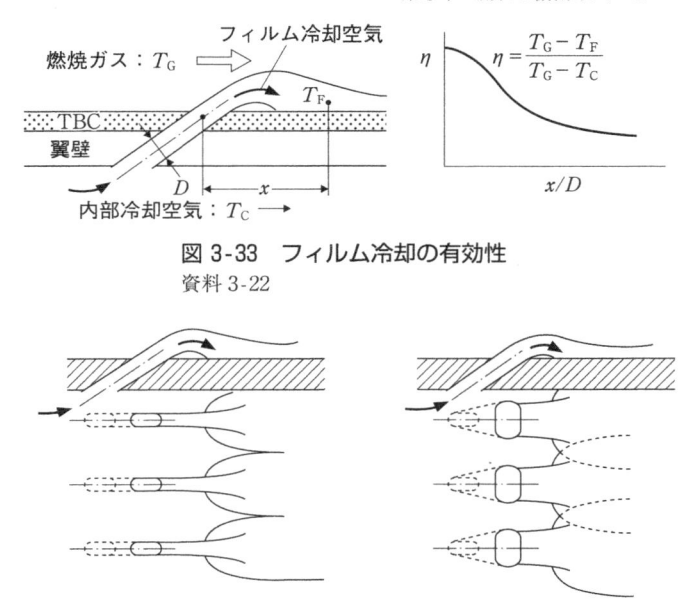

図 3-34　フィルム冷却孔幾何形状のフィルム分布と冷却有効性に与える影響
資料 3-22

フィルム・クーリングを使わねばならない。

今日、実際のタービン翼では、図 3-32(f) に示されているように、内部冷却と外部冷却の両方が使われている。ただ、この方法では、翼外面で温度を一定に保つことは難しい。そこで、冷却空気をもっと一様に翼の外側へ、それも高速でではなく、むしろ低速で滲み出すようにすればよい、という方法が考え出された。これはトランスピレーション（Transpiration）

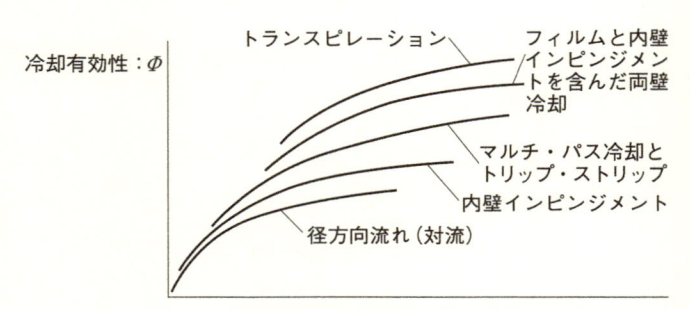

```
冷却有効性：Φ              トランスピレーション    フィルムと内壁
                                              インピンジメン
                                              トを含んだ両壁
                                              冷却
                                      マルチ・パス冷却と
                                      トリップ・ストリップ
                                      内壁インピンジメント
                      径方向流れ（対流）


            （冷却空気量）／（圧縮機吐出量）×100（％）
```

図 3-35　タービン翼冷却法の有効性の比較
資料 3-22

冷却（図 3-32(g)）と呼ばれ、近い将来、このような冷却構造を持った HPT が出てくるはずである。

こうしたいろいろな翼冷却法の冷却効果を比較するのに、よく使われるグラフは図 3-35のようなもので、横軸には圧縮機吐出流量のうち何％が翼の冷却に使われるかが、そして、縦軸に、英語を直訳すれば冷却有効性（Cooling effectiveness）：$Φ$ というパラメーターが、使われる。これは、燃焼ガス温度とタービン翼表面温度の差が、燃焼ガス温度と冷却空気温度の差に比べてどのくらいか、という無次元量である。現在の技術水準では、HPT 動翼での冷却有効性は高くとも0.6〜0.7程度である。

しかし、高温燃焼ガスに晒されて熱くなるのは、タービン翼だけではない。ハブとシュラウドの両壁も熱せられる。タービン動翼の付け根にあたるファー・ツリー状のフィクシング（Fixing）さえも熱せられる。したがって、これらも冷却せね

第3章 流れと機械のハーモニー

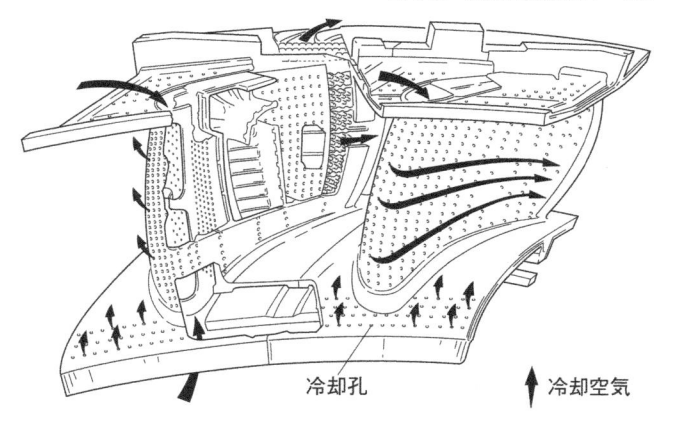

冷却孔　　↑ 冷却空気

図 3-36　高圧ノズルガイドベーンの冷却
資料 3-24　©RR社：複写許可済み

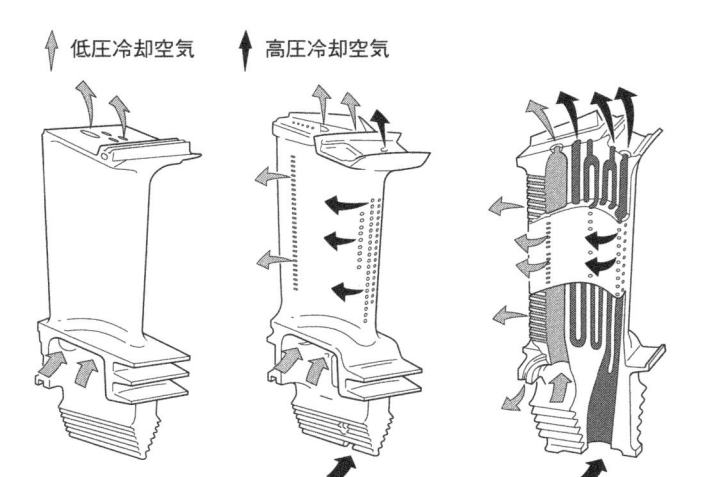

↑ 低圧冷却空気　　↑ 高圧冷却空気

図 3-37　高圧タービンブレードの冷却の変遷
1960年代の例（左）、1980年代の例（右）　©RR社(2008)：複写許可済み

ばならない。図3-36と図3-37は、冷却通路を含んだ典型的なノズル・ベーンと動翼であるが、これらを見ても分かるように、冷却通路は複雑極まり、冷却空気は至るところから主流に戻される。

図3-32や図3-36、図3-37を見ると分かるように、冷却タービンのノズル・ベーンや動翼内部は、極めて複雑である。こんな複雑なものを、どう製作するのか？　この問いに対する答えは、ロスト・ワックス鋳造法である。

この方法では、まず、タービン翼内の冷却空気通路を、翼の金属材料よりも融解点の高いセラミックで作る。それをセラミック・コア（Ceramic core）と言う。と言ってしまえば簡単なようだが、これを正味寸法の0.05mmの誤差範囲以内で作るのだから、特に小型エンジン用冷却タービンのセラミック・コアは、精密品の中の精密品である。このコア自身も、金型を使って作られる。

次に、翼外表面と同じ形状を持つ金型を作り、その中に、セラミック・コアを入れる。そして、セラミック・コアの入った金型の内部に、ロウソクの蠟を流し込む。その蠟が乾くのを待って金型を外すと、セラミック・コアを内蔵した、タービン翼型の蠟が現れる。言わば蠟型である。

この蠟型を、セラミックの微粉と耐火性結合剤の高粘性混合液に「ドブッ」と浸し、それが乾く前に、その表面を灰白色の微粒状耐火物でまぶす。この「浸し」と「まぶし」のプロセスを、微粒状耐火物の厚みが6mm程度になるまで、何回も繰り返す。その後、何とも醜くなった灰白色の塊を温め、内部にある蠟を溶かし出す。これで鋳造の準備完了である。

そして、タービン翼になるニッケル合金の高温溶解体を、今

第3章 流れと機械のハーモニー

まで蠟が占めていた空間に、流し込む。その操作が終わった後、少しずつ冷やす。この高温溶解体は、冷えた所から結晶ができ、それが成長して、やがて全て固体になる。その後で醜い灰白色の外殻を壊すと、鋳造タービン翼が現れる。

しかし、この固体化したタービン翼はセラミック・コアを内蔵している。そこで、加熱した苛性ソーダ(水酸化ナトリウム)とか苛性カリ(水酸化カリウム)液内に浸し、化学的にこのセラミック・コアを溶かし出す。これで、鋳造過程が終了する。

この鋳造で、タービン内外壁はでき上がり、となるが、その後フィルム冷却をする場合には穴開けをせねばならないし、円板で支持させるため、ファー・ツリーの機械加工をせねばならない。

また、タービン翼を高熱から保護するには、空気以外の断熱材でタービン翼表面を覆ってもよいわけで、それには、今日では、セラミックが翼表面に溶射される。これは、熱遮蔽コーティング(Thermal barrier coating：TBC)と呼ばれる。図3-38に、内部冷却とフィルム・クーリングに加えTBCコーティングを施した場合のタービン翼温度分布を実線で示す。比較

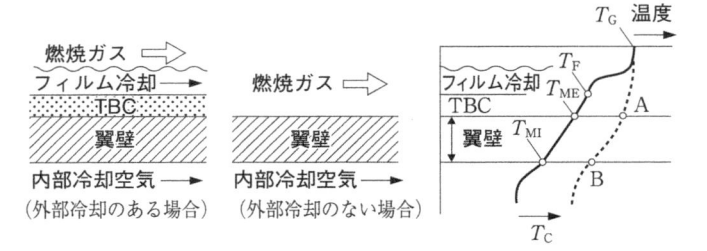

図 3-38 外部冷却がある場合とない場合の温度分布の比較
資料 3-22

のため、フィルム・クーリングとTBCがない場合の翼の温度分布が破線で示されている。フィルム・クーリングとTBC冷却法の有効性がよく見える。

さて、タービン翼冷却によるエネルギー吸収量はどのくらいか？　ここに、その一例を挙げよう。

タービン動翼に対する相対全温度：T_G は、前縁から後縁までの平均値として、1,520℃とする。これは、ジェット・エンジンが離陸する場合の条件に近い。一方、冷却のため、翼の温度：T_M が820℃で保たれているとする。この値は、HPT（高圧タービン）動翼が長時間寿命を得るために、必要な温度である。そして、大型ターボファン・エンジンのHPT動翼の表面積：A は大体 0.01m^2 のオーダーである。また、伝熱係数は、実験的に求めると、HPT第1段の場合、温度差1℃当たり、表面積1m^2 当たり 4.3kW 程度だ。これらの値を入れて計算すると、タービン動翼1枚当たり、30kW 程度にもなる。そして、大型エンジンだと、HPT第1段動翼は50枚くらいあるので、1,500kW 足らずの熱エネルギーが冷却によって取り去られることになる。1軒の家での消費電力が平均して常時 2kW 程度だとすると、何と750軒分の消費電力と同等のエネルギー量である。ただ、このような厳しい条件は、飛行機の離陸時と、それに続く低高度での上昇時を足した15分程度の比較的短時間ではある。

3.5.3　作動特性

タービンも圧縮機と同じく、回転速度によって圧力比も変われば、流量も効率も変わる。したがって、圧縮機の作動特性を表すマップがあるように、タービンにもマップがある。低回転

第3章 流れと機械のハーモニー

では、流量も圧力比も低い。そして、回転数が上がるにつれて、両者とも増加する。

また、回転数を一定に保ったまま流量を上げていくと、圧力比も増加するという、圧縮機にない特性を持つ。しかし、流量の増加には限界がある。ノズル・ベーンが動翼より以前にチョークするように設計されており、いったんノズル・ベーンがチョークに入ると、回転数を一定に保つ限り、いくら圧力比を増加させても流量は増加しない。

上に話した性能特性をグラフ、つまりマップで表すと、図3-39のようになる。圧縮機のマップと違い、横軸に段圧力比が使われている。そして、縦軸に流量および段効率が示される。

タービン・マップには、圧縮機のマップのような修正回転数とか修正流量が使われていない。それはなぜかと言うと、タービンの場合、大義名分になる「標準入り口条件」がないからである。そこで、マッハ数の関数としての回転数：$N/T_t^{\frac{1}{2}}$ と

段効率

$N/\sqrt{T_t}$：増加

流量：$m\sqrt{T_t}/P_t$

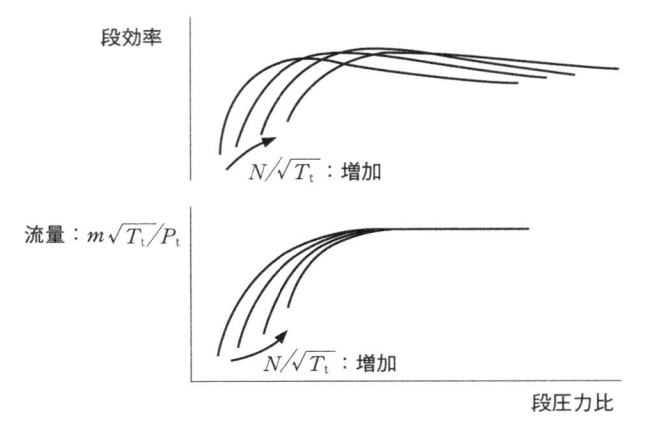

$N/\sqrt{T_t}$：増加

段圧力比

図3-39 典型的なタービンの性能マップ

か、マッハ数の関数としての流量：$(mT_t^{\frac{1}{2}}/P_t)$ がタービンの性能を示すパラメーターとして、マップに使われることになる。ここに、N はタービンの毎分回転数（rpm）、m は毎秒の流量（kg/s）、T_t はタービン入り口での流れの全温度（K）、P_t は全圧（kPa）である。

圧縮機に比べて、回転数による段効率の最高値の変化は少ない。また、図3-39では、段圧力比が高くなるにつれて、段効率が段圧力比の影響を受けないかのように見える。しかし段圧力比が非常に高くなり、タービン動翼もチョークを起こす程になると、やはり段効率は下がる。

■3.6 潤滑油系統とセカンダリー・エア・システム
3.6.1 潤滑油回路

典型的なジェット・エンジンの潤滑油回路を図3-40に示す。オイル・タンクから出て来た潤滑油は、オイル・ポンプで圧力を上げられる。このポンプは、HP軸の上流先端に付いている傘歯車とタワー・シャフト（Tower shaft）と呼ばれる長い軸の

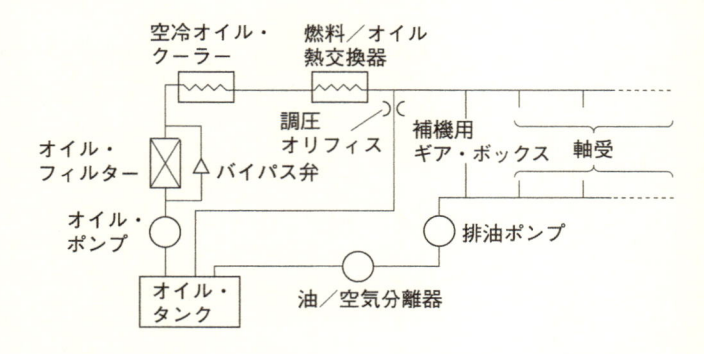

図3-40 典型的なジェットエンジンの潤滑油回路

第3章 流れと機械のハーモニー

組み合わせで伝達されてきたパワーで駆動される。

　ところで、このパワーはエンジン下部に付いている補機用ギア・ボックス（Accessory Gear Box：AGB）に取り込まれ、オイル・ポンプだけでなく排油ポンプ、燃料ポンプ、発電機などをも駆動する。

　ポンプを出て来た高圧のオイルは、フィルターを通り、固形不純物が万が一オイルに混ざっている場合でも、下流の軸受やギア・ボックスの歯車に送り込まれないようになっている。ただ、このフィルターが詰まってしまうと給油されなくなり、エンジンとしては大問題になるので、フィルター前後での差圧が大きくなり過ぎるとバイパスにある逆止弁が自動的に開き、フィルターをバイパスしても給油を続ける仕組みになっている。

　しかし、このバルブ操作は、もともとオイルにあるべきでない固形不純物が混ざっていることが原因なので、言わば緊急処置である。そこで、バイパス弁が開くずっと以前に、フィルター前後での差圧がある程度上がるとパイロットに警告信号が送られ、着陸後、フィルターが換えられ、固形不純物が潤滑油回路から除去される。

　潤滑油は、オイル・タンクの容量がそれ程大きくないので、飛行中、何回も回路内を循環し、循環するごとに、軸受や歯車から熱を受け取る。そこで、オイルは常に冷却されねばならない。典型的なジェット・エンジンの潤滑油回路では、オイルは2つの冷却器を持っている。1つは空気による冷却、他の1つは燃料によるものである。

　オイルは、何らかの原因で潤滑油回路内に異常な圧力損失が発生しても、軸受や歯車に給油を続けられるよう、ポンプで必要以上に加圧されている。そこで、通常はその必要以上の圧力を調整するようにオリフィスが付いている。

ギア・ボックスや軸受からの排油は、空気をほとんど含んでいない場合もあれば、無視できない程度の量を含んでいる場合もあるので、オイルがタンクに戻る前に空気をオイルから分離する分離器が付いている。分離しないでオイルと空気の混合物がタンクに戻ると、小さな空気の泡がタンク内のオイルと混在することになる。この気泡がたくさんオイル・ポンプに吸い込まれると、ポンプがオイルを圧送できなくなる可能性が出てくる。

3.6.2 セカンダリー・エア・システム

エンジン全体の流れを見る時、ファン、圧縮機、燃焼器、タービンを通って、排気ノズルから出ていく流れをプライマリー・フロー（Primary flow：主流）と呼び、圧縮機から抽気され、冷却、シール、氷結防止用に使われる空気をセカンダリー・エア（Secondary air）と呼ぶ。目立たない、非常に地味な空気の流れだが、地上でのエンジン始動から高空での巡航まで、いろいろな局所圧力と温度の変化に対してエンジンが正しく作動し続けるように、その流量が調整されねばならない。

エンジンの性能のみから言えば、セカンダリー・エアはない方が良い。しかし、今のエンジン技術ではそれが無理なので、設計では必要最低量の空気（それもできるだけ低圧のもの）の使用を要求される。

氷結ができる可能性のあるのは、エンジン・ナセルの前縁とノーズ・コーン、ファン動翼の下流に位置しバイパスとコアを分けるスプリッターの前縁、ファン静翼とLPCの上流段の静翼の前縁であり、それらでは、主流の圧力が低いので、HPC中間段辺りからの低圧セカンダリー・エアが使われる。

冷却を必要とするのは、HPTとLPT上流段であり、そこ

第3章 流れと機械のハーモニー

ではプライマリー・フローの圧力は高い。そこで、冷却空気はエンジン・サイクルの中でいちばん高い圧力の、HPC出口からの抽気を使う。一方、プライマリー・フローは、燃焼器での圧力損失があるので、冷却空気より圧力が低くなる。この差があるからこそ、冷却空気によってシャワー・ヘッド冷却やギル冷却ができる。それだけではない。冷却空気の圧力の方が主流の燃焼ガス圧力より高くないと、動翼を熱的に保護する能力をなくす。

　シールには2通りある。軸受のシールと、タービン通路内で主流の燃焼ガスがタービン円板の並ぶ空間に入り込まないためのシールである。軸受のシールに使われる空気の圧力は潤滑油

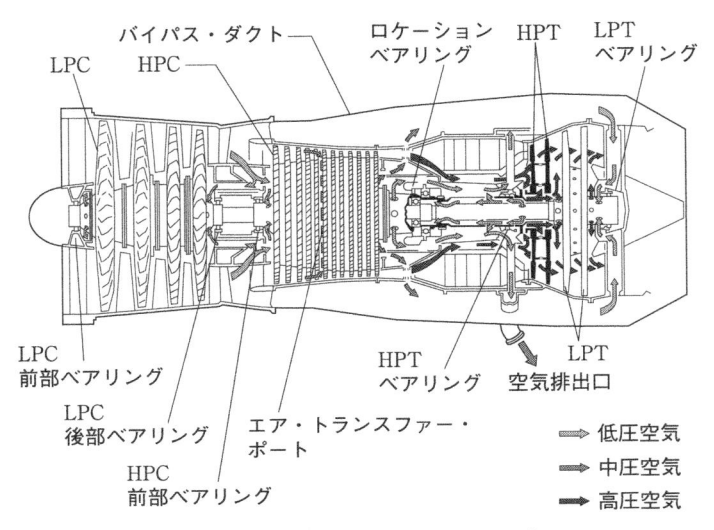

図3-41　中型ターボファン・エンジンのセカンダリー・エア・システム
資料3-24　©RR社(2008)：複写許可済み

の圧力よりやや高く、また燃焼ガスが入り込まないためのシールはタービンの主流圧力より少し高いことが必要なので、どこにシールが置かれるかで、その要求圧力値が違う。そこで、HPCの中間段、下流段、または出口からの抽気が、適材適所で使われる。

最近の大型エンジンでは、LPTの性能をどんなエンジン作動条件でも高く保つために、LPTケーシングを冷却する。この冷却は、冷たい空気をLPTケーシング外壁表面なり、その付近に流すことによってなされるので、高い圧力は要らない。むしろ、できるだけ冷たい空気が要る。そこで、ファンを出て来た空気が使われる。

図3-41に典型的な中型ターボファン・エンジンのセカンダリー・エア・システムを、その一例として示す。大型エンジンのセカンダリー・エア・システムも、本質的には同じである。

■3.7 エンジン制御装置

パイロットがエンジンの操作をするのは、欲しい推力(ターボジェットおよびターボファン・エンジンの場合)なり馬力(ターボプロップ・エンジンおよびターボシャフト・エンジンの場合)を得るため、スロットル・レバーを適当な位置(厳密に言えば角度であるが)まで押したり引いたりするだけである。これを入力として燃料流量を制御し、エンジンの回転を加減速(Transient)させて、パイロットの要求する推力なり馬力なりを発生する装置を、エンジン制御装置(Engine Control System)と言う。

このスロットル・レバーは、燃料制御弁には直結しておらず、その意味では、スロットルと呼ぶのは適当ではない。この呼び名は、一昔前のレシプロ・エンジンのパイロットがエンジン

第3章 流れと機械のハーモニー

出力を制御するのに、燃料弁に直結していたスロットル・レバーを操作していたことに由来している。

エンジン制御装置を云々する前に、燃料タンクからエンジンの燃焼器までの燃料回路に何が付いているかを見よう。燃料タンクから燃焼器まで、燃料は細い金属管の中を流れるが、この管回路には少なくともメイン・ポンプ、ブースト・ポンプ、フィルター、フィルター・バイパス・バルブ、調圧バルブ（弁）、排油による燃料ヒーター等がある。

しかし、燃料が調圧バルブによって燃焼器内の圧力に対して適当な圧力まで下げられると、燃料の一部は蒸発する可能性が出てくる。今日使われている燃料ノズルは、全ての燃料が液体か気体かに限られており、液体と気体の混合は、燃焼の安定性を損なうので避けられる。そこで、燃料回路には、蒸発した燃料をメインの燃料管路から取り除き、燃料タンクへ戻す掃気（Vent）回路も必要になる。

また、パイロットが飛行を終えて燃料の流れを止め、また、エンジンが何かの理由で暴走した場合、燃料を瞬間的に切るために、閉塞弁（Shut-off valve）と非常用閉塞弁（Emergency shut-off valve）が付けられている。

このように、燃料系統は小さいくせに複雑ではあるが、操作の全然ない部品か、オン・オフだけのものである。例外は調圧バルブで、この弁の位置をどんな場合にどこに置くか、制御が必要となる。この制御は、エンジン制御装置によってなされる。

エンジン制御装置の役目は、パイロットが欲しい推力なり馬力なりを認知し、それに合わせてエンジンの回転数を加減し、エンジンがパイロットの要求する推力なり馬力なりを発生するに至ったことを確認し、その値を維持することである。同時

に、エンジンが過度な使い方がされないように保護するのも、エンジン制御装置の役目である。

パイロットの要求は、スロットル・レバーの位置（角度）で決まるから、その認知は容易である。そしてエンジンの加減速の度合いは、おおまかに言って、パイロットがスロットル・レバーを押し引きする速度に比例する。例えば、スロットル・レバーを速く押すと、調圧バルブの開度が、レバーをゆっくり押す場合より大きくなり、より多くの燃料を燃焼器に送り込む。

しかし、パイロットの要求値を得るために、エンジンをどれだけ加減速させるかは、簡単ではない。今まで話したことから明らかなように、エンジンのある回転数で発生し得る推力なり馬力は、エンジン入り口での大気条件と、飛行条件に、大きく影響を受けるからである。そこでエンジン制御装置は、スロットル・レバー以外に、必要最小限のエンジン・パラメーターを入力とし、パイロットの要求値を満たすまで、エンジンを加減速するのである。それも、パイロットの要求に即座に応答し、数秒という短時間のうちに、パイロットの要求推力なり馬力なりを発生せねばならない。

しかし即刻応答の結果、エンジンが瞬間的にでも過度な条件で運転せねばならないとか、あるいは、止まってしまうような状態に陥ってはならない。したがって、エンジン制御装置は、いくつかの限界の中で作動せねばならない。では、どんな限界であろうか？

限界の一つは、最低アイドル速度。あまりエンジン回転数を低くし過ぎると、燃料の流入量が低過ぎて、安定燃焼ができなくなる。別の限界は、逆に最高回転速度。エンジンの回転速度が高くなるにつれて、タービン入り口温度が高くなり、高くなり過ぎると、タービン部品の使用温度限界以上になる。また、

第3章　流れと機械のハーモニー

回転部品の使用回転数限界以上にもなりかねない。

　急激な燃料増加も、限界の一つである。エンジンをあまりにも急激に加速すると、HPCがサージを起こすからである。逆に急な燃料減少も、ファンやLPCがサージを起こす可能性があるので、限界がある。また燃料流入量を減少し過ぎて、燃焼が吹き消えてしまう（Flame out）問題もある。それ以外に、最高燃料圧力にも限界値がある。

　これまで話した制御装置は、正確には、燃料しか制御しないので、燃料制御装置（Fuel Control Unit：FCU）である。そして、1970年代までは、その装置は作動機構として、駆動軸、歯車、バネ、ベロー、カム、速度ガバナー、バルブ、調整ネジといった「機械」と、燃料圧力の組み合わせを使ったHMU（Hydro Mechanical Unit）のみが使われていた。その後、電子機器技術の発達から、電子制御装置とHMUとを組み合わせた制御システムが出てきたが、その頃の電子制御装置の信頼性の程度から、その使い方は限られていた。

　しかし、集積回路の技術と製造プロセスの大幅な進歩で、半導体の信頼性が1980年代に著しく向上し、過酷な環境にも電子機器が十分耐えられるようになった。

　そういう背景があって、1984年、民間旅客機用としては最初のマイクロ・プロセッサーを用いた全ディジタル電子式エンジン制御器が、P&W社によってPW2037ターボファン・エンジン用の制御器として市場に導入された。このエンジンは、ボーイング社製の中型旅客機B757に搭載されている。

　この制御装置は、高性能コンピューター・チップの高速演算能力と大記憶容量を利用し、小型軽量にもかかわらずHMU

では考えられないほど数多くのエンジン・パラメーターを入力として受け取れ、エンジンの始動から停止までの、あらゆる運転条件で燃料制御をするだけでなく、VIGV や HPC 静翼の可変機構、抽気弁、LPT 冷却制御もする。言わば全権限を持って、エンジン全体の制御をすることから、これは FADEC（Full Authority Digital Engine Control）と呼ばれる。

かつて心配されていた電子機器の耐環境性も、今では温度、圧力、湿度、振動、インパクト、電磁気干渉などに関し、十分な耐久性を持つようになった。例えば、使用温度範囲は －55〜+125℃、インパクトも最高 15G まで耐えられる。

FADEC は、パイロットが設定したスロットル・レバー角度を指令として受け止め、エンジンからの種々の入力パラメーター（エンジン回転数、エンジン入り口全圧力、エンジン入り口全温度、HPT 出口全温度、LPT 出口全圧力など）の値を考慮した上で、パイロットの要求する推力なり馬力なりが出るのに必要な開度を、燃料流量調整弁が得られるように、流量調整弁駆動用のトルク・モーターに電気信号を送る。また信頼性を向上するため、独立した電子制御系を2つ持った、二重系 FADEC システム（図 3-42）が使われる。これらの系は「自己健康診断」をもする。診断の目的は、FADEC 自身、ハーネス、センサー、アクチュエーターといったハードウエアの不具合を見つけることである。そして、不具合が検出されるや、対策が取られる。例えば、不具合のある系はオフ・ラインになり、他の系がエンジン制御するようになっている。そしてこの情報は、もちろんパイロットに電子的に報告されるし、機体側にあるメンテナンス・モニターにも記録される。また、飛行中の誤作動データは、FADEC 自身のデータ記録装置にもセーブされる。

第3章 流れと機械のハーモニー

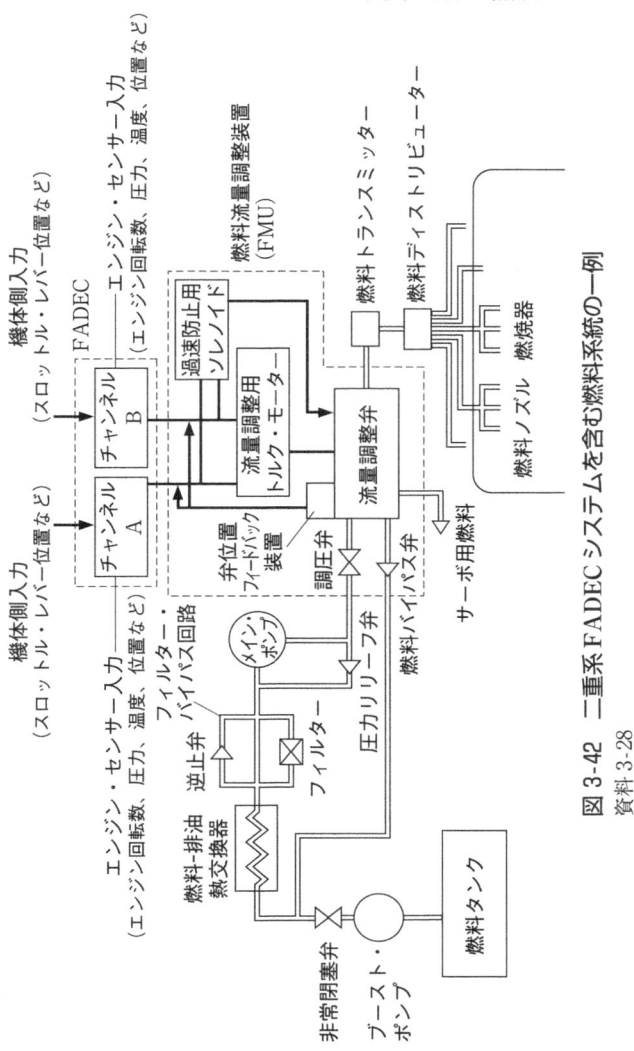

図 3-42 二重系FADECシステムを含む燃料系統の一例
資料 3-28

図3-43に示されているように、流量調整バルブ、弁位置フィードバック装置、トルク・モーター、調圧弁、燃料バイパス弁、過速防止用ソレノイドなどを内蔵している装置を燃料流量調整装置（Fuel Metering Unit：FMU）と呼ぶ。そして、この装置の機能の一つが、サーボ燃料圧を使った圧縮機の可変機構と抽気、そしてタービンの冷却空気量制御である。

第4章　頼れるエンジン
——エンジン高信頼性への努力

■4.1　安全性と信頼性

　ことエンジンに関する限り、安全性と信頼性とは表裏一体の関係にある。エンジン不具合が、旅客やクルーに身の危険を感じさせる場合、それは安全性の問題となり、例えば飛行機の出発を遅らせる程度の場合、それは信頼性の問題となる。したがって、信頼性の高いエンジン程、安全性の高いエンジンだ、とも言える。

　安全性の指標は、エンジンだけのものではないが、飛行機に対してなら、何回の出発に対して何回の事故があったかとか、何時間の飛行当たり何回の事故があったかという形で示されているものはある。

　230社ものエアラインをメンバーとする、国際航空運送協会（International Air Transport Association：IATA）の最近の報告によると、2006年は、民間航空にとってはいちばん安全な年であった。その年、世界中の総旅客数は21億人に達し、これだけの旅客を18,230機の旅客機で空輸した。平均すると、1日1機当たり316人もの旅客を運んだ計算になる。この間、死傷

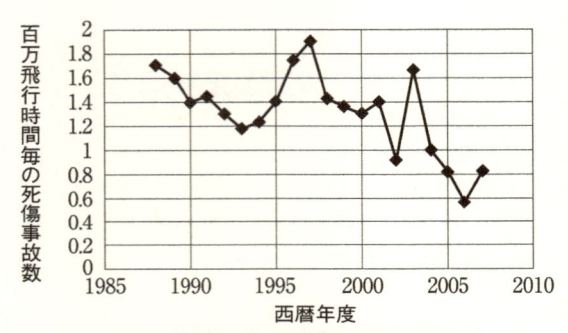

図 4-1　米国内定期旅客便安全性の統計
資料 4-3

者を出した事故は、年間平均、100万回の出発ごとに0.65回であった。

　もう少し長期にわたった安全性の統計では、過去20年間の死傷者事故数に関するものが、アメリカの国家交通安全局（National Transportation Safety Board：NTSB）から発表されている。ただし、この統計は100万回出発ごとでなく、100万時間の飛行当たり、死傷者の出た事故は何回起こったかというもので、アメリカ内の定期旅客便だけが、対象になっている。このデータ（図4-1）を見ても分かるように、過去20年間で死傷事故数は半分になっている。因みに、死者の出た事故数は同じ20年間に1桁下がり、1998年と2007年においては、事故による死者数はゼロであった。

　では、他の先進諸国ではどうかと言うと、残念ながらデータを持っていないので、はっきりしたことは言えない。しかし、どの国も旅客機に関する限り、同じタイプの飛行機を、同じような規則の下で型式証明を取り、同じような規則の下で運航しているのだから、死傷事故数はアメリカ同様減少しつつあるの

第 4 章　頼れるエンジン

ではないかと思われる。

　なお、これらの安全性統計の対象になっている事故は、人為的なミスとか、機体やエンジンの不具合、悪天候など自然現象が原因のもので、軍事行為やテロ、ハイジャックが原因の事故は、含まれていない。

　さて、こうした事故の中で、エンジンが原因になっているのはどのくらいか？　少々古いが、2002年のデータを見つけたので、それを話そう。統計の対象になっている飛行機は、長距離大型旅客機からコミューター機までの定期旅客便に使われているものと、チャーター機のような不定期旅客便用のものである。

　その年に死者を出した事故は、世界中で22件。そのうちで、エンジンが原因だったのが 3 件、つまり13.6％だった。

　死者の出なかった事故はどうか？　この場合、負傷者の出た事故（Accidents）と、誰も怪我をしなかった出来事（Incidents）が合計されている。したがって、例えば「離陸後の上昇中に鳥の一群が機体にぶつかったが、機長が飛行継続問題なしと判断して目的地まで飛び、問題なく着陸した場合」も含まれている。2002年に、世界中で49件のこうした事故や出来事が起こり、そのうちでエンジンが原因の件数は 5 件、つまり10.2％であった。

　両者を合わせると、事故や出来事の総数のうちで、エンジンが原因となったのは11.3％であった。ただし、インシデントは、国によっては、政府の航空運輸管理組織（アメリカならFAA）に報告を義務付けられていないので、その件数は正確ではない。

ところで、こうした統計だけを見て、飛行機の安全性を云々するのは公正であるとは言えない。いったい、飛行機がどのくらいの安全性を見込んで設計されているのか、も考慮せねばならない。そこで、この点について少し触れよう。

　もちろん感情的には、エンジンを含め飛行機設計時に考慮される安全性は100％で、事故数はゼロであるべきだ。しかし残念ながら、我々人間というものは、どこかに落ち度がある。そして、設計にしても、部品の製作にしても、飛行機の運航にしても、必ずこの人間が介入している。いくら高性能のコンピューターを使っても、それに演算ロジックと入力を与えるのは、やはり人間である。そこで、我々人間がその落ち度をなくすよう努力し続けるべき点は、個人なり組織なりに任すとして、今の時点でFAAの要求する（感情を捨てた）旅客機に対する「安全性の見込み」はどんなものか？　それによると、惨事につながるような不具合（Catastrophic failure）は、100万飛行時間当たり、0.01回以上あってはならない。

　では、エンジンの安全性に対する見込みは、どれ程か？　FAAの要求は、飛行機という大きな一つのシステムの中には、いろいろなサブ・システムがあるが、この大きなシステムの惨事に直結するような決定的に重要な（Critical）サブ・システムは10あり、これらの一つ一つの安全性に対する見込みが、飛行機全体に対する安全性の見込みを満たさねばならない、というものである。エンジンは、もちろん、このクリティカルなサブ・システムの一つであり、これに対する安全性の見込みは、クリティカルなサブ・システムが10あると仮定されているので、飛行機の安全性の見込みより1桁高くなり、飛行機の惨事につながるようなエンジンの不具合は、100万飛行時間当たり0.001回以上あってはならない、のである。

第4章　頼れるエンジン

　次に、エンジンの信頼性についてはどうか。エンジンの信頼性の指標は、少なくとも4つある。飛行中エンジン停止（In-Flight Shut-Down：IFSD）率、ゲートからの定刻出発率（Dispatch Rate：DR）、エンジンの計画外取り下ろし率（Unplanned Engine Removal Rate：UERR）、そしてエンジンの平均故障間隔（Mean Time Between Failure：MTBF）である。

　IFSDに対する我々の目標は、もちろんゼロである。しかし残念ながら、現実にはどのエンジンも、そのIFSDはいつもゼロにはならない。そこで、エンジン・タイプごとに、過去3ヵ月間とか、過去1年間の飛行記録から、エンジン総飛行時間に対して何回のIFSDがあったか抽出し、その割合だと、飛行時間1,000時間当たり何回エンジンが飛行中に停止するか、と換算する。この値がIFSD率である。

　1950年代の、初期の旅客機用ジェット・エンジンでは、IFSD率は1.0程度であったが、1970年の初めより下がり始め、1980年代までには0.2程度にまでなっていた。今日のエンジンでは、新しく開発されたものでも0.05回程度であり、成熟したエンジンだと0.02回以下である。

　DRは、飛行機が離陸のためゲートを離れる際、何％の割合で、定刻ないしは遅延15分以内にゲートを離れられるか、という率である。だから、この指標は、高い値ほど良い。このDRをエンジンだけに適用すると、今のエンジンでは99.9％から99.95％が「ザラ」である。

　UERRは、飛行時間1,000時間当たり、何回エンジンが計画外に飛行機から取り下ろされねばならなかったか、という値で、もちろん低いほど良い。

MTBFは、対象となるエンジンの累計エンジン飛行時間を、故障のため飛行機からエンジンを取り下ろした回数で割った値なので、平均して何時間の飛行ごとに、エンジンを取り下ろさねばならないような故障を起こすか、という意味を持っている。だから、この値が高い程エンジンの信頼性が高くなる、と解釈される。

■4.2 応力・機械設計に際しての基本的な考え方

第3章で、エンジンの主要要素の形状と機能を説明した。これらの要素の設計には、流体力学、熱力学、燃焼工学などの工学的な知識を必要とする。しかし、エンジン全体の設計から見ると、この要素設計は、エンジン詳細設計過程のうちで、上流端にしかあたらない。

この章で話す予定の「設計」とは、空力屋や燃焼屋が設計した各要素を、どんな材料で、どんな形状にして支持し、組み合わせ、信頼性の高いエンジンとして纏め上げるかという作業のことである。そこでは、部品の材料選択、部品にかかる応力と振動、部品の寿命評価、部品を組み立て上げた後のモジュールの機械的な機能、モジュール間の干渉など、人命をあずかる工業製品にとって、最も重要な事項が山積している。

ジェット・エンジンの応力・機械設計をする場合の難しさは、まず何と言っても、エンジンが、高い圧力と温度の流れの中を、高速で回転していることにある。加えて、「飛行機を飛ばすエンジンは、まず軽くなくてはならない」という宿命の下には、エンジンの回転部品のいくつかは、余儀なく有限寿命設計をされることになる。

第4章 頼れるエンジン

4.2.1　部品寿命を有限にする可能性を持つ諸現象

ジェット・エンジン部品の寿命を有限にする可能性を持つ現象は、低周波疲労（Low cycle fatigue：LCF）、高周波疲労（High cycle fatigue：HCF）、クリープ（Creep）、酸化（Oxidation）、腐食（Corrosion）、侵食（Erosion）、クリープと疲労の組み合わせ、腐食や侵食と疲労の組み合わせ、水素による材料の脆性化（Hydrogen embrittlement）などである。

LCF（低周波疲労）は、ファン、圧縮機、タービン等の動翼を支える円板（図4-2）に、またエンジンによっては、ファンとLPT（低圧タービン）を結ぶ長い中空の回転軸にも起こる。クリープや酸化（タービン動翼が950℃以上の高温環境の中で、燃焼ガス中にある酸素と化学反応を起こす現象のこと（図4-3））は、高い遠心応力と高温に晒されるタービン動翼に、どうしても発生する。

一方、HCF（高周波疲労）や腐食、侵食に対しては、これ

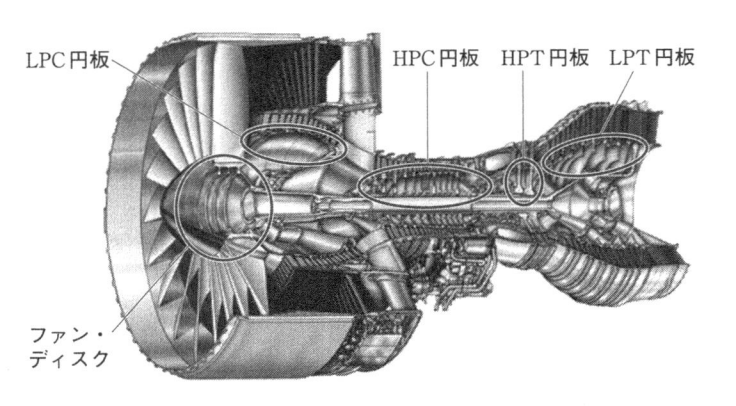

図4-2　PW4084エンジンのファン圧縮機及びタービン動翼を支える円板　©UTC（2008）：複写許可済み

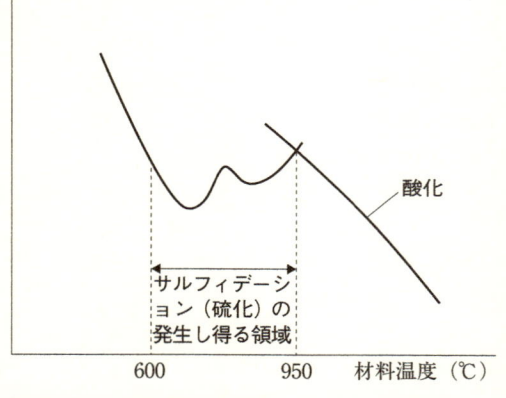

図 4-3 高温に晒された部品の寿命を支配する現象

らによる部品破損を起こしてはならない、というのが設計上の基本姿勢である。また、水素によるチタン合金鍛造品の脆性化は、設計問題でなく材料の品質問題なので、適切な製造プロセスの管理と検査によって、部品になる材料に水素による脆性化が起こらないようにする。

4.2.2 LCF寿命を持つ部品の設計

LCFの話を始める前に、金属材料の性質をちょっと復習しておこう。図4-4に示されているような、断面積 A の金属材料試験片に、力 F をかけて引っ張ると、試験片は少し伸びる。この時、F を A で割った値を応力（Stress：σ）と呼び、試験片の伸び dL を元々の試験片の長さ L で割った値を歪み（Strain：ε）と呼ぶ。応力と歪みの間には、もし応力が大きな歪みを起こさないほど高くなければ、だいたい正比例の関係がある。「だいたい」と言ったのは、ある種の鋼のように、はっきりと

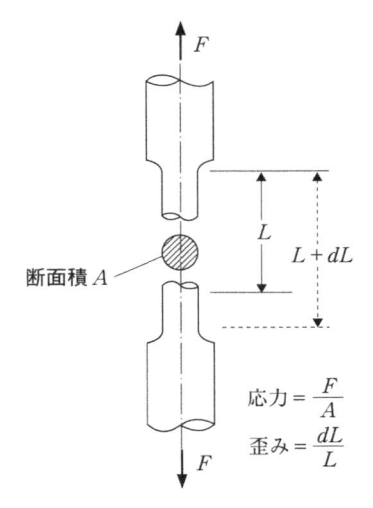

図中ラベル:
- F
- 断面積 A
- L
- $L + dL$
- 応力 $= \dfrac{F}{A}$
- 歪み $= \dfrac{dL}{L}$

図 4-4　材料試験片の一例

正比例の関係にある金属材料もあるが、ジェット・エンジンに使われているチタン合金とかニッケル合金などを含むたいがいの金属材料では、正比例の領域が小さく、図 4-5 に示されているように、それ以上になるとグラフは連続的に少しずつ曲がっていく（歪みが増大する）からである。

応力と歪みの関係が正比例にある状態では、その比 (σ/ε) は、その材料の弾性係数（Modulus of elasticity：E）とかヤング率（Young's modulus：E）と呼ばれる。

さて、ある程度の引っ張り応力をかけた後、その応力を取り除くと、応力と歪みとの関係が正比例領域でないと、材料の長さはわずかに伸び、$\sigma = 0$ に戻ってももはや $\varepsilon = 0$ とはならず、小さい値ながらも $\varepsilon > 0$ となる。そして、ある応力を掛けた後、それをゼロに戻しても $\varepsilon = 0.002$（0.2%）になるような応

応力 $\sigma = \dfrac{F}{A}$

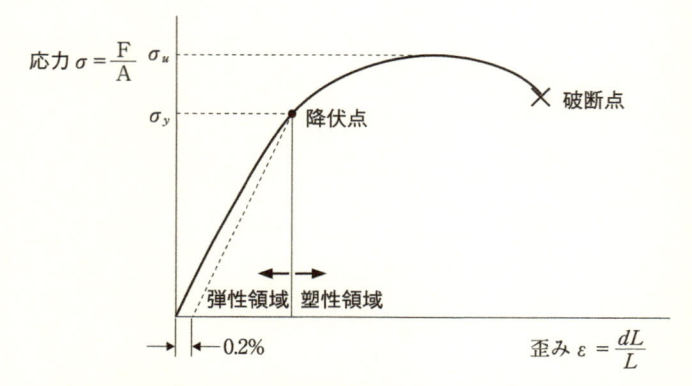

図 4-5 材料の弾塑性限界と降伏強さ σ_y、引っ張り強さ σ_u

力値を、その金属材料の降伏強さ（Yield strength：σ_y）と呼ぶ。言葉だけからすると、「降伏して何が強さか！」と言いたくなるところだが、真意は、降伏する以前（正直言えば、0.2％の降伏はある）の領域内で最高の強さという意味である。これ以下の応力と歪みの領域は弾性領域と見なされ、それ以上の領域は塑性領域として扱われる。

引っ張り応力をさらに上げていくと、歪み量が急に増加し始め、やがて試験片は破断する。その様子が図 4-5 に示されている。この試験で測られた最高の応力を引っ張り強さ（Ultimate strength：σ_u）と呼ぶ。一般的な傾向として、引っ張り強さの高い材料ほど、降伏強さも高い。

エンジンが、新しい飛行機のために設計される場合、必ず飛行機メーカーやエアラインとの連携の下に、その飛行機が世界中のどこで、どのように使われるか、どのくらいの使用年数を仮定するか等が想定される。こうした情報を基に、どの高度で、どのマッハ数で、何時間の飛行をするかという、飛行機の

典型的な飛行ミッション（Typical mission）が作られる。これによって、トータル・オーナーシップ・コストを最低にするために、SFC（燃料消費率）、エンジン重量、エンジンの値段のプライオリティーが決められ、互いのトレード・オフが計算される。

こうした計算の結果として、ファン、圧縮機、タービンの円板の目標LCF寿命が決められる。この値は、ごく一般的に言うと、20,000～25,000サイクル程度である。これを、例えば毎日6回離着陸する飛行機に適用すると、年間の稼働率を95％、1回の離着陸で、1サイクルのLCF寿命が消費されると仮定すると（後で話すが、実際には必ずしも1飛行＝1サイクルにはならない）、10年から12年ごとに、この部品は新品に交換される計算となる。

4.2.2.1 LCFのメカニズム

金属材料に、弾性限界内ではあるが、十分高い引っ張り応力を繰り返しかけていると、キチンと配置されているはずの原子群にも少々の空間があったり大きさの違う不純物原子があったりするので、金属表面で原子の滑りが起こり、それが原子群の滑りになり、ついにはミクロ割れが金属表面と約45度をなす角度で発生する。このミクロ割れがいくつもの金属結晶境界を越えて成長すると、やがてマクロな亀裂になる。そして、この亀裂の先端が鋭いため（図4-6）、引っ張り応力がかかるごとに、そこで応力集中が起こり、もはや原子間の引力や配置方向などに構わず強引に、引っ張り応力に直角の方向に亀裂は成長していく。

亀裂が発生した際の、第1サイクル目の繰り返し引っ張り応力によって、図4-7に示すような局所変形が起こり、亀裂が

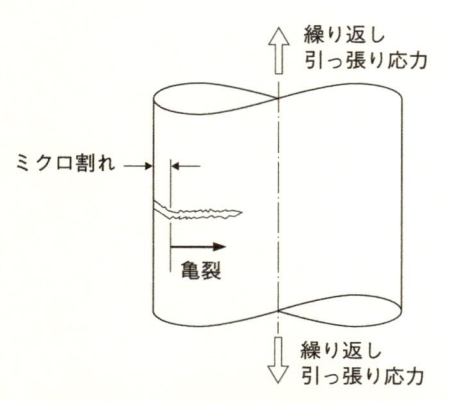

図 4-6 ミクロ割れからマクロな亀裂への成長

応力:ゼロ

引っ張り応力:増加→最高
亀裂:成長

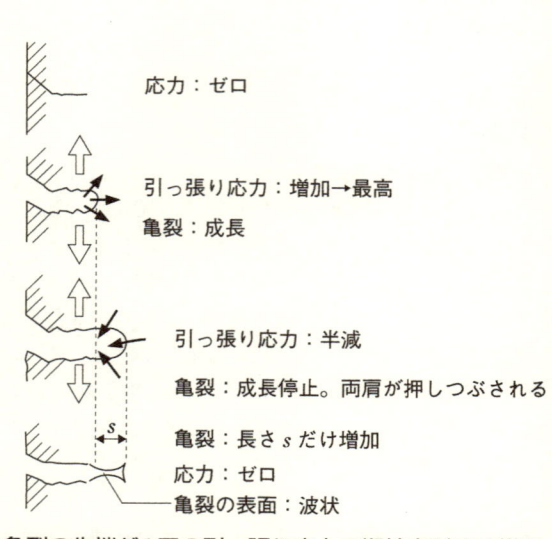

引っ張り応力:半減
亀裂:成長停止。両肩が押しつぶされる

亀裂:長さ s だけ増加
応力:ゼロ
亀裂の表面:波状

図 4-7 亀裂の先端が1回の引っ張り応力で塑性変形する様子
資料 4-6

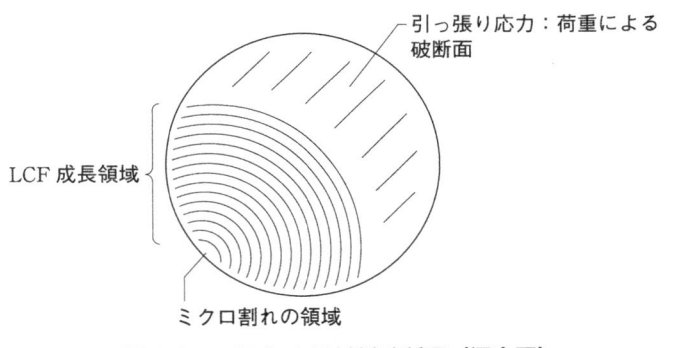

図4-8 LCFによる材料破断面（概念図）

成長すると同時に、亀裂の両表面はユニークな波状を示す。この後、繰り返し引っ張り応力のサイクルごとに、亀裂が成長し、表面の波の数が1つずつ増える。そして、サイクル数が増えるにつれ、亀裂が、静かな池に小石を投げ込んだ時にできる波紋のように（ただし、波紋と違って、亀裂表面の波はいったん発生した後は動かない）、二次元的に成長していく（図4-8）。亀裂がこのように成長すると、引っ張り応力を「受け持つ」材料の断面が亀裂の成長のために次第に減り、やがて図4-5に示された破断点に達し、材料は「ボン」と千切れる。そうでなければ無限であるはずだったこの材料の寿命が、LCFによって尽きたのである。LCFによる寿命は、引っ張り応力の繰り返し数（サイクル数）で数えられる。

LCFの亀裂表面の波状の縞模様（Striation）は、波紋の広がりとは逆の方から見れば、海岸の砂に残る波の跡に似ていることから、ビーチ・マーク（Beach mark）とも呼ばれる。このビーチ・マーク、実は肉眼では見えず、サイクル数は電子顕微鏡を使って見るか、または写真に撮って数えねばならない。

4.2.2.2　繰り返し応力

上の話からも分かるように、LCF の起こる必要条件は、高い繰り返し応力のあることだ。では、ジェット・エンジンでどんな繰り返し応力があるだろうか。

ファン、圧縮機、タービン等の動翼を支える円板には、エンジン停止時には応力がゼロ、始動すると、遠心力がかかってくる。そして回転が速くなると、回転数の自乗に比例して、遠心力が高くなっていく。滑走路へのタキシング、離陸、上昇、巡航、降下、着陸、ブレーキのための逆推進、着陸ゲートへのタキシングが終わって、エンジンが停止され、遠心力がゼロに戻る。つまり、円板には、最低応力がゼロ、最高応力がエンジン最高回転数での遠心応力が、1回の飛行に1サイクルかかる訳である。

いとも簡単な話だ、と言いたいところだが、実際はそんなに簡単ではない。その理由は2つある。その1つは、着陸直後の逆推進力発生時のエンジン回転数がエンジン最高回転数の離陸定格と同じくらいの高い回転数であるために、1回の飛行の間に、フタコブラクダのコブのような応力のかかり方が発生していること（図4-9）。もう1つは、エンジンの回転数が上がるにつれて、円板（Disc：英、Disk：米）の径方向に温度勾配が発生することである。

つまり、円板にかかる応力は、動翼全体と円板自身の回転による遠心力だけではない。エンジンの回転数が上がるにつれて、圧縮機を通過する空気の圧力と同時に、温度も上がる。またタービンでは、燃焼ガス温度が高くなる。このために、円板の外径側（Rim：リム）は、この高温に晒されている動翼からの熱伝導で加熱される。それに対して、円板の内径（Bore：

第 4 章　頼れるエンジン

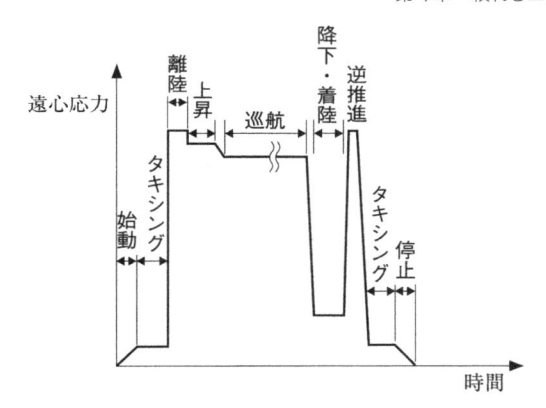

図 4-9　1 飛行で円板にかかる遠心応力

ボア）から腹部（Web：ウェブ）にかけては、シール用または冷却用の空気に触れているので、温度はさほど高くない。その結果、円板に半径方向の温度勾配ができ、円板のリムは大きく膨張しようとするが、内径側での温度による膨張がずっと小さいので、膨張が妨げられる。一方、ボアでは、外径側の大きく膨張しようとする影響を受けて、引っ張られるような応力がかかる。この様子を、図 4-10 に示しておく。このように、円板の半径が小さいところで引っ張り応力が高くなるので、円板の設計に際しては、リムからボアにかけて、厚くしていかねばならない。

　もっと細かいことを言うと、タービンの動翼を燃焼ガスが通過する時、動翼が燃焼ガスのエネルギーを吸収するので、動翼出口での燃焼ガス温度は、入り口の温度より低くなる。この影響で、実は図 4-10 の全荷重の応力曲線は、円板の上流端から下流端まで一定ではなく、上流端ではリムでの圧縮応力値が図 4-10 に示されている平均値より高く、下流端では低くなる。

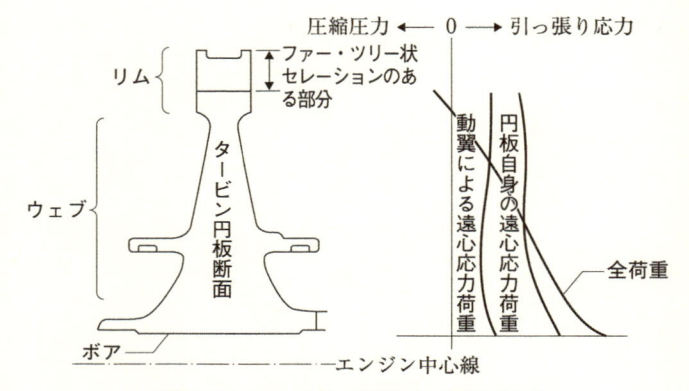

図 4-10　タービン円板にかかる諸応力
資料 4-13

つまり、円板にかかる応力は遠心力だけでなく、熱応力が径方向にも軸方向にも発生するので、引っ張りと圧縮を含めた三次元応力となる。こうした複雑な応力分布は、コンピューターの能力をフルに使った有限要素解析（Finite Element Analysis：FEA）法によってのみ、精密に解析される。

　図4-10を見る限り、円板では引っ張り応力のいちばん高いところはボアである。しかし、忘れてならないのは、リムにギザギザに切られた、動翼を支持するための、ファー・ツリー形状の断面を持つセレーション（Serration）である（図4-11）。ここでは、重い円板のウェブやボアが内径側なので、その遠心力はかかってこない。かかる遠心力は、リム自身の重みと、比較的軽い動翼、それに付いているプラット・フォームと、円板のセレーションにはまるファー・ツリー・フィクシング（Fir tree fixing）による重みだけであり、平均応力は、ボアほど高くない。しかし、セレーションはその輪郭がギザギザになって

第4章 頼れるエンジン

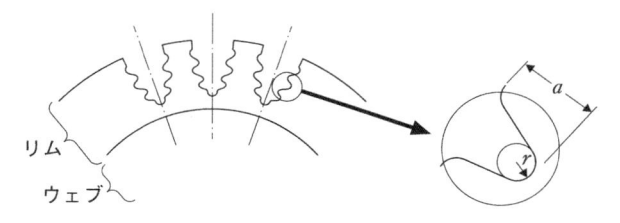

図 4-11 タービン円板のファー・ツリー状のセレーション

いるので、その凹形の先端で応力集中が起こる。その集中度 K_t（応力集中がないと仮定した時の応力値の倍数）は、凹形の深み a が大きい程、またその先端での半径 r が小さい程高くなるので、そこで局所的に高い応力が発生する可能性がある。

タービンでは、a は r の2倍程度なので、K_t が3.5から4程度となる。つまり、そこでは、平均応力の3.5から4倍もの局所応力が、半径 r の先端付近で、発生することになる。

では、軽い圧縮機動翼を支えるリムの形状はどんなものか？上流段から中間段にかけては翼長が長く、軽い動翼の中では重い方である。しかしそれらの場合でも、その支持には、タービン動翼のような、2段、3段のギザギザは要らず、単段の「ギザ」だけでよい。この形が、末広がりの鳩の尾に似ているので、ダブテール（Dovetail）と呼ばれる（図4-12）。

下流段では、翼の高さが低く、動翼がいよいよ軽くなるので、上流段や中間段の場合のように、動翼1枚ごとに付けられたダブテールはもはや必要でなく、ダブテールを軸方向でなく、周方向に円板外周全周に切り、そこへ動翼を周方向に植え込む、という形態が取られる場合が多い（図4-13）。

ダブテール

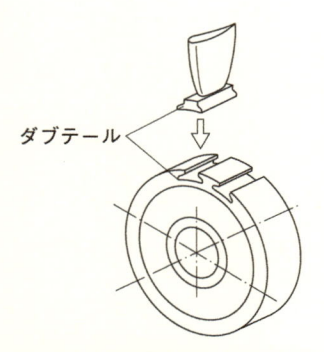

図 4-12　軸流圧縮機動翼のダブテールによる支持

円周方向植え込み

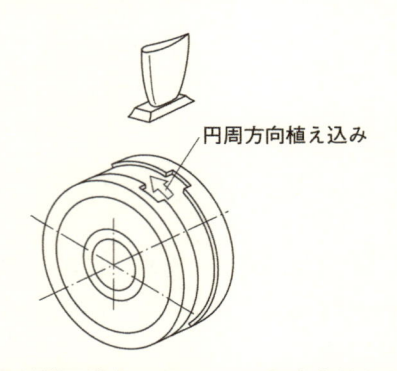

図 4-13　軸流圧縮機下流段に見られる円周方向植え込み

　このセレーションやダブテールの凹端にかかる繰り返し応力も、ボアの場合と同じで、1飛行サイクル中にゼロと最高引っ張り応力の間を往復する。

第4章 頼れるエンジン

4.2.2.3 LCF 寿命の予測

　FEA（有限要素解析法）によるジェット・エンジン部品の三次元応力解析をした結果を使って、歪みの量やLCF（低周波疲労）寿命をどう予測するのか？　これには、材料試験結果がどうしても必要である。ところが、材料試験は引っ張り・圧縮の一次元的なものか、引っ張りや圧縮に捩じりを加えた二次元的なものである。それなら、三次元応力と一次元材料試験の結果をどう関係付けるのかというと、材料が鍛造品の場合、計算した三次元応力値を、フォン・ミゼスの等価応力（Equivalent stress：σ_{eq}）と呼ばれる一次元応力値に変換すればよいのである。

　次に、LCF 寿命の予測法。これは材料試験データに大きく依存する。例えば、上に話したタービン・ディスクの場合、ディスクの材料である高温でも強いニッケル合金の図4-4のような材料試験片に、例えばボアとセレーションの設計のためだと、ゼロ応力を最低応力値、そしてボアやセレーションにかかる応力値を含む最高引っ張り応力値をいくつか選び、繰り返し引っ張り試験をする。その結果は、材料試験片によって少しバラツキがあるので、それを考慮して数本の試験片が必要である。

　また、材料強度が温度に大きく影響を受けるので、繰り返し引っ張り試験は、少なくとも室温と、実際にボアやセレーションが経験する温度の2つの環境温度の下で行われないと、設計に必要なデータが得られない。

　もっともこんな言い方をすると、あたかも設計をする際になってから、初めて材料試験をするような感を与えるが、実際はそうではない。エンジン・メーカーは、過去・現在のエンジン

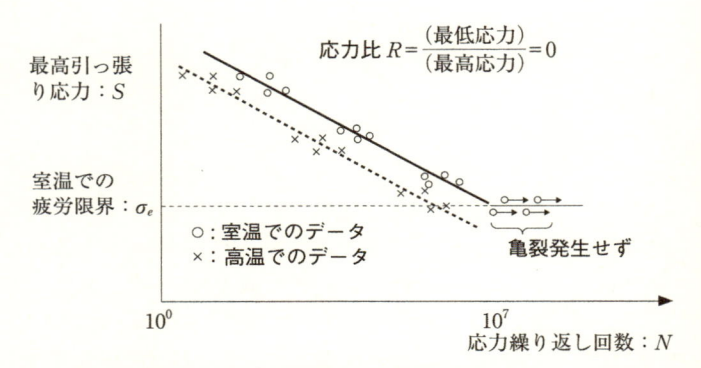

図 4-14　繰り返し引っ張り応力試験の結果を示す S-N 線図

のために蓄積した膨大な材料試験データを持っており、新しいエンジンを設計する際はそれらを使う。加えて、社内での材料研究・開発で、どんどん新しい材料試験データが出てくる。そこで、新しいエンジン設計のサポートは、今まで使用経験のない材料を使う場合や、今までの試験範囲を超えた温度とか、最低・最高応力の組み合わせとかのデータが必要な場合など、比較的限られている。

こうした繰り返し応力材料試験の結果は、図 4-14 のように表される。このグラフは応力繰り返し試験回数：N を横軸に、最高引っ張り応力：S を縦軸に取っているところから、S-N 線図と呼ばれる。今までの経験では、10^7 回で亀裂を発生しない場合、それ以上繰り返し応力を何回かけても亀裂を発生しないか、亀裂が発生しても成長しない。その時（$N=10^7$）の最高応力値を、疲労限界（Endurance limit：σ_e）と言う。

この材料を使って部品を作り、それが使用 1 サイクル中に、「1 回だけのゼロ→最高引っ張り→ゼロだけの応力」がかかるのなら、この S-N 線図を使って、LCF 寿命が予測され得る。

第4章　頼れるエンジン

され得るはずだが、材料試験のデータそのままでは、ジェット・エンジン部品の寿命予測に使えない。試験材料と実際のジェット・エンジン部品ではいくつかの重要な違いがあり、それらのために、試験データを修正せねばならないからである。

いちばん大きな違いは、材料試験では $S-N$ 線図のデータが、平均的強度を持つ材料が破断するまでの応力繰り返し回数であるのに対し、エンジン部品のLCF寿命予測では、まず材料がスペックに許容される以内で強度のいちばん弱い材料だと仮定し、次に、LCF寿命は同じ図面を基に同じように工作された1,000個のエンジン部品のうち、たった1個に0.8mm程度の亀裂が発生するまでのサイクル数、と定義されている点である。この違いは、材料試験の結果からすると、寿命にして、2分の1から5分の1もの、非常に大きな下方修正を必要とする。

なぜ亀裂の長さが0.8mmかと言うと、ジェット・エンジン業界、特にユーザーでの部品検査設備に蛍光浸透探傷（Fluorescent Penetrant Inspection：FPI）装置が行き渡っており、この装置を使ってFPI使用資格を持った検査員の探知できる最小亀裂長さが約0.8mmであるからだ。

これもまた大きな違いであるが、材料試験片とエンジン部品の寸法の違いである。残念ながら、大きい部品ほど結晶の数が増え、ミクロ亀裂の発生とそれが成長する可能性が共に高くなる。これによっても、材料試験データの下方修正を要する。

別の例は、部品の表面粗さ。材料試験では、試験片の表面粗さが試験結果に影響しないように、ピカピカに磨く。一方ジェット・エンジン部品は、機械加工されたり、鋳造（タービン翼）されたりするので、それなりの表面粗さを持っている。また、部品には必ず許容寸法誤差が含まれる。したがって、部品の正

味寸法だけで応力解析をし、寿命予測をする、というプロセスを取るならば、許容誤差分の寿命に与える影響も考慮せねばならない。こうして、材料試験で得られた S-N 線図は、またまた下方に修正される。

上で話した LCF 寿命の予測には S-N 線図を使ったが、別の方法がある。修正グッドマン-ジョンソン線図（Modified Goodman-Johnson diagram）による方法で、ジェット・エンジンの設計では、S-N 線図法より広く使われている。S-N 線図を使う場合は、材料にかかる平均応力（Mean stress）と繰り返し変動応力振幅（Alternating stress amplitude）の組み合わせごとに、材料試験をし、データを取らねばならない。それに比べて、修正グッドマン-ジョンソン線図だと、LCF 寿命の予測プロセスが少し簡単になる。

修正グッドマン-ジョンソン線図では、縦軸に繰り返し変動応力の振幅：σ_a を、横軸に平均応力：σ_m を使う。σ_m と σ_a は、図 4-15に定義してあるように、一定の振幅を持って時間的に

σ_m：平均応力
σ_a：変動応力の振幅
σ_{max}：変動応力最高値
σ_{min}：変動応力最低値

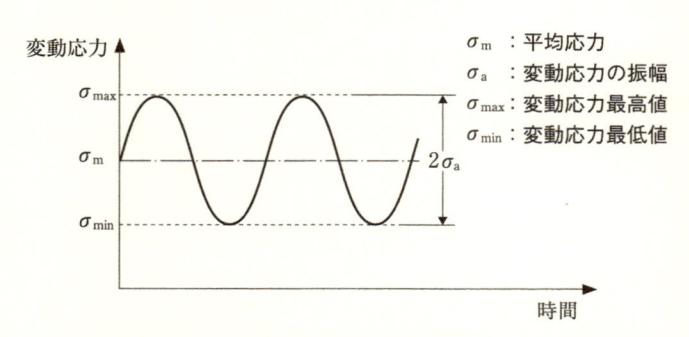

図 4-15　時間とともに変動する応力場での平均応力と変動応力振幅

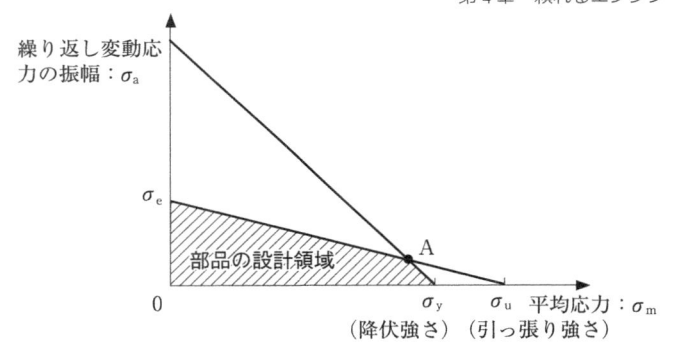

図 4-16 修正グッドマン−ジョンソン線図による無限寿命部品の設計領域

変動している応力の平均値（σ_m）と振幅（σ_a）である。そして、横軸上にその材料の引っ張り強さ：σ_u を、縦軸上に平均応力ゼロの両振り変動応力（同じ振幅の引っ張り応力と圧縮応力が、繰り返しかかる）条件での疲労限界：σ_e を、加えて両軸上に降伏強さ：σ_y を、それぞれプロットする。この線図（図 4 -16）を使って LCF 寿命が無限の部品を設計したければ、線図の原点：O、σ_y の点、点 A、σ_e の点に囲まれた領域内に入るように、応力設計をすればよいのである。

LCF 寿命が有限のジェット・エンジン部品に対しては、$N = 10^7$ のデータだけでなく、変動応力繰り返し数：N のもっと低い時の σ_a 値を S-N 線図から取り、縦軸上にプロットし、それらを横軸上の σ_u 点と直線で結ぶ（図 4 -17）。こうしてできた修正グッドマン−ジョンソン線図上に応力解析結果をプロットし、必要ならば、後で話すマイナーの法則をも使いながら、部品の LCF 寿命が目標値を満足するまで設計を改良し続ける訳である。

もちろん、これらの応力は材料試験値そのままではなく、上

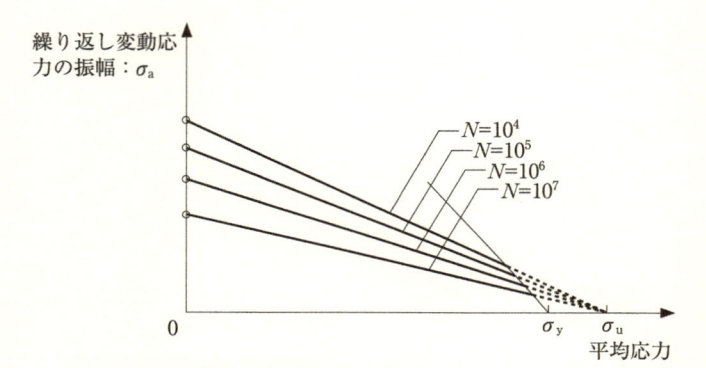

図 4-17　LCF寿命予測や判定に使われる修正グッドマン–ジョンソン線図

で話した理由で縦軸の応力は下方修正、横軸の応力は左方修正されたものを使う。

　さて、ここで修正グッドマン–ジョンソン線図を使って、どのようにLCF寿命が計算されるか一例を示そう。この場合、部品はタービン円板で、LCF寿命計算の場所はボアとする。そして、応力のかかり方は、図4-9で示されている飛行パターンによる「フタコブ」型であるとする。

　この場合のLCF寿命計算には、遠藤達雄が提案した「雨だれ（Rain flow）法」を使うのが便利である。この方法では、1サイクル中に複雑な変動応力がかかる場合、それらを、いくつかの比較的単純な変動応力の組み合わせに代えるのである。

　まず図4-9を、時計方向に90度回転させたグラフを作り、次に、そのグラフに、図4-18に示されているように、時間がゼロの点を①とし、応力が増加から減少に変わる点と減少から増加に変わる点に②、③、④と番号を打ち、エンジンが停止し

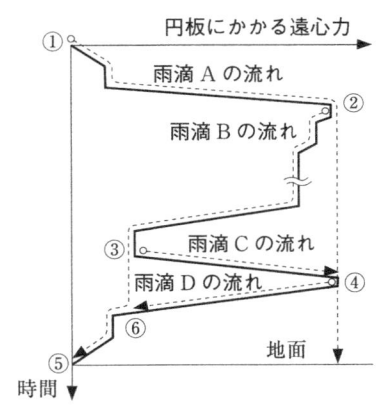

図 4-18 雨滴の流れ方向と停止点

た点を⑤とする。それが終わると、この傾斜を持った直線群を、家の屋根と見立て、エンジンが停止した点での水平線を地面と見立てる。ここへ雨滴を落とし、それらがどこまで流れていくかを見る訳だが、屋根のどの部分も1つだけ（ゼロでもなく、2つ以上でもない）の雨滴が流れ、その流れの行き着くところは地面か、それとも別の雨滴が既に流れた点という約束をする。

こうして雨滴を屋根の高いところから順にA、B、C、D、と落としていくと、雨滴AとBは地面まで落ち、雨滴Cは④で、Dは⑥で止まることが分かる。この後、どの雨滴とどの雨滴が同じ最低応力値と最高応力値を持っているか、というペア作りをする。今の場合、雨滴AとBがペア、雨滴CとDがもう1つのペアである。

上のプロセスを済ませて出てきた結果を言い換えると、問題の「フタコブ」は1飛行サイクルの中に、ゼロを最低応力とし

離陸時の応力を最高応力とする繰り返し応力が1回、降下・着陸時の遠心応力を最低応力とし逆推進時の応力を最高応力とする繰り返し応力が1回の組み合わせになっている、と表現される。そのそれぞれの最低／最高応力に対して、LCF疲労寿命が何サイクルあるかという時に、修正グッドマン-ジョンソン線図（図4-17）を使う。

最後に、トータルとしてのタービン円板ボアでのLCF寿命は、マイナー（M. A. Miner）の法則によって計算される。この法則によると、もし1つの最低／最高応力の繰り返しで、その部品のLCF寿命が N_1 サイクル、もう1つ別の最低／最高応力の繰り返しでの、同じ部品のLCF寿命が N_2 サイクルの場合、その部品を1サイクルだけ運転したら、前者の寿命の $1/N_1$、後者の寿命の $1/N_2$ だけ、消費したことになる。そして、これは、トータルのLCF寿命：N の $1/N$ にあたることになる。つまり、

$$\frac{1}{N_1}+\frac{1}{N_2}=\frac{1}{N} \qquad (4-1)$$

から、トータルのLCF寿命：N が計算できる訳である。したがって、今の例で、エンジン回転数ゼロから離陸までの応力繰り返しなら N_1 が20,000サイクルで、降下・着陸時の回転数から逆推進までの応力繰り返しなら N_2 が25,000サイクルと、修正グッドマン-ジョンソン線図から得たとすると、式（4-1）を使えば、この部品のトータルのLCF寿命が11,111サイクルとなることがわかる。これは、1飛行＝1サイクルの最も基本的なサイクルからすると、この「フタコブ」タイプの飛行サイクルでは、「1飛行で1.8サイクルが消費された」とも解釈できる。

もっともマイナーの法則は、最低／最高繰り返し応力の組み合わせが2つでないと成り立たない、という訳ではない。いくつもの組み合わせでも成り立つ便利な法則である。ただしこの法則にも、変動応力が疲労限界値以下の成分を多く含む場合には使えない、という限界がある。したがって、圧縮機やタービンの翼のHCF寿命の予測には不向きである。

4.2.2.4 熱応力とメカニカルな応力の合成による LCF寿命

上で話した方法で、円板とかタービン動翼のLCF（低周波疲労）寿命が理想的ではないにしても、十分な精度で予測される。ところが、この方法で計算した予測LCF寿命に比べて、実際のLCF寿命が短い場合がしばしばある。これは冷却された動翼やノズル（静翼）に起こるもので、図4-19に示されているように、エンジンが急速に加減速した際、熱バランスが過渡的に崩れ、それによって局所的に余分な熱応力が発生するの

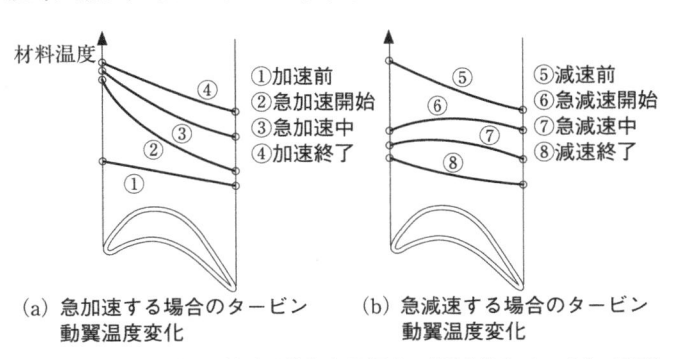

(a) 急加速する場合のタービン動翼温度変化
① 加速前
② 急加速開始
③ 急加速中
④ 加速終了

(b) 急減速する場合のタービン動翼温度変化
⑤ 減速前
⑥ 急減速開始
⑦ 急減速中
⑧ 減速終了

図4-19 エンジンが急加減速する場合の過渡的なタービン動翼の材料温度分布
資料4-8

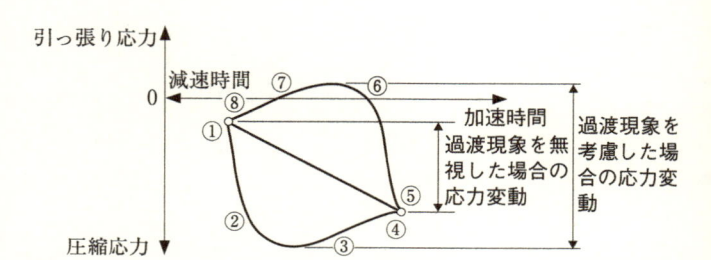

図4-20 エンジンの急加減速による過渡的な応力変動量の増加（タービン翼前縁付近）
資料4-8

が原因である。その結果、図4-20に示されているように、局所にかかる応力変動量が、この過渡現象を無視した場合に比べると大きくなり、その分、LCF寿命が短くなるのである。このLCFメカニズムをTMF（Thermomechanical Fatigue）と呼ぶ。

4.2.2.5 LCF寿命のくくり

上の話を真面目に聞いていると、LCF寿命は応力のみに関係しているように思える。しかし本当は、LCF寿命はむしろ1サイクルごとの材料の歪み範囲（Strain range）により密接に関係している。しかし、LCFが進行するにつれて、飛行ごとの応力変動は一定であっても、歪み範囲が変わるという難しさがある。また、$S-N$線図や修正グッドマン-ジョンソン線図を使ってのLCF寿命予測の精度は、経験による修正を加味すれば十分である。そのために、LCF寿命予測を歪み範囲量から計算する方法は存在するものの（例えば、コフィン-マンソンの法則：Coffin-Manson Law）、現在使われていない。

既に話したように、今日使われているLCF寿命管理法では、予測され実証されたLCF寿命が尽きた時点で、統計的には1,000個の部品のうち、たった1個に0.8mm程度の亀裂が発生していて、他の999個は全く健全であっても、1,000個全てがエンジンから取り下ろされ、新品に交換される。これは、安全寿命設計（Safe life design）思想を使った部品管理法である。この方法の問題は、エンジンのユーザーにとって、大きな経費負担となることである。これを、エンジンの安全性、信頼性を落とすことなく、ユーザーのコストを下げることができないものだろうか？ これら2つの問題に対する解答の糸口として、最近注目されているのが、破壊工学（Fracture mechanics）的なアプローチと、その結果に基づいた部品検査法の組み合わせである。この方法による部品交換は、チャントした理由があって交換したとの意味合いから、RFC（Retirement for cause）と呼ばれる。

この方法は技術的に確かな根拠があり、しかもそれをバック・アップする解析法も発達している。そして、軍事用エンジンのある物については、この方法によるLCF寿命部品管理が現在なされており、この方法の信頼性が十分に高いと証明された暁には、民間用エンジンにも転用されると思われる。ここでは、この方法の詳細は省略する。

4.2.3 クリープ寿命を持つ部品の設計

金属材料に一定の引っ張り応力をかけると、それが降伏強さ以下であっても、材料温度がある程度以上だと、時間が経つうちにゆっくりと永久変形する。この現象がクリープである。クリープの起こり得るための温度は、ジェット・エンジンに使われる金属材料では材料の溶解温度の約30％以上、セラミックでは

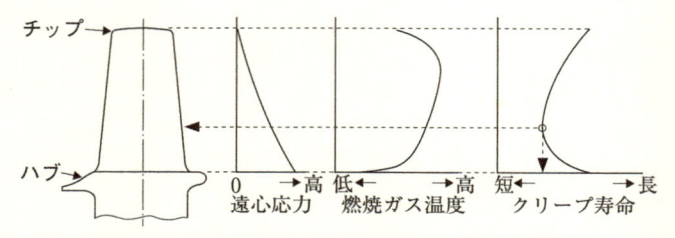

図 4-21 クリープ寿命とタービン動翼スパン位置

40〜50％以上である。

クリープによって、寿命が有限になってしまうエンジン部品と言えば、まずいつも高温に晒されるタービン動翼である。ではタービン動翼のどこで、クリープ寿命がいちばん短くなるのか。既に話したように、タービン動翼にかかる遠心応力は動翼チップではゼロで、ハブに向かって応力値が高くなり、ハブで最高の値となる（図4-21）。一方、動翼の温度を左右する燃焼ガス温度は、同じく図4-21に示されているように、動翼チップ近くで最高である。そこで、応力と温度の関数であるクリープ寿命は、ハブからチップにかけて一定ではなく、ハブからチップへのスパン方向にして30〜50％程度のところで、最短になる場合が多い。

クリープの寿命は、LCF寿命と違い、サイクル数ではなく使用時間で表される。タービン動翼のクリープ寿命は、その高さが1％伸びた時点で「尽きた」と判定される。その程度の伸び量だと、メンテナンスの際に測れる程度の大きさであると同時に、破断に至るにはまだ程遠く、エンジンの故障に結び付く懸念がないからである。

クリープ寿命は、部品にかかる応力と部品の温度の関数なの

で、設計時にクリープ寿命を長くしようとすると、クリープ強度のさらに高い材料を選ぶこと、クリープ寿命の短い場所での応力を減らすこと、高温燃焼ガスから部品を保護することによって部品表面の温度を低くすることなどが必要である。

4.2.3.1 クリープのメカニズムと新材料の開発

ある温度下で長時間、多結晶金属材料に引っ張り応力をかけ、破断に至るまで永久変形を起こさせると、図4-22のよう

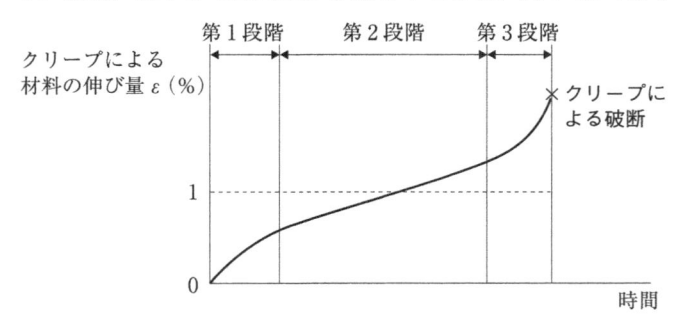

図 4-22 クリープによる材料の伸び量と時間の関係

な時間と伸び量の関係を示す曲線が得られる。そして、その曲線の形状から3段階に分けられる。

第1段階では、金属電子が完全に整然と配列されているはずの結晶内に、実は点欠陥(Vacancy)や線状欠陥(Dislocation)があるために、引っ張り応力が長時間かかると、応力に直角またはそれに近い方向に結晶内での金属電子群にずれが見られたり、結晶と隣の結晶との境界つまり結晶粒界で、あちこちにずれや隙間(ボイド:Void)が現れたりする(図4-23)。

ずれと隙間の数が増え、それらが三次元的に連結してあちこちに微小な隙間の合体のできるのが第2段階、そして材料が伸

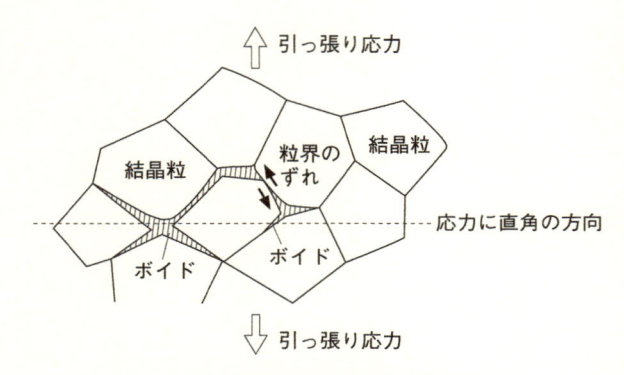

図 4-23　結晶粒界での粒界割れ

びいくつもの隙間の合体が大きくなって、破断に至る。これが第3段階である。このうち、第2段階が他の段階より時間的にずっと長いだけでなく、時間の割に伸び量の増加が少ない。上で話した1％の動翼の伸びは、この第2段階にある。

　材料の中で、クリープに対していちばん弱い所は結晶粒界、次いで結晶内である。タービン動翼は、高温には強いが硬いニッケル合金なので機械工作が難しく、また冷却通路を内部に持っている場合もあるので、鋳造される。鋳造では、溶解金属が翼型をした鋳型（Die）に流し込まれた後、冷やされるにしたがって多くの結晶が形成され、それ故にたくさんの結晶粒界ができる。

　1950～1960年代には、主成分のニッケル（Nickel：Ni）にアルミニウム（Aluminum：Al）やチタン（Titanium：Ti）を加えて、結晶内の電子群のずれの発生を遅らせる（合金の強度が上がる）とか、カーボン（Carbon：C）、ジルコニウム（Zirconium：Zr）、ボロン（Boron：B　ホウ素）といった粒界

第4章 頼れるエンジン

強化元素を加える等の工夫がされた。IN-100 とか IN-738LC 等は、その頃開発された材料で、今日のエンジンにも LPT の動翼に使われている。

上の考えと違い、引っ張り応力に直角方向またはそれに近い方向に結晶粒界があるとクリープに弱いので、それができないような鋳造冷却法を見つければ、その合金はクリープに対して強いはずであるとの論理から、鋳造動翼を冷却する際に、翼の下方から上方に向かって徐々に冷やす方法が、1960年代に考案され（図4-24(a)）、1970年に入って実用化された。この冷却プロセスでは、溶解合金の注ぎ込まれた動翼の鋳型が1cm当たり10〜100℃の温度勾配を持つ冷却塔内を、1時間当たり5〜40cmの低い速度で下方に動く。そうすると、合金の結晶が

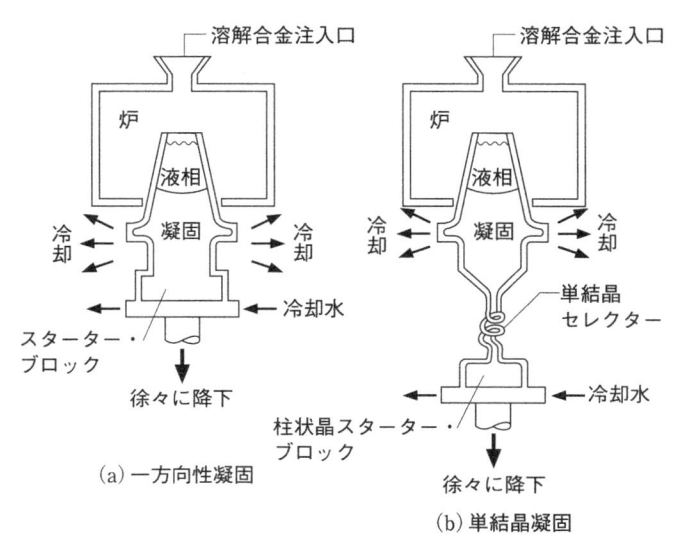

図 4-24 一方向性凝固材と単結晶材の冷却法

上方に向かってだけ成長するので、遠心応力の方向に直角な方向には、結晶粒界ができない。この方法で製作された動翼を、柱状凝固（Columnar solidification）動翼とか一方向性凝固（Directionally solidified：DS）動翼と呼ぶ。

DS動翼の耐クリープ能力は、今までの製法での多結晶動翼と比べて、どれだけ高くなったか？　その一例として、多結晶のMAR-M247と、それをDS化したMAR-M247DSやMAR-M200DSとを比べてみると、約140MPaの引っ張り応力をかけ10万時間後に破断する温度は、多結晶材に比べてDS材は30～40℃高い。またDS材の中には、結晶粒界を延性にし粒界割れを防ぐのに役立つ、ハフニウム（Hafnium：Hf）を含んだものもある。これらDS材は、製造コストとクリープ寿命のバランスが良く、現在、多くのエンジンに使われている。

ところが、いったんDS材が実用化され、材料屋の創造性を褒めちぎる一時期が過ぎると、「もっと耐クリープ能力の高い材料が欲しい」という要求がまた出てきた。要求するのは簡単だが、要求される材料屋は大変である。

そこで出てきたのが、「結晶粒界を全部なくしチマエ！」というアイディアである。こうすれば、結晶間結合強化元素を含有する必要がなくなる。結晶間結合強化元素は、溶解温度がどちらかというと低い方なので、これらをなくすことによって、合金の溶解温度を上げることができ、合金のさらなる高温能力が望める。図4-24(b)にその冷却法を示す。これが、単結晶（Single Crystal：SC）動翼である。このアイディアは、実はDS材開発の頃からあったが、その冷却法が難しく、コストが高いという欠点があり、SC動翼の量産エンジンへの採用は1980年代初めになってからであった。世界で初めてSC動翼が

実用に供されたのは、1982年である。

このSC材は、DS材に比べ、上で話したのと同じ条件(約140MPaの引っ張り応力で10万時間後に破断)で温度上昇は17℃であるだけでなく、LCF(低周波疲労)寿命が3倍というオマケまで付いている非常に優秀な材料である。クリープ能力が次に話す材料ほどでないとしても、長いLCF寿命能力を利用できるので、サイクル圧力比が大型エンジンほど高くなく、1回当たりの飛行時間の短い短距離機用ターボファン・エンジンやターボプロップ・エンジンのHPT動翼用として、最適な材料と言える。

この第1世代SC材の代表的なものは、P&W社のPWA1480、キャノン・マスキーガン社(Cannon-Muskegon Corporation)のCMSX-2、ジェネラル・エレクトリック(General Electric：GE)社で開発されたRenéN4である。

図4-25に、従来の方法で鋳造された多結晶のタービン動翼、DS動翼、SC動翼を示す。これらを見ると、結晶の違いがよく分かる。

SC材では、もはや結晶粒界がないのだから、クリープ破壊のメカニズムは、結晶内の欠陥に起因する金属電子群のずれである。それが結晶内のあちこちで起こり、応力とほぼ直角の方向に成長する。資料によっては、「結晶内のサブ-グレイン(Sub-grain)の割れが成長し」という表現をしているものもある。その点に焦点を当て研究した結果、タンタル(Tantalum：Ta)と同様に、レニウム(Rhenium：Rh)がずれを発生しにくくするのに有効であることが確認された。こうした径路をたどり、第2世代のSC材には、レニウムが3％、第3世代のSC材には6％ものレニウムが含まれている。

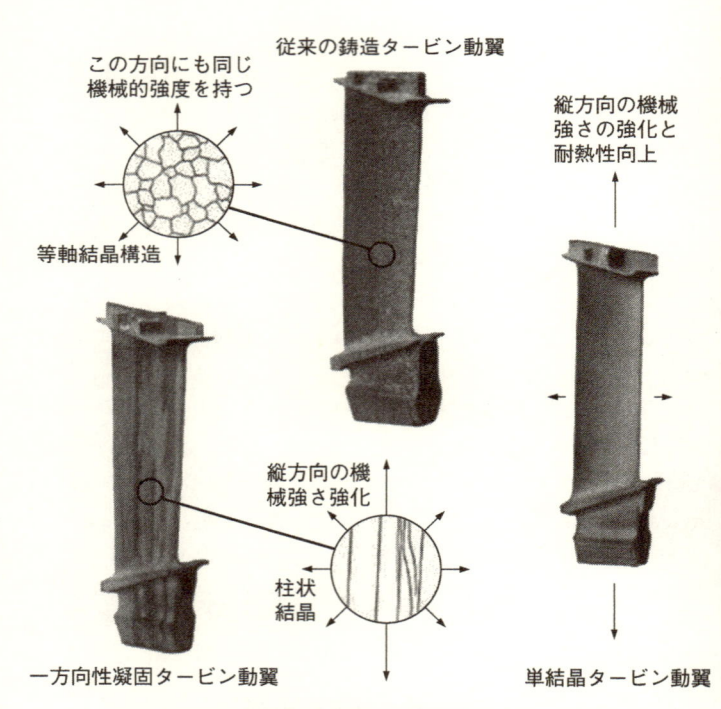

図中のラベル:
- この方向にも同じ機械的強度を持つ
- 等軸結晶構造
- 従来の鋳造タービン動翼
- 縦方向の機械強さの強化と耐熱性向上
- 縦方向の機械強さ強化
- 柱状結晶
- 一方向性凝固タービン動翼
- 単結晶タービン動翼

図 4-25　多結晶鋳造動翼、DS動翼、SC動翼の比較
資料 4-20　©RR (2008)

　以上の結果により、第2世代の SC 材は第1世代の SC 材より、約 140MPa の引っ張り応力10万時間後に破断の条件のもとで、36℃も温度が上昇する。しかし材料の強度が増加した一方、靭性が低下し、LCF 寿命は第1世代の SC 材より短く、DS 材と同じ程度になってしまう。したがってこの材料は、より高温で、飛行時間の割に基本サイクル数の低い長距離飛行機用の大型ターボファン・エンジンに、持ってこいである。この

材料の代表的なものは、PWA1484、René5、CMSX-4など、である。

しかし第3世代に至っては、第2世代SC材より7℃の温度上昇が得られるものの、靭性は第2世代SC材より劣り、加えてレニウムのような比重の重い成分が含まれているために、材料の密度が1％増加（第1世代SC材に比べると4％の密度増加）している。その結果、LCF寿命はDS材以下となり、クリープ寿命とLCF寿命のバランスが崩れてしまった。

目下、レニウムに加えルテニウム（Ruthenium：Ru）という貴金属を加えた第4世代、第5世代のSC材を世界中で競争開発中と聞く。この競争には、日本のNIMS（物質・材料研究機構）とIHI（旧石川島播磨重工）の共同研究グループも参加していると聞く。これらのSC材が、第3世代SC材の失ったバランスを回復してくれることを期待する。

耐クリープ能力の高いニッケル合金材料の話を終える前に、クリープに強いもう1つの合金に触れておこう。これは、コバルト（Cobalt：Co）を主成分とするコバルト合金のことである。コバルト合金は、クリープに対してだけでなく、熱衝撃（Thermal shock）にもサルフィデーション（硫化）を含めた腐食にも強い（クローム（Chromium：Cr）が合金の25～30％近くを占めている）が、鋳造すると鬆ができやすく、機械的強度がニッケル合金に劣るために、タービン動翼ではなく、もっぱら遠心応力のかからないノズルの材料に使われる。FSX414、X40、MAR-M509などが、その代表的な材料である。

4.2.3.2 クリープ寿命の予測

クリープ寿命の予測には、1950年代の前半、GE 社のラーソン（F. R. Larson）とミラー（J. Miller）が開発したラーソン－ミラーのパラメーター（式（4-2））が広く使われている。

$$P = (T+273)(C+\log_{10}t) \times 10^{-3} \quad (4-2)$$

ここで、T：材料温度（℃）　C：材料による定数で、温度が摂氏の場合約20　t：材料の伸びにかかる時間　P：材料とそれにかかる引っ張り応力の関数

これは、ある材料（例えばニッケル合金）にプロセスを施し（引っ張り応力をかける）、その状態を変えよう（材料の長さを1％伸ばす）とする場合、その材料にエネルギーを加える（温度を上げる）程、状態変化にかかる時間は短くなる、という一般的な現象から導かれたものである。ただしこの式では、元々の式と違い、温度の単位は華氏でなく摂氏に変えてある。

このパラメーターを使ってのニッケル合金のクリープ寿命の予測の仕方を、途中のプロセスを飛ばし、簡単に説明する。図4-26を見て頂きたい。この図では、左縦軸に引っ張り応力の自然対数 $\ln\sigma$ が、横軸に式（4-2）の右辺が使われており、そのニッケル合金のクリープ破断（Creep rupture）と1％の伸びのなだらかな曲線が描かれている。この線は、実験的に得られたもので、クリープに対する強度の高い材料ほどこのグラフの左上に、弱い材料ほど右下に移動する。

次に、右縦軸に取られたプロセス時間の常用対数：$\log_{10}t$ と横軸の式（4-2）の右辺との間に、一群の急勾配の直線が見られる。これは、式（4-2）の右辺から温度：T をいろい

第4章 頼れるエンジン

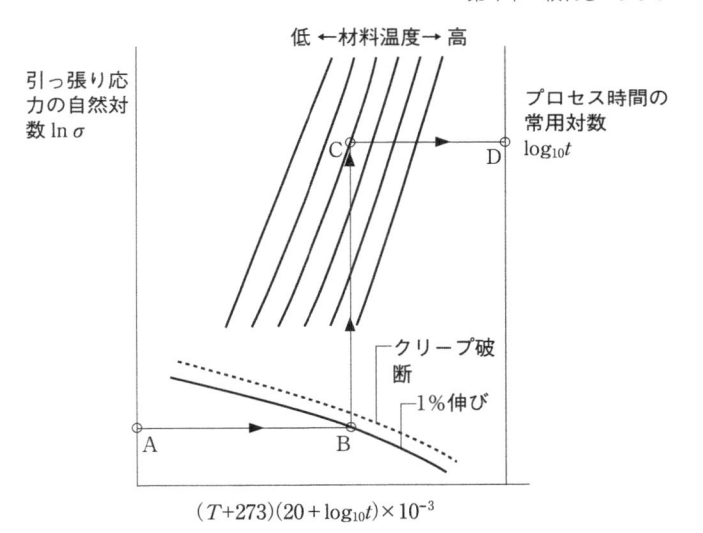

図 4-26 簡便なクリープ寿命計算図

横軸: $(T+273)(20+\log_{10}t)\times 10^{-3}$
縦軸左: 引っ張り応力の自然対数 $\ln \sigma$
縦軸右: プロセス時間の常用対数 $\log_{10}t$
図中: 低 ←材料温度→ 高、クリープ破断、1％伸び

ろ変えて計算した結果で、材料いかんにかかわらず成り立つ。この直線群の勾配が大きいことと、縦軸が時間の対数で表示されていることを考え合わせると、ちょっと温度が上下するだけで、プロセス時間の値が大きく変わることがよく分かる。大ざっぱに言って、タービン動翼に使われる材料では、材料温度が10℃上がると、クリープによって材料が1％伸びるのにかかる時間が半減する、と考えてよい程である。

この図から、高温下で引っ張り応力のかかったニッケル合金の1％伸びまでのクリープ寿命を求めるには、まず引っ張り応力値を左の縦軸上に見つけ（点A）、そこから1％伸びの線との交点（点B）まで水平に移動した後、縦軸と平行に上方に移動し、この合金の晒されている温度の線との交点（点C）に

213

たどり着く。この交点から、再び水平に時間軸まで移動し、その値（点 D）を読む。それがこの合金の、この温度と応力条件下での1％の伸び（1％のクリープ）にかかる予測時間（寿命）である。

この方法は、コンピューターがなかった良き昔のレトロな計算法ではあるが、非常に簡便であり、満足すべき精度の答えを出すので、今でも特に初期設計中によく使われる。しかし実際にはクリープ寿命分布は三次元なので、詳細設計では大型高速コンピューターを使い、三次元の色彩鮮やかなマップとして出てきた結果から、クリープ寿命を評価する。

4.2.3.3 コーティングによるクリープ寿命の延命法

タービン動翼のクリープ寿命を延ばす手段の一つとしての、セラミック・コーティングについて説明しよう。この手段はクリープ寿命を延ばすのに非常に効果的なので、今日、大型エンジンの少なくとも HPT 第1段には、どのエンジンにも使われている、と言っても過言ではない。

熱遮蔽を目的とするコーティング（Thermal barrier coating：TBC）は、熱伝導係数の低い（熱を通しにくい）セラミックによる。しかしセラミックは、それなりの問題を持っており、それに対する適当な処置を伴った使い方をしてのみ、良い結果が得られる。問題とは、セラミックが母材であるニッケル合金に比べて熱膨張係数が桁違いに低い（熱せられても、あまり膨張しない）ことと、圧縮応力には強いが引っ張り応力に弱いことである。そのために、内側にある母材の加熱されることによる膨張量が、外側にコーティングされ同温度に加熱されたセラミックに比べあまりにも高くなり、セラミック層が引っ張

られヒビが入り、コーティングが部分的に剥がれやすくなるのである。いったんセラミック・コーティングが剥がれると、母材が燃焼ガスに晒されるため、酸化や腐食が始まる。

そこで、まずセラミックが剥がれた後の母材の酸化を起こりにくくするために、セラミック・コーティングの前に、十分な量のアルミニウムを含み、その表面でAl_2O_3の耐酸化保護膜ができるような金属のコーティング（便宜上、ボンド・コーティングとも呼ばれる）をタービン翼表面に施す。

このボンド・コートの上に、セラミックを電子ビーム(Electron beam)の持つ高いエネルギーでいったん気化し、それをボンド・コートの表面に蒸着させるというEB-PVD (Electron beam physical vapour deposition) 法でコーティングする。このコーティング法の面白いところは、図4-27に示されているように、ボンド・コートの表面に直角な方向に柱状のセラミックの層ができることである。このユニークなセラミック形状によって、セラミックにヒビの入る原因の一つであった、セラミックと母材やボンド・コートとの熱膨張係数の違いによって発生する熱応力は低くなり、その結果セラミックの剥

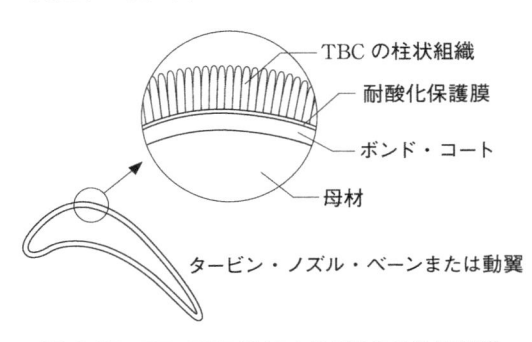

図 4-27　EB-PVD法によるTBCの柱状組織

がれるまでの熱サイクル数は、それ以前のコーティング方法に比べて10倍になった。今日使われているセラミックは、イットリウム（Yttrium：Y）の酸化物 Y_2O_3 を 6 ～ 8 ％含んだジルコニア ZrO_2 である。

コーティングの厚みは、ボンド・コートが約 $60\mu m$（0.06 mm）、Al_2O_3 の保護膜が 1 ～$10\mu m$、そして TBC が100～400 μm 程度である。これで母材の温度は、TBCのない場合に比べると約140℃も低くなる。これに加えて、シャワー・ヘッドやギル冷却による TBC 表面を覆う外部冷却空気と、動翼母材内部の冷却空気による内部冷却の影響があるので、今日の大型エンジンでは、燃焼ガス温度を動翼母材の溶解温度より250℃も高くできるのである。

セラミックは、タービン翼だけでなく、多くのジェット・エンジンの燃焼筒内面にもコーティングされている。

4.2.4 あってはならない有限寿命

あってはならない有限寿命の原因は、侵食、腐食と HCF（高周波疲労）である。

侵食は、エンジンが回転中に鳥、砂、雹などを吸い込んだ時に、ファンなり圧縮機動翼（特に第1段）の前縁が傷つくのがその原因となる。この、エンジンに異物が飛び込むことによってエンジン部品が傷つくことを、FOD（Foreign object damage）と呼ぶ。この場合、傷が切り欠け状になると、そこに応力集中が起こる。この応力集中によって、局所的に応力が高くなり過ぎると、HCFによる破損の原因になる。タービン動翼でも、燃焼器に発生・成長した煤の塊が飛び込むと、侵食の原因となる場合がある。設計では、ファンや圧縮機の前縁を十分厚くすることによって、FODの発生を防止している。エンジ

ン・メンテナンス時のボア・スコープ検査は、侵食発見にも使われる。

 次に、腐食。ジェット・エンジンの燃料の中に、硫黄が含まれている場合がある。事実、民間用ジェット旅客機に使われている燃料（Jet A）のスペックによると、燃料の中の硫黄分は、質量にして0.3％まで許されている。また、多くの飛行場は海に面しており、エンジンが風に吹かれて空中に舞い上がった海水の微小な水滴を多量に吸い込む場合がある。この硫黄成分と海水が共存する場合、約600〜950℃の温度環境の下で、液体の硫酸ナトリウムが生成される。この硫酸ナトリウムが、例えばタービン動翼と円板の間にあるファー・ツリー部とか、タービン動翼の固有振動数と効率を上げるために付けられた動翼チップ・シュラウド部での小さな空間とかで発生すると、この狭い空間から出ていくことができず、そのため低温硫化腐食（約600〜750℃程度）とか高温硫化腐食（約800〜950℃程度）が起こり、タービン動翼または、円板材料の疲労との相乗効果で、ファー・ツリー部、またはチップ・シュラウド部での破損に結び付く可能性を作る。サルフィデーション（Sulfidation）である（図4-3）。この温度条件は、ジェット・エンジンのタービンの中間段あたりで見られる。

 サルフィデーションを含め、腐食は製作時の部品のコーティングと、エンジン・メンテナンス時のボア・スコープによる検査によって防止される。ボア・スコープとは、原理的には胃や腸の内視鏡と同一の肉眼検査器具で、エンジンの外側からケーシングを通して、その頭に光源とテレビ・カメラを持つ長い管を圧縮機、燃焼器、タービンなどの流路内に入れ、それらエンジン要素の健康診断に使う。

ファンや圧縮機に使われる材料は、複合材やチタン合金である。これらは、腐食に強い。大型エンジンの（高圧圧縮機の）下流段にはニッケル合金が使われるが、圧縮空気温度がタービンのように高くなく、腐食は深刻な問題にならない。そこで、腐食が問題になるのは、やはりタービンのノズルと動翼においてである。

腐食に対しては、タービン・ノズルや動翼に腐食に強い Cr を多く含む母材を使用することが、最良の策である。ところが Cr については、耐クリープ強度が望まれる状況下で新材料が開発されてきたため、図4-28にも示されているように、含有

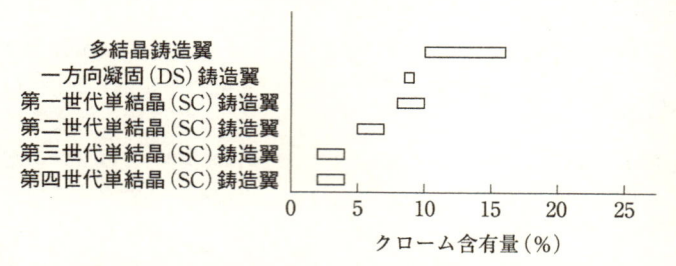

図 4-28　タービン翼用ニッケル合金のクロム含有量

量が減りつつある。

したがって、タービン動翼の耐腐食性は、やはりコーティングに頼らざるを得ないのが現状である。では、コーティング材料の成分は何か？

Cr を主成分にしたものは、腐食に対しては有効であるものの耐酸化性が弱く、1つのコーティングで耐酸化と耐腐食という、一石二鳥としては使えない。

一方、貴金属のプラチナ（Platinum：Pt）を含んだアルミ

ナイド、これは耐腐食にも耐酸化にも有効であり、コストは高いがよく使われる。

Ptを含んだアルミナイドより能力の高い材料が欲しい場合、組成の自由度が高く（ニッケルとコバルトの成分量を好きなように選べる）、緻密な皮膜の得られるMCrAlY（ここに、耐酸化用にはMにニッケルや、ニッケルとコバルト：NiCoが使われる）が使われる。ここに、Crはクローム、Alはアルミニウム、Yはイットリウムである（図4-29）。

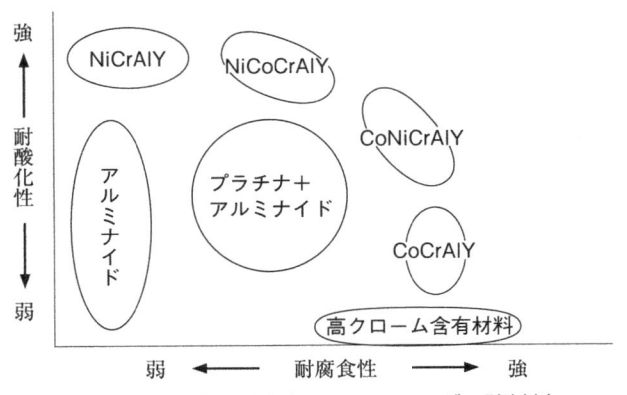

図 4-29　耐酸化耐腐食用コーティングの諸材料
資料4-8

最後に高周波疲労（HCF）。HCFの原因がいくつかあることは既に話した。HCFの対象になるエンジン部品は、ファン、圧縮機、タービンの動翼と静翼、そして稀ではあるが、それらの円板である。遠心圧縮機のインペラーもこの対象に入る。

幸いなことに、HCFは比較的短時間の試験で発生するので、エンジン開発中に見つけられる。例えば10,000rpmで回転し

ているタービン動翼が、50枚のタービン・ノズルから繰り返し応力を受けているとすると、繰り返し応力によって破損するかしないかを見極めるのに必要な、言い方を換えると、繰り返し応力値が疲労限界以上か以下かを見極めるのに必要な10^7回の応力繰り返し数に達するのに、たった20分しかかからない。一方、エンジン開発には、8,000時間から10,000時間ものエンジン試験をするので、HCFによる破損は開発中に必ず起こる訳である。

HCFは、比較的低い値の繰り返し応力が高い周波数でこれらの部品にかかるのだから、現象としては振動である。振動には、強制振動と自励振動とがある。強制振動とは、対象とする部品以外の何か（通常、その部品の直上流または直下流にある翼列）が、空気力という形の加振力を対象とする部品に強制的にかけることで、この周波数が対象とする部品の固有振動数とマッチする場合、HCFによる部品の破損が起こる必要条件を作る。この話題は大きいので、後の4.2.5項で改めて話すことにしたい。

そこで、ここでは自励振動について話すことにしよう。ここで言う自励振動とは、フラッターのことである。フラッターは、稀ではあるがファン動翼と圧縮機の動翼で起こる。タービン動翼でも起こるが、その可能性はファンや圧縮機よりさらに稀である。一概に言って、フラッターは、薄くて細長い剛性の低い動翼に起こりやすい。ここでは、軸流圧縮機に的を絞ってフラッターの話を進めたい。

一概にフラッターと言っても、今までにいくつかの違ったタイプのフラッターが確認されていて、それらは図4-30に図示されているように、圧縮機性能マップ上ではそれぞれ違った領域にある。あらかじめ断っておくが、フラッターはあくまでも

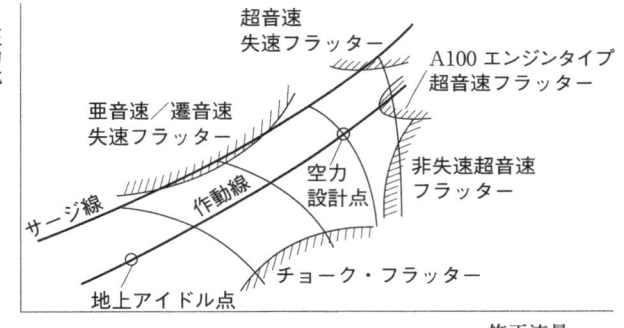

第4章 頼れるエンジン

図 4-30 軸流圧縮機に起こり得るフラッターのタイプと発生領域
資料 4-22

「起こり得る」現象で、「必ず起こる」現象ではない。設計をする者としては、それらを起こさないように圧縮機を設計せねばならない。したがって、設計屋の意図通りに設計された圧縮機では、これらのフラッターはマップ上に現れない。

5つのフラッターのうち、ジェット・エンジン内で圧縮機が作動する場合にいちばん注意を要するのは、亜音速／遷音速失速フラッターであろうから、このフラッターについてだけ話す。

圧縮機動翼の入り口迎え角が正の値だと、動翼には、必ず入り口迎え角をさらに高くするように空気力が働く（図 4-31(a)）。それに応答して動翼は、あたかもゼンマイが巻かれるように、オープンする方向に捩じれるか、動翼全体が回転方向と逆の方向に曲げられるか、あるいは両者の組み合わせ変位を取る。図 4-31(b) では、両者の組み合わせが示されている。動翼でもハブは、円板に切られたダブテール内にがっちり支持されているため変位しないので、翼の捩じれ量と曲げ量は、ハブでゼロ、チップで最大になる。この動翼の応答

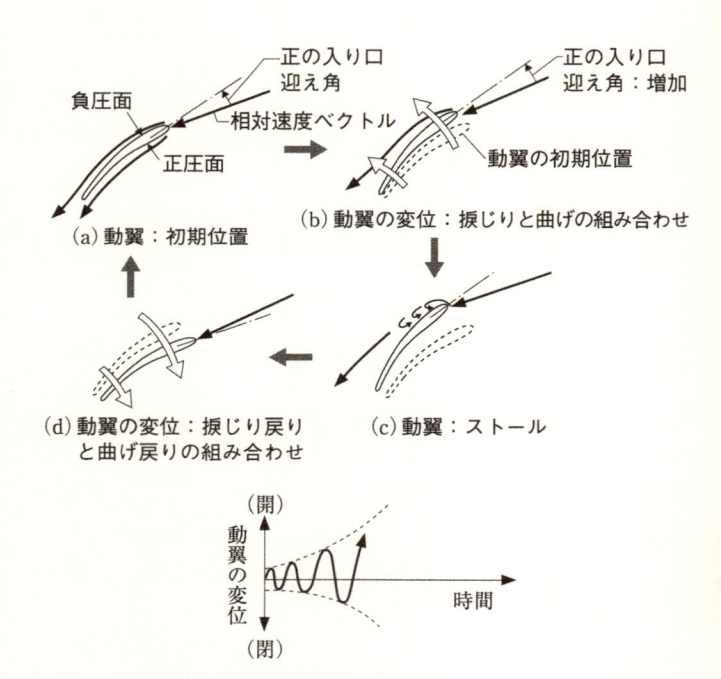

図 4-31　亜音速／遷音速失速フラッターのメカニズム

(Response)によって、動翼は捩じれ、曲がったのだから、動翼はそれだけのエネルギーを空気から受け取った訳である。

動翼入り口迎え角が増加するにしたがって空気力も増加し、翼はさらにオープンする方向に捩じれ、また曲がる（動翼はさらにエネルギーを蓄える）。しかし、正の入り口迎え角がさらに増加する場合の動翼負圧面上の前縁付近での流れは、前縁近くでの静圧がどんどん低くなっていくので、下流に向かっての静圧上昇がどんどん高くなっていく。ということは、動翼負圧面に発達する境界層が成長し、ついには境界層剥離がれが発生

第4章　頼れるエンジン

してしまう（図4-31(c)）。こうなると、今まで低かった負圧面上の静圧は瞬間的に上昇し、今まで高かった正圧面上の静圧と負圧面上の静圧との差圧（これが空気力であるが）が小さくなってしまう。ここに、空気力と動翼の捩じれと曲がりの反力（動翼が、元の位置に戻ろうとする力）とにアンバランスが生まれ、動翼はあたかも巻かれたゼンマイが巻き戻ろうとするかのように、捩じれがなくなる方向、つまり動翼がクローズドする方向と、曲がりのなくなる方向、つまり動翼が回転する方向に変動する（動翼に蓄えられたエネルギーが消費される。図4-31(d)）。動翼の捩じれと曲がりが小さくなるにつれて、動翼入り口迎え角も小さくなり、動翼負圧面上の境界層の剥離が消え去り、最初の状態（図4-31(a)）に戻り、プロセスが繰り返される。図4-31(d)に示されている例では、動翼が元の位置に戻る際、少々行き過ぎている。

この1プロセス中に動翼の得たエネルギー量が消費量より多い場合、2度目の「巻き戻り、曲げ戻り」の際の変動量の方が、振幅が1回目の残留エネルギーが加算されるので、大きくなる。このようにして、このプロセスが繰り返される程、この振幅が増え続け、最後に動翼の破断に及ぶ。これが、亜音速／遷音速失速フラッターのメカニズムである。

またこのプロセス中、動翼入り口での相対速度はその方向も速さも一定なので、この振動を相対速度、つまり外部からの加振力の所為にする訳にはいかない。これが自励振動と呼ばれる所以である。

それでは設計に当たって、どうすればフラッターを避けることができるのだろうか。1つには、動翼へ入って来る相対速度V_{in}を下げることだが、地上でのアイドル点と設計点での修正流量と修正回転数が決まっているので、その中間にあるV_{in}

を下げることはできない。そこで、動翼の材料をもっと硬いものに代えるなり、適度に翼厚を増やすなりして動翼の剛性を増やすか、動翼の弦長（$2b$）を長くするという手段が取られる。

上の観察から、フラッター発生の難易度を示すパラメーターとして、$[V_{in}/(\omega \times b)]$ が考えられる。これは、無次元の換算速度（Reduced Velocity の著者訳）と呼ばれている。このパラメーターを縦軸に、動翼への時間的平均入り口迎え角を横軸に取り、実際の圧縮機でフラッターの起こった場合と起こらなかった場合の実験データをプロットすると、亜音速／遷音速失速フラッターの境界線（Boundary）が得られる。そこで、圧縮機を設計する時は、フラッターの境界線以下になるように動翼の固有振動数と弦長を選べばよい。一般に、換算速度が1以下というのが、設計基準である。

亜音速／遷音速失速フラッターは、動翼入り口の迎え角が正の時に起こったが、負の値でも十分大きいと、同じように起こる。この場合、上の場合とは逆に、境界層の剥離は動翼の正圧面上で起こる。この条件は、圧縮機の性能マップ上で見ると「チョーク側」で起こるので、チョーク・フラッターと呼ばれるが、圧縮機がここでチョークしている訳では必ずしもない。

この場合もフラッター境界線を実験的に得て、設計では換算速度がそれ以下になるように動翼の弦長と固有振動数を選べばよい。

4.2.5　許されない有害な振動
4.2.5.1　翼列の振動
注意して流れと機械のエネルギーの交換のメカニズムを見ると、実は振幅は小さいとはいえ、振動の原因があるのが分かる。

第 4 章 頼れるエンジン

　図 3-12、図 4-2 などに示されているように、ファンでは、動翼のすぐ下流に静翼がある。圧縮機には動翼と静翼が交互に隣接している。HPC 第 1 段動翼のすぐ上流には、VIGV（可変入り口案内羽根）がある。また、LPC と HPC の間には、高圧系（HPC、HPT とそれらを結ぶ回転軸）をサポートするための、分厚い支柱（Struts）がある。タービンにしても同様である。ノズルと動翼は交互に並び、その間隔は狭い。

　これらのどの翼列にしても、これらの後縁から出て来る流れには、必ず後流があり、主流より速度が低い。図 4-32(a) に隣接する VIGV、圧縮機動翼、圧縮機静翼と、それらから出る後流と主流、そしてそれらの速度三角形、図 4-32(b) にタービン・ノズルとそのすぐ下流にあるタービン動翼、そして次の段のノズルと、それらから出て来る主流と後流の例を示す。説明を簡単化するために、主流と後流からの速度ベクトルは 1 つずつだけとする。また速度三角形を示すために、翼列間の距離をわざと大きく離してあることに、注意して欲しい。

　したがって、図 4-32(a) の例を使って話を進めると、圧縮機動翼の 1 枚 1 枚は、1 回転するごとに、そのすぐ上流にある VIGV の翼数だけ主流と後流を交互に受ける。図を見ると分かるように、主流と後流は速度もその方向も違うので、動翼から見ると、主流と後流から 2 つの違った空気力、つまり繰り返し変動応力（Alternating stress）を受けることになる。その周波数は、VIGV の翼枚数と動翼の毎秒回転数の積である。

　また、動翼のすぐ下流にある静翼の前縁付近では、周方向に静圧が一定ではなく、微量ではあるが、静翼 1 枚 1 枚の前縁付近での静圧は少し高くなり、静翼 1 枚と隣の 1 枚の間では少し低くなる。つまり、静翼前縁付近の流れの場の静圧が、周方向に一定でなく、静翼枚数と同じ周期で高低を取る。これが動翼

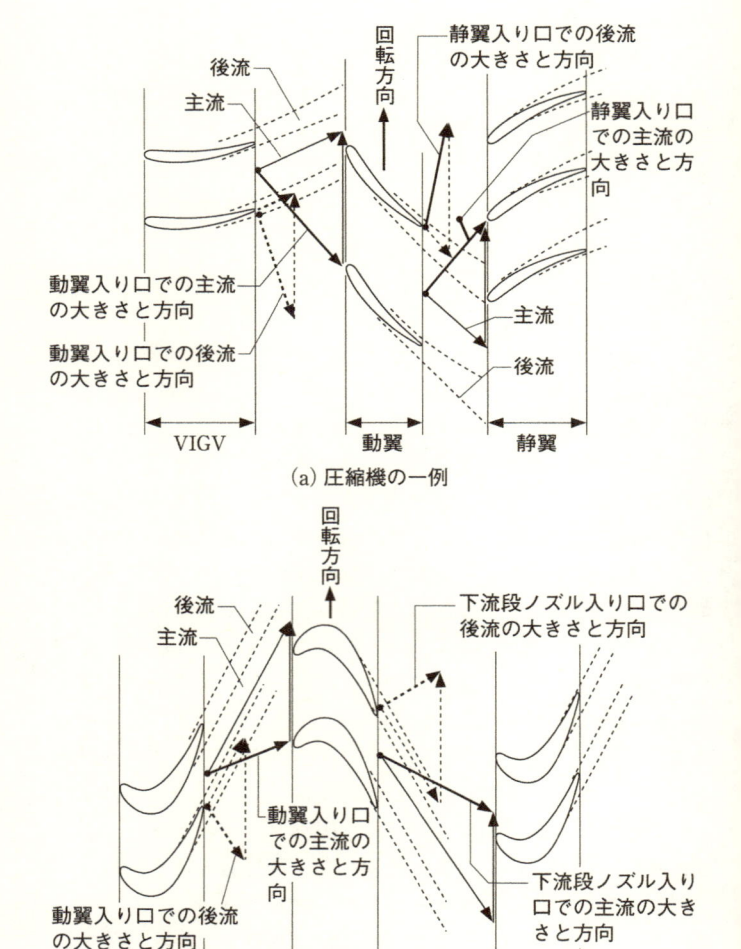

図 4-32 主流と後流の速度ベクトルの大きさと方向の違い

第4章　頼れるエンジン

にとっては、繰り返し変動応力になる。その周波数は、静翼枚数と動翼毎秒回転数の積である。このように、動翼は上流のVIGVと下流の静翼から、繰り返し変動応力を受けることになる。

次に、動翼のすぐ下流にある静翼への加振力を見よう。その上流からは、動翼からの主流と後流が交互に入って来るために、動翼の枚数と毎秒回転数を掛け合わせた値と同じ周波数で、静翼は繰り返し変動応力を受ける。

このように、各翼列はその直上流と直下流の翼列から加振力を受けるが、例えばLPCとHPCの間にある分厚い4本か6本の支柱（Strut：ストラット）の後流のように、たまに後流が非常に大きい場合、その影響は何段か下流にまで及ぶ。

上の話は、圧縮機に限ったものではなく、ファンやタービンの翼列内でも起こる。そして、これら外部からの加振力が原因で、各翼列は振動する。そして考えている翼列が動翼であっても静翼であっても、加振力の周波数は動翼の回転数に正比例するので、エンジンの回転数と共に高くなっていく。

これまでの話で、翼列にかかる加振力周波数の計算の仕方がわかった。これらの加振力によってどの翼列の翼も振動するが、ではこの振動が許されるほど弱い（振幅が小さい）のか、許されないほど強い（振幅が大きい）のかを、どのように判定するのだろうか？

翼は強度の高いチタン、ニッケル、コバルトといった金属を主成分とした合金か、複合材でできている。一方、加振力は、タカガ空気なり燃焼ガスの気体である。したがって直感的には振動は弱く、問題はなかろうと思われる。正にその通りである。しかし既に話したように、各部品はいくつもの固有の振動

数を持っていて、固有振動数では低いモードほど部品は低い加振エネルギーにでも応答して振動する。

一般的に言って、いくつもある固有振動数のうち、最も低いモードは一次曲げモード（First bending mode）、2番目に低いモードは一次捩じりモード（First torsional mode）で、図4-33に示されているような形を取る。

(a) 一次曲げモード　(b) 二次曲げモード

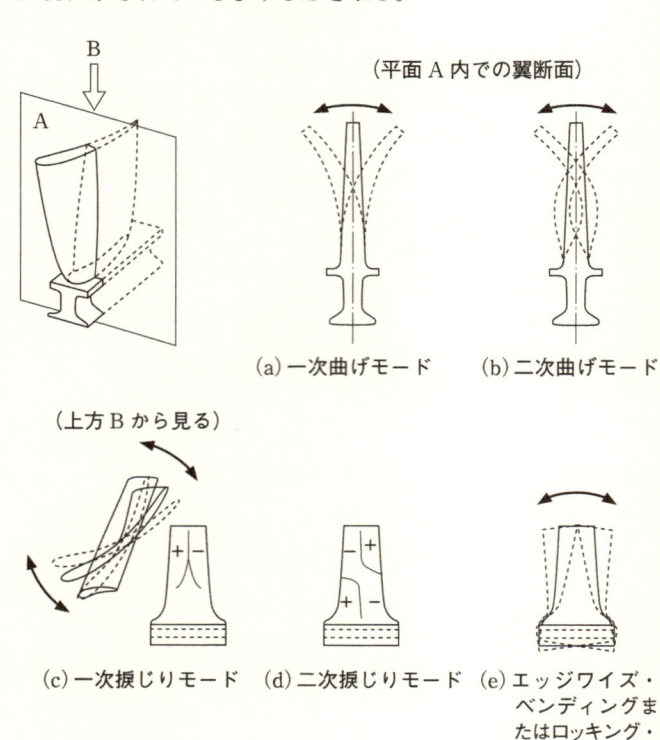

(c) 一次振じりモード　(d) 二次振じりモード　(e) エッジワイズ・ベンディングまたはロッキング・モード

図 4-33　典型的な圧縮機動翼の低次固有振動モード

第4章 頼れるエンジン

　これらのモードの周波数は、FEM（有限要素法）に基づいたコンピューター計算法だと、一次モードから十次、いやそれ以上のモードまで計算し、どこに節と腹があるかチャント示してくれる。しかし、振動の振幅までは計算してくれない。現在の技術の限界である。

　圧縮機動翼を例にとって、いくつかの振動モードを図4-34に示す。なお、この動翼の上流には、6本のストラット、25枚のVIGV、下流側には45枚の静翼があると仮定され、それらが空力加振力になる可能性があるところから、その加振振動周波数を表す6E、25E、45Eの直線も描かれてある。この線図を使うと、どの回転数で加振力と翼の固有振動数がマッチするかがよく分かる。そこで、この線図の便利さを初めて紹介した

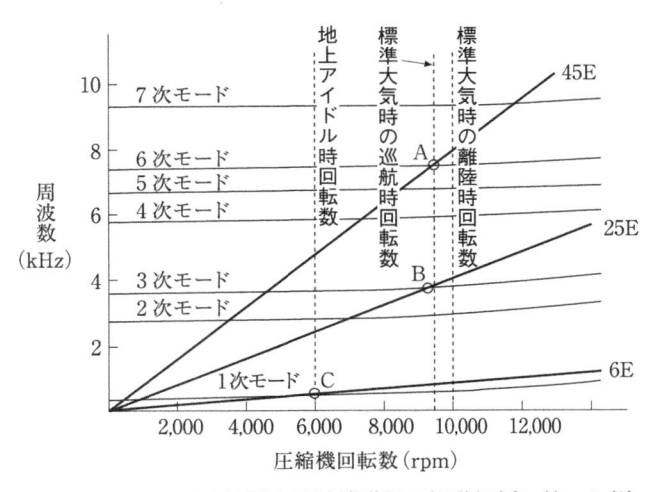

図4-34　キャンベル線図を圧縮機動翼の振動解析に使った例
この例では標準大気時の離着陸時回転数を10,000rpm、巡航時回転数を9,500rpm、地上アイドル時を6,000rpmと仮定

GE社の技師ウィリアム・キャンベル（William Campbell）の名に因んで、この線図はキャンベル線図と呼ばれている。

さて図4-34を観察すると、点Aでは45Eが動翼の六次モードとマッチしている。そこでは圧縮機は標準大気時の巡航時回転数であり、飛行するごとに何時間も運転されるし、第一、高速回転である。したがってこの動翼の設計に当たっては、何らかの手を打って、このマッチングを避けなければならない。

次に点Bでは、三次モードが25Eと巡航回転数より少し下方でマッチしている。この場合、動翼の正味幾何形状からのわずかな違いや振動解析自身の持つ計算精度限界によって、計算されたモード周波数に5～10%の誤差のあることを考慮すると、HCFの観点からは、やはり要注意である。

共振を避けるには、動翼自体の翼厚を増やすなり（好ましい）減らすなり（どちらかと言うと、避けたい）して、翼の固有振動数を変える、またはVIGVや静翼の枚数を変えて、翼の固有振動数との交点を定常運転速度からずらす、といった手段が取られる。

さて、点Cはどうか。ここでは、圧縮機の地上アイドル回転数で固有周波数とのマッチングがある。ただし圧縮機回転数は低く、したがって加振力は弱い。そこで、この点については、実験して振動応力を実測するなり、累積振動数が10^7になるまで実際に圧縮機を回転させ、HCFが発生していないことを確認するという条件付きで、パスさせてよいと考えられる。

それ以外にも、あまり知られていないが、ケーシングの振動や円板の振動が問題になることもあるので、設計時には必ずチェックされねばならない。ただし、ここではこの話題は省略する。上の3点以外にも、固有振動数と加振力（図の放射線）の交点がエンジン運転条件とマッチする場合、全て解析を要する。

4.2.5.2 ローターの振動

ここでの話題は、圧縮機やタービンの動翼とそれを支える円板、それらを連結する回転軸、そして軸を支える軸受をひっくるめた回転系、つまりローター全体の振動についてである。図4-35に、二軸ターボファン・エンジンにある2つのローターのスケッチを示す。各ローターは、典型的には2つの軸受に支

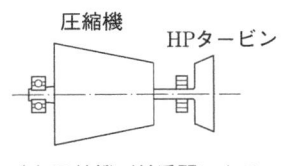

(a) 圧縮機が軸受間にあり
　　HPタービンが片持ちに
　　なっている場合

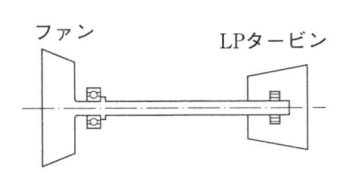

(b) ファンが片持ちに、LPタービンが軸受の外径側に位置する場合

図 4-35　二軸ターボファン・エンジンのローター

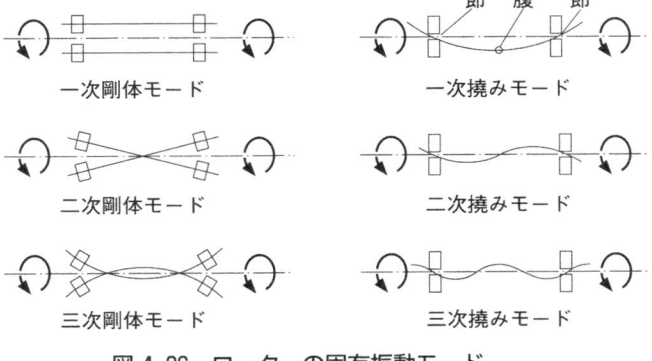

図 4-36　ローターの固有振動モード
図は振動の特性を強調するために誇張してある

持されている。

　ローターの固有振動は、回転軸と軸受の変位によって、2つのタイプに分けられる。それらは剛体モード（Rigid mode）または軸受モード（Bearing mode）と、撓みモード（Flexible mode）または軸モード（Shaft mode）である。図4-36に示されているように、前者のモードでは回転軸は真っ直ぐに近く、軸受が変位する。一方後者では、回転軸が曲がり、軸受の変位は小さい。

　軸受とそれを支えるハウジング（以下、単に軸受と呼ぶ）の剛性が低いと、加振力による振動エネルギーが軸受を振動させることになり、したがって振動モードは剛体モードとなる。そこで軸受の剛性を高くすると、図4-37に示されているように、ローターの固有振動数が高くなりはじめる。軸受の剛性をさらに高くしていくと、軸受が変位し難くなり、やがては振動エネルギーが回転軸を振動させることとなる。撓みモードである。

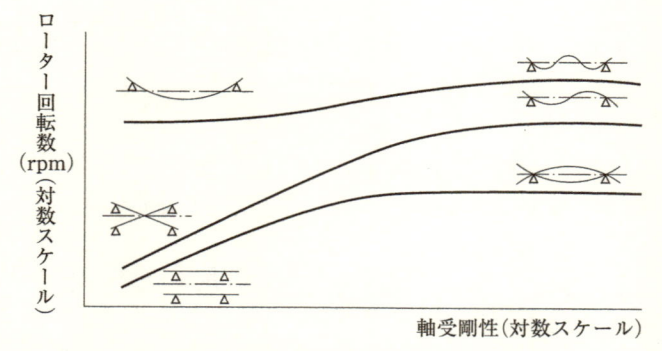

図 4-37　軸受の剛性がローターの固有振動数と振動モードに与える影響

第4章 頼れるエンジン

ローターの振動が撓みモードになると、ファン、圧縮機、タービンなどの動翼が、ケーシングに擦ることになるだけでなく、慣性の高いファン、圧縮機、タービンの振動変位が大きくなるので、エンジンとして大きな振動問題となる。したがってどのエンジンも、そのエンジン使用回転数領域内では、ローターが撓みモードにならないように設計されている。こうしたローターを、サブクリティカル・ローター（Sub-critical rotor）と呼ぶ。

ローターをサブクリティカルに設計するためには、軸受の剛性を適当な値に取ることと、ローターの固有振動数を使用最高ローター回転数以上にすることが必要になる。軸受の剛性を高めるには、軸受を支持するハウジングとそれらとエンジン懸架装置を結ぶ支柱の材料をもっと硬いものにするなり、厚みを増やすなりすればよい。一方、剛性を減らさねばならない場合は、図4-38に示されているように、ハウジングの一部に穴を開けたり、軸受とハウジングの間に薄い油膜を形成させたりする。スクウィーズ・オイル・ダンパー（Squeeze oil damper）

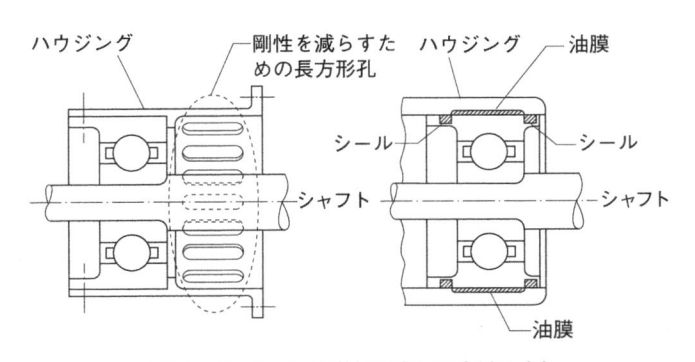

図4-38 軸受の剛性を減らす方法2例

である。

 他方、ローターの固有振動数は、ローターの材料の弾性係数 E と、ローターの断面二次モーメント I が共に高いほど高く、ローター全体の質量 M が高いほど、また軸受間距離 L が長いほど、低くなるという性質を持つ。そこで、ローターの固有振動数を上げるには、ローター全体の質量を減らしたり、圧縮機やタービンの位置を変えたり、またローターの断面二次モーメントを高くしたりする。

 ローターの断面二次モーメント I は、図 4-39に示されてい

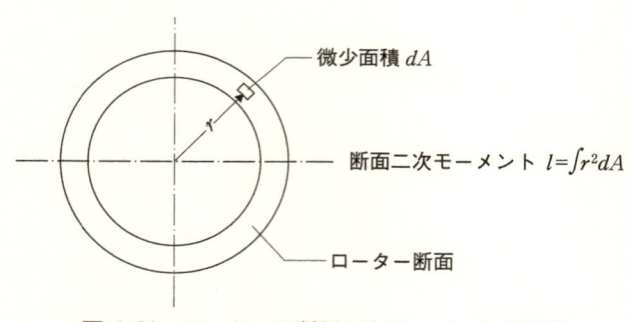

図 4-39 ローターの断面二次モーメントの定義
資料 4-25

るように、ローター断面上の微少面積 dA にローターの中心点からの半径 r の自乗を掛け、それを断面上の全ての微少面積に対して計算した後、それらを足し合わせて求められる。ということは、たとえローターの断面積は一定でも、ローターの半径が大きいほどローターの固有振動数が高くなる。

4．2．6　大難を小難に──動翼飛散と回転軸折損

 動翼が何らかの原因で破損となると、遠心応力のために外径

第4章 頼れるエンジン

方向に飛び出そうとする。そこで、動翼がエンジンのケーシングを突き破って外へ飛び出ないように、設計の際に、コンテインメント・リング（Containment ring）をエンジン・ケーシングの内部で動翼のすぐ外径側に装着しておく。

ファン動翼の場合は温度が低いので、ケブラー（Kevler）とかアルミニウムといった軽量材料で、コンテインメント・リングが作られている。しかしタービン動翼に対しては、環境温度が高いので、コンテインメント・リングもやはりニッケル合金といった重い高温材料となる。

一方、回転軸に問題が起こった場合はどうなるか？　幸い、私の過去約40年間に見聞きした範囲では、旅客機の営業飛行中にジェット・エンジンの回転軸が折れた、という事件はなかった。しかしエンジン設計に当たっては、事態が重大なだけに、折れる場合を想定して予防策を施す。

高圧系の軸、つまりHP軸が折れたらどうなるか？　この場合は、案に反して、問題ないのである。HP軸が折れると、HPC（高圧圧縮機）がHPT（高圧タービン）からの駆動エネルギーを得られなくなるので瞬間的に減速し、そのために燃焼器に入って来る空気の圧力が激減する。同時に、燃料ポンプがHP軸上流端からAGB（補機用ギア・ボックス）を通して駆動されているので、燃焼器に注入される燃料も来なくなる。その結果、燃焼ガスのエネルギー量が瞬間的に減り、HPTの回転は自動的に下がってしまう。

では、低圧系の軸、つまりLP軸が折れたらどうなるか？　この場合、HP系は異常なく作動していると仮定すると、HPTから出て来る燃焼ガスは、LPT（低圧タービン）に相変わらず高いレベルのエネルギーを供給し続ける。ところがLP

軸が折れ、ファンやLPC（低圧圧縮機）という負荷が失われたので、ロードを失ったLPTは急加速すると考えねばならない。

LPTが急加速すると、LPTの円板にかかる遠心応力は回転速度の自乗に比例して高くなるので、そのまま放っておくと、円板は破裂する。しかし円板の重量はあまりにも大きいので、コンテインメント・リングで破裂した円板を受け止めさせるように設計すると、このリングが重くなり過ぎ、ジェット・エンジンにとっては現実的な解とはならない。そこで設計上の基本的な考え方は、この問題が起こった場合でも、円板が破裂する程の回転数にまで加速できないように設計しておくことである。

幸か不幸か、LP軸が折れファンとかLPCの空力ロードを失うと、LPT回転系（動翼、円板、折れた回転軸の組み合わせ）の軸方向への移動が自由になり、上流から来る燃焼ガスのため、LP回転系が下流に向けてすごい力で押される。すると、LPTの各動翼のすぐ下流には次の段のノズルという静止部品があるので、LP回転系はノズルに押し付けられながら回転することになる。設計では、このメカニズムを積極的に利用して、ノズルにLP回転系に対するブレーキの役目を持たせるのである。大型エンジンではLPTが6段も7段もあるので、第2段以下の全段のノズルにブレーキの役目を果たさせるのは非常に有効である。このメカニズムをメッシング（Meshing）と言う。これで、LPTの円板は、ファンやLPCという負荷を失っても破裂する程の高い回転数（したがって大難）に至らないのである。

メッシングとは独立に、エンジン制御装置は、常にエンジン各要素の作動を監視するセンサーからデータを得、それらを解析し、その結果として、パイロットから要求された飛行条件を

満たすように燃料流量の調整をし続けている。これが、ファン回転数の急減速という異常を感知すると、瞬間的に非常燃料弁を全閉にして、エンジンを止めてしまう。この緊急操作には、飛行中エンジン停止（IFSD）の方が、LPT円板のエンジンからの離脱や破裂より安全だという、「大難を小難に」の考え方がその根底にある。同時にエンジン制御装置は、どんな異常を感知したか、その結果どんな緊急処置をとったかを、もちろんパイロットに報告する。

エンジンによっては、LPT軸の下流端が非常燃料弁と機械的に結び付いており、LPT軸が軸方向にある程度以上移動すると、燃料弁が自動的に全閉になるようになっているのもある。

LPTの段数が少ないとか、LPTの回転数が高過ぎ、静翼のメッシングによるブレーキ効果が期待できない場合には、LPTの回転数が円板が破裂する程のオーバー・スピードに至る前にLPT動翼をその付け根から抜け出させ、LPTが燃焼ガスから駆動エネルギーを受けられないようにする設計方法がとられる。

抜け出した動翼はどこへ行くかというと、コンテインメント・リングのために、半径方向に飛散できないので、燃焼ガスに押されて排気ノズルを通り、エンジンの出口から軸方向に出て行く。これが、飛行機にとっていちばん小難だからである。

4.2.7 軸受、シール、および補機類

軸受とシール、そしてエンジン・スターター、オイル・ポンプ、燃料ポンプといったエンジンの補機類は、エンジン・メーカーでは設計・開発されず、それぞれの専門メーカーに仕様を渡す。その仕様に対して、専門メーカーが最適部品を選び、エ

ンジン・メーカーに納入することになる。

　エンジン・メーカーにとっても専門メーカーにとっても、できることなら既に性能や信頼性の分かっている既製品を使う、というのが基本的な考え方だ。

　こうした補機類にも、大きな技術の進展がある。例えばセラミック・ボール・ベアリングや新素材 M50 の開発、ラビリンス・シールからカーボン・シールへの変遷、ブラッシュ・シールの導入などである。

■4.3　しごかれるエンジン──開発
4.3.1　新規エンジンか、既存エンジンの改良型か

　エンジン・メーカーは、新しいエンジンについて、常に市場調査をしている。この調査では、その時点から5年後、10年後の世界中のどこで、どんな大きさの新しい旅客機が何機くらい要求されるか、また今使われているどの旅客機がいつリタイヤするか等が予測される。次に、社内の最近の諸研究結果を使えば、マーケット・リサーチで見つけた市場に送り込むことのできるエンジンの性能はどんなものか、重さや大きさはどのくらいか等を計算するために、紙上エンジンが作られる。

　エンジン・メーカーは、この紙上エンジンを持って飛行機メーカーを訪ねる。言うまでもなく、飛行機メーカーでも将来のビジネスのための市場調査は行っており、飛行機メーカーの次世代旅客機についての見解がエンジン・メーカーに示される。こういう過程を経て両者の協力が始まり、飛行機の性能と、それに最適なエンジンの形態（Configuration）、目標とする性能、重量、価格などが決められていく。

　一般的に言って、エンジン・メーカーは、新しいエンジンに

対して、2つのオプションを持っている。1つは全く新しいエンジン。もう1つは、既存エンジンを基に新しいエンジン仕様に合うように、改良を加えることである。しかし、どちらのオプションも一長一短がある。ここでは「新規エンジンを開発する」と仮定しよう。

4.3.2 開発プロセス

今までに話した基本的な考え方に基づいて設計されたエンジンは、各要素が予期通りの機能と寿命を持ち、エンジン全体が目標通りの性能、耐久性、重量を持っていること、そして高い信頼性を兼ね備えていることを、地上および飛行で実証せねばならない。もし満足な結果が得られない場合には、全て満足な結果が得られるまで、試験、試験結果の解析、改良設計、再試験が繰り返される。これがエンジン開発である。

各要素の機能とか、エンジンの性能、耐久性、信頼性が満足すべきものであるか否かは、アメリカの場合、FAAに管理されている連邦航空規則（Federal Aviation Regulation：FAR）を満足しているかどうかで決められる。そのための要素試験やフル・エンジン試験が、型式証明試験（Type certification tests）である。

型式証明試験は、4科目からなっている。それらは、FARの第33条「このエンジンは人を乗せて空を飛ぶのに耐え得る」という耐空証明のための基準（Part33：Airworthiness Standards：Aircraft Engines)。「排気（第34条）と騒音（第36条）が規定以内にあるかどうか」を決めるための環境性基準（Part34：Fuel Venting and Exhaust Emission Requirements for Turbine Engine Powered Airplanes および Part36：Noise Standards：Aircraft Type and Airworthiness Certification)。そして「飛行機という大きなシステム内での使用に適った推進用サブ・システムである」ことを証明するのに使われる基準である。

最後の基準は、主翼が機体に固定されている固定翼機（Fixed wing airplane）、いわゆる飛行機と、ヘリコプターやジャイロスコープのような回転翼機（Rotorcraft）にまず分類され、さらにその用途によって、両者とも2つのグループに分けられている。

固定翼機の場合、乗客数20人以上の商用機とその他の2つのグループに分けられ、それぞれについて用途に適った基準が作られている。例えば、主要エアラインの使う大きい旅客機に対する基準は第25条（Part25：Airworthiness Standards：Transport Category Airplanes）であり、乗客数19人以下のコミューター機や乗客数9名以下のビジネス・ジェット機だと第23条（Part23：Airworthiness Standards：Normal, Utility, Acrobatic, and Commuter Category Airplanes）が適用される。第23条の適用されるコミューター機とは、乗客数が19人以下のプロペラ機（したがって、エンジンはターボプロップかレシプロ・エンジン）のことで、エアラインの言うコミューター機の定義とは必ずしも同じではない。

回転翼機の場合は、商用機に対しては第29条（Part29：Airworthiness Standards：Transport Category Rotorcraft）、そうでないものには第27条（Part27：Airworthiness Standards：Normal Category Rotorcraft）が適用される。

開発されるエンジンは、これらの条項の中にあるエンジン関係の要求を全て満たさねばならない。また、各条とも要求項目数が多く、第33条だけでも40項目を超す。ただし学校の試験と違って、要求事項、試験条件および合格基準が、全てこれらの

第4章　頼れるエンジン

条項に明記されている。それだけではない。合否を決定するFAAと試験を受けるエンジン・メーカーは、後者が「試験を受けたい」と言った時点から試験終了まで、綿密な連絡を保つ。

　エンジンに型式証明が発行され、つまりエンジン開発が成功裡に終わり、メーカーがそのエンジンの量産を始めた後も、両者間の連絡は続く。その時には、両者間の討議の主題は、例えばエンジン不具合の原因追究と解決策、オーバーホール間隔（Time Between Overhaul：TBO）の延長、開発後改良設計された部品の使用中エンジンへの組み込みスケジュールなどである。

　1980年度後半までは、新しいエンジンの開発には、詳細設計に「Go !」がかかってから、型式証明を取り量産エンジン第1号が納入されるまで、約5年を要していた。それが、今では約3.5年に短縮されている（図4-40）。そして、最初の1年は詳細設計と部品購入に費やされる。したがって、残る2.5年間に、開発にクリティカルな要素の要素試験、ガス発生機（Gas generator）試験、エンジンの地上試験、さらに飛行試験の許可をFAAから得るのに必要なPFRT（Pre-Flight Rating Test）と呼ばれる50時間耐久試験、それに続く飛行試験、型式証明試験とそのレポート書きを終えねばならない。

　もっとも、この短期間でエンジンの設計から開発までできるのは、長年ジェット・エンジンの設計と開発に携わり、高度で広範囲な社内研究プロジェクトをこなせるエンジニア集団を持つエンジン・メーカーだけである。

　開発中のエンジン総運転時間は8,000〜10,000時間にもなるので、開発のピーク時には8〜10基のエンジンを使い、それらのエンジンを性能開発用、過速度・過温度・振動などを含む強

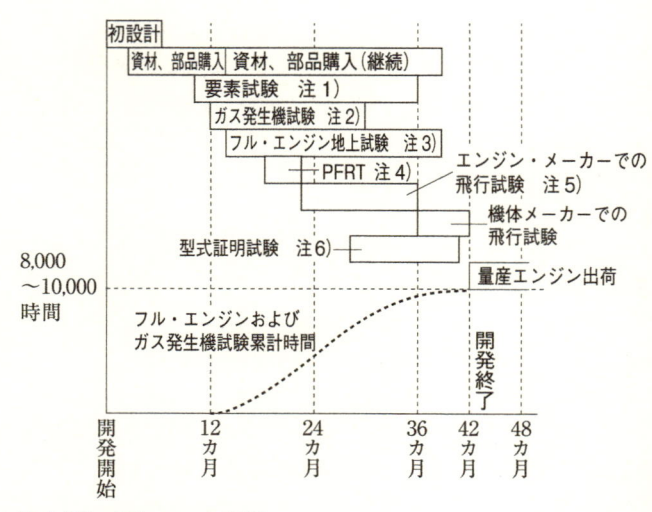

注1) 性能、振動、LCF 寿命試験
注2) 圧縮機／タービン・マッチング
注3) LP／HP マッチングを含むエンジン性能
　　急加減速、騒音、異物吸い込み、耐久、インレット・ディストージョン試験、
　　過速度・過温度試験
注4) Pre-Flight Rating Test：飛行試験の許可を得るための50時間耐久試験
注5) 性能、急加減速、飛行中エンジン再始動試験
注6) 150時間ブロック・テストを含む残余型式証明試験

図4-40　典型的な民間用ジェットエンジンの開発スケジュール

度試験用、異物吸い込み試験用、環境性開発・耐久試験用、そして飛行試験用にそれぞれ1基か2基、最後の1基は型式証明試験用などと、役目を分けて並行試験方式を行う。

4.3.3　要素試験

ファン、圧縮機、タービン、燃焼器の開発には、要素試験が必要である。なぜかと言うと、これらをいったんエンジンに組

み込んでしまうと、圧縮機とタービンの作動点が非常に限られ（回転数を定めると、作動点が一義的に決まってしまう）、要素性能の全体像が摑めなくなるからである。

また、燃焼器の場合、燃焼効率、吹き消え限界、排気化学成分の測定などが、試験に柔軟性のある要素試験で行われる。

それ以外にも、設計時に予測した部品のLCF寿命を実証するための試験がある。また、ファン動翼やタービン動翼が万一飛散した場合、それがエンジンから飛び出さないように受け止めるのがコンテインメント・リング（Containment ring）だが、これが設計意図を満たしているかどうか、フル・エンジンで実証されるが、それ以前に要素レベルで模擬テストが実施される。

4.3.3.1　ファンおよび圧縮機要素試験装置

圧縮機要素試験装置は、図4-41に示されているように、供試圧縮機、その直上流に、乱れと非定常性のない空気を圧縮機に送るプレナム・チャンバー（Plenum chamber）、下流側には流量調整用のバタフライ・バルブ（Butterfly valve）と流量計測器などがあり、それらが適当な長さと直径のパイプによって連結されている。また供試圧縮機の駆動はだいたいは電動

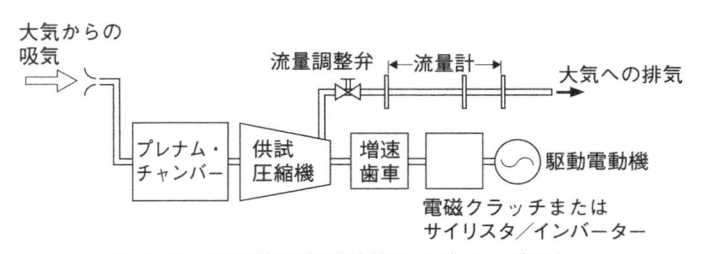

図4-41　圧縮機要素試験装置のダイヤグラム

モーターによるが、一般に電動モーターの回転数が圧縮機回転数よりずいぶん低いので、両者の間に増速歯車が挿入される。また、モーターでも高周波交流電動モーターを使い、以前は図のように電磁クラッチで圧縮機の回転数制御をしていたが、今ではサイリスター技術とインバーターを用いて、外から供給される50サイクルなり60サイクルの交流電流を、試験者の望む周波数を持つ交流電流に変え、それで電動モーターの回転数を可変にしている。

　圧縮機要素試験の目的は、圧縮機の性能を測定し図3-19に示されているようなマップを取ることである。この性能マップから、目標の圧力比、流量、効率が得られているか、作動線はサージ線から十分離れているか、などが評価される。

　ファンの試験装置は、流入空気量が高いので、大気自体がプレナム・チャンバーの役目をし、空気はベルマウス（図4-42）を通してファンに入ってくる。湿度の高い日には、過飽和による水分の凝縮がファン性能測定に影響を及ぼすので、そういう日には試験をしない。

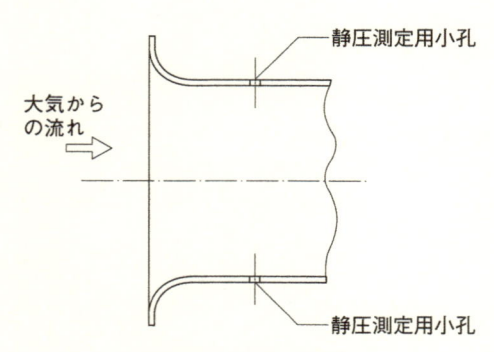

図 4-42　ベルマウスの例

4.3.3.2 タービン要素試験装置

タービンの要素試験装置は、図4-43に示されているように、圧縮機によって加圧されヒーターによって加熱された空気が、作動流体として使われる。作動流体は燃焼ガスではないので、作動流体の比熱比が燃焼ガスのものと違うという弱みはある。しかしこのシステムによって、エンジン内でタービンが晒される高圧と高温の燃焼ガスを必要とせず、エンジン内のタービン回りの流れと同じマッハ数の流れを、エンジンのタービンよりも低い回転数で得られる、といった利点がある。

要素試験用のタービンの負荷としては、水動力計（Water dynamometer）が使われる。その動力値を正確に知るには、タービン出力軸と動力計軸の間にトルク・メーターを付けておき、その読み値にその時のタービン回転数を掛ければよい。

取られた性能マップは図3-40に示されたようなもので、これで、タービンの性能が評価される。

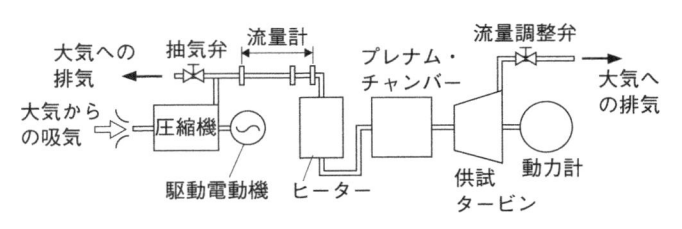

図 4-43　タービン要素試験装置のダイヤグラム

4.3.3.3 燃焼器要素試験装置

燃焼器要素試験は2種類ある。そのうちの1つは、燃焼器入り口での空気圧力を故意に大気圧程度とし、燃焼器出口から下流のエンジン部品を全て取り除くことによって、一次領域で保

たれている炎のパターンを遠隔監視し、その一様性と安定性を調べるのを目的とする。もう1つは、圧縮機、燃焼器、タービンが全て組み込まれたガス発生機形態による。ガス発生機形態による試験の目的は、その排気口で、排気ガスをサンプリングし、分析器によって排気ガス成分と分量を計算したり、光学的高温計（Optical pyrometer）を使って、燃焼筒の壁温を光学的に測ったりすることである。

4.3.3.4　円板LCF試験と応力過重試験に使われるスピン・ピット

スピン・ピット（Spin pit）（図4-44）は、LCFによる有限寿命を持つ部品のLCF寿命が設計値を満たしているかどうか、また高速回転部品が設計中に予測された破壊点までのオーバースピード・マージンを実際に持っているか等を確かめるのに使われる。

スピン・ピットは、実験室の地面を掘って円筒形の縦穴を作り、まずその周囲と底に厚いコンクリートの外壁を作る。その内側に、破壊されて高速で飛び回る高速回転体の破片がぶつか

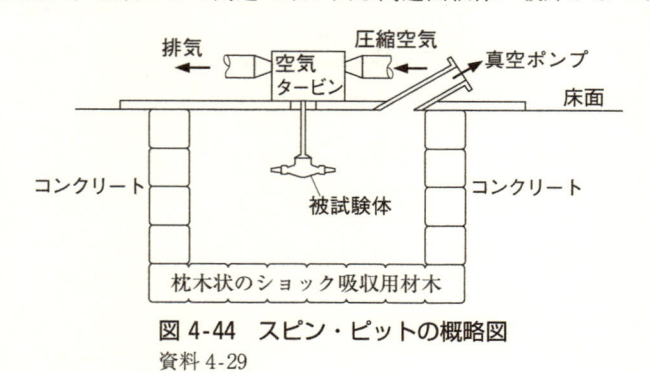

図4-44　スピン・ピットの概略図
資料4-29

った時のショックを吸収し、破片に二次損傷を起こさないようにするために、枕木ほどの大きさの木製ショック・アブゾーバーが内壁として固定される。破片に二次損傷が起こっては、部品の破損原因検証ができなくなる。

その中に被試験体が吊るされ、ピット内の空気を減圧してから空気タービンによって駆動される。

この試験装置を使って、部品の有限LCF寿命を測定するには、まず図面番号、材料、製作方法などの同じ部品を6つなり8つ程度用意し、それをスピン・ピットで始動・最高速度までの加速・停止の繰り返し運転をする。そして、数千サイクルごとに部品をスピン・ピットから取り外し、亀裂があるかどうか検査する。亀裂の発生が見つかった場合には、その部品を亀裂表面に沿って割り、現れたLCFによって発生した縞模様の数を数えることによって、何サイクル目に0.8mmの亀裂が発生したかを計算する。こうして、全ての供試部品がLCFによる

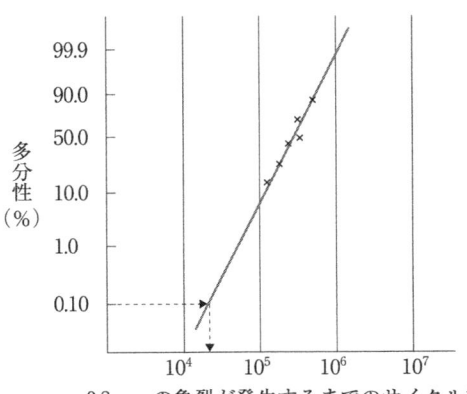

図 4-45　ワイブルの多分性グラフを使って求めたLCF寿命

亀裂を発生するまで、試験を続ける。次に、試験から得られたデータをワイブルの多分性グラフ（図4-45）にプロットし、データを通る直線上の縦軸0.1%（1,000個に1個）での横軸の値を読む。これが求めんとするLCFサイクル値である。

4.3.4 ガス発生機試験

ガス発生機（Gas generator）とは、高温高圧の燃焼ガスを発生するためのエンジンの中核モジュール（Core module）のことで、圧縮機、圧縮機を駆動するタービン、そして圧縮機とタービンの間に位置する燃焼器からなっている。

ガス発生機試験の目的は、圧縮機とタービンの両者が正しくマッチングしているのを確認することにある。この場合のマッチングとは、タービン・ノズルが設定する圧縮機の作動線が圧縮機効率の高い領域を通り、しかもその作動線はサージ線から十分離れていることである。

ガス発生機では排気ガス温度が高いので、要素試験の時と違い、排気側に置かれた流量計で流量を測ることはできない。そこで図4-46に示されているように、入り口ベルマウスで流量を測る。

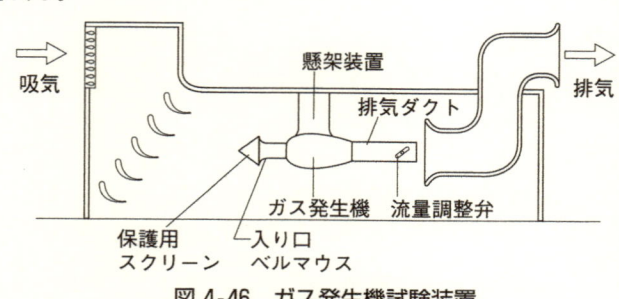

図4-46　ガス発生機試験装置
資料4-29

4.3.5 フル・エンジン地上試験

要素試験、ガス発生機試験の後に続くのが、フル・エンジン地上試験だ。エンジン開発中の試験の大部分が、フル・エンジンで行われる。フル・エンジンの地上試験装置は図2-5（86ページ）のようなもので、エンジンは建屋の天井に固定されたエンジン懸架装置から吊り下げられている。そして、エンジン自身は、開発用といえども量産エンジンに近いものになっているので、それに装着されている計測器の数も量産エンジンと同程度に限られる。

加えて開発用のエンジンでは、エンジン全流入流量は入り口ベルマウスで、エンジン内の最高圧力は燃焼器の外径側にあるガス発生機ケーシング（Gas generator casing：GGC）の静圧として、またエンジン推力は懸架装置のロード・セル（Load cell）でそれぞれ測定される。

これらの計測値から必要なエンジン性能パラメーターが計算され、図4-47に示されているように、エンジンの推力の関数としてプロットされる。そして、それらはエンジン開発直前にサイクル・コードで計算されたエンジン目標性能レンジと比べられる。ここでもしエンジンの測定性能パラメーターの全てが目標性能レンジの中に入っていれば、エンジンの性能開発は目出度く終了である。しかし実際には、そうは問屋が卸さない場合が多い。フル・エンジン地上試験では上のような、定常での性能測定だけでなく、次の事項も確認される。

(1)エンジン入り口での流れの全圧を故意に非一様にし、SFCやサージマージンに与える影響を調べる。
(2)エンジン・メーカー指定の広い気温と気圧の範囲内で、エン

HTP 入り口温度 T_4/θ_0 (K)

LPT 入り口温度 T_5/θ_0 (K)

エンジン 排気温度 T_7/θ_0 (K)

ファン回転数 $N_L/\sqrt{\theta_0}$ (rpm)

HP 回転数 $N_H/\sqrt{\theta_0}$ (rpm)

N_L/N_H

バイパス比 BPR

$SFC/\sqrt{\theta_0}$ (kg/kgf/hr)

修正総推力 T/δ_0 (kgf)

エンジン入り口流量 $m_0\sqrt{\theta_0}/\delta_0$ (kg/s)

コア流量 $m_2\sqrt{\theta_0}/\delta_0$ (kg/s)

ファン圧力比 PR_{0-17}

ファン効率 η_{0-17}

サイクル圧力比 P_3/P_0

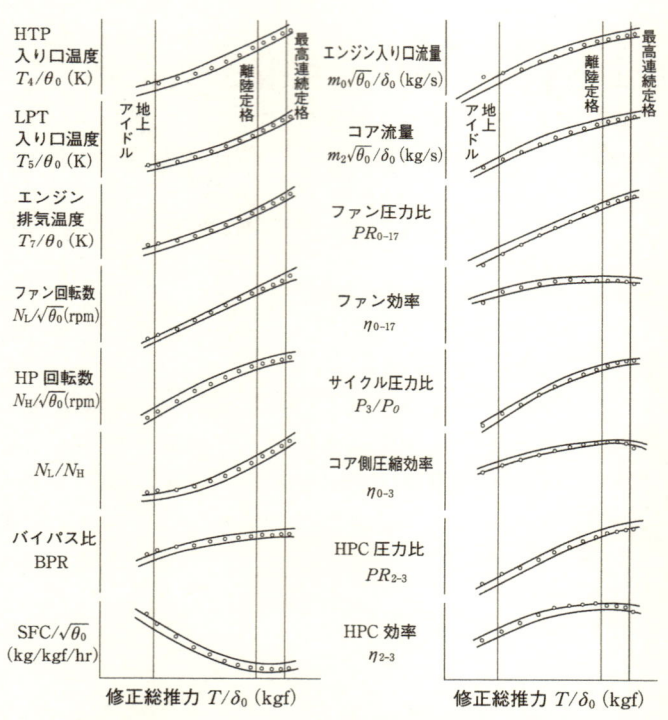

コア側圧縮効率 η_{0-3}

HPC 圧力比 PR_{2-3}

HPC 効率 η_{2-3}

修正総推力 T/δ_0 (kgf)

(各グラフ縦軸に「地上アイドル」「離陸定格」「最高連続定格」の区分線)

図 4-47 フル・エンジン地上試験結果（概念例）
資料 4-29

ジンが正常に始動し、地上アイドルから95％推力値までの5秒以内の加速でもサージを起こさず、急なエンジンの加減速がスムーズである。

(3) 排ガス成分が国際基準（ICAO, Annex 16, Volume II, Appendix 4、または FAA, Part 34, §34.61）以内である。また、煤も ICAO の基準または FAA の規定（Part34,§34.21）以内である。

第4章 頼れるエンジン

　排ガス規制は、もともと飛行場周辺の空気がエンジンの排気ガスによって汚染されたのがその発端なので、地上近くでの飛行機の操作に対して、エンジン排気に含まれている3種の汚染ガスである未燃焼の燃料を含む炭化水素ガス（Total Hydro-Carbon：THC）、一酸化炭素（CO）、酸化窒素（NO_x）の発生量が「それぞれ何グラム以下でなければならない」というふうに決められている。

　具体的に話すと、まず飛行機が高度0mにある飛行場へアプローチし、その高度が915m（3,000ft）を切った瞬間から、降下、着陸、ゲートまでのタキシング、次の飛行のためのゲートから滑走路までのタキシング、離陸、上昇して高度915mに達した時までをLTO（Landing and Take-Off）サイクルと定義する。そして、1LTOサイクル中に発生するTHC、COに対して、下の式に示されている値（Dp）までなら許容する、と規定されている。

$$\mathrm{Dp(THC)(g)} = 19.6 \times (F_{00}) \quad (4-4)$$
$$\mathrm{Dp(CO)(g)} = 118.0 \times (F_{00}) \quad (4-5)$$

ここで、F_{00}はエンジンの高度0mで標準大気中での離陸推力を（kN）の単位（1kN＝102kgf）で表した値である。

　一方、NO_xについての規制値は、もう少しややこしくなる。2008年元日以降に量産され始めたエンジンについてだけ話すと、規制値はエンジンのサイクル圧力比（π_{00}）と推力の高さによって、5つのグループに分類される。例えば、今日の大型エンジン（F_{00}が30kNでπ_{00}が32と仮定しよう）の場合、

$$\mathrm{Dp(NOx)(g)}/F_{00}(\mathrm{kN})$$
$$= 46.16 + 1.4286\pi_{00} - 0.5303F_{00} + 0.00642\pi_{00}F_{00} \quad (4-6)$$

というややこしさである。

なお、煤の規制に関しては、3.4.2項で話したように、スモーク・ナンバーが$83.6(F_{oo})^{-0.274}$か50のうち、低い方である。

(4) 鳥、氷、雨、雹など「招かざる客」がエンジン入り口から飛び込んできた時に、稀に起こる部品破損をFOD（Foreign Object Damage）と言うが、こうした異物を経験から得られたFAA規定量をエンジンに吸い込ませても、FODが起こらないか、起こってもFAA許容限界以内である。

鳥の場合、吸い込まれる鳥の数はエンジンの前面面積に比例し、飛行機の離陸条件で、鳥を図4-48に示されているような装置を使ってエンジンに打ち込む。例えば、ジャンボ・ジェット機用程度の推力を持つエンジンだと、3.65kgの大きな鳥を1羽、1.15kgの鳥を4羽、0.7kgの鳥を6羽、そして85gの小鳥を16羽である。その結果、エンジンの推力低下量や作動特性が、FAA規定以内でなければならない。

打ち込まれる鳥は死んで24時間以内のものが原則だが、最近

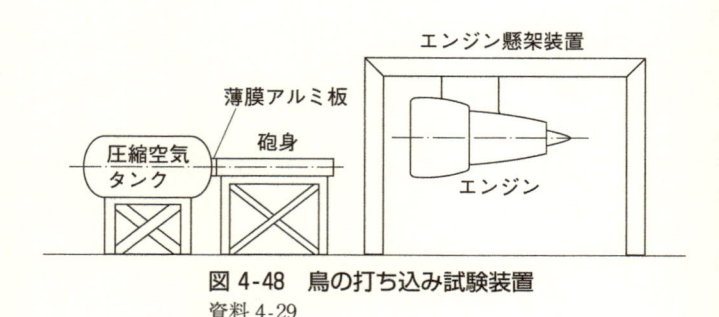

図4-48　鳥の打ち込み試験装置
資料4-29

では、ゼラチンなどの代用品を使うことが FAA で承認されている。

　高い高度を雲中飛行する場合、エンジン・ナセルの入り口部、ノーズ・コーン、ファンの動・静翼、ファンから出て来た流れをバイパス側とコア側に分けるスプリッター（図 4-49）の表面に結氷ができる可能性がある。それを防ぐため、図 4-

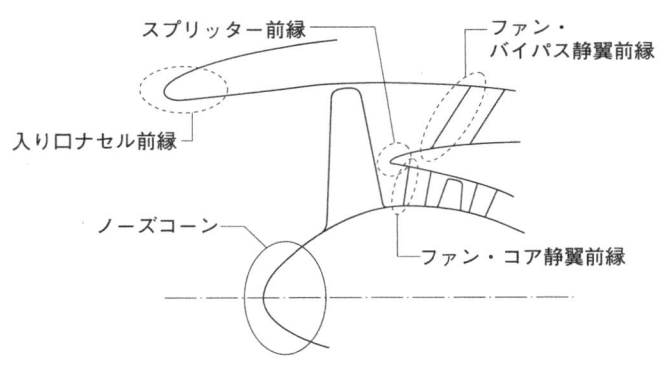

図 4-49　氷結の起こり得る場所

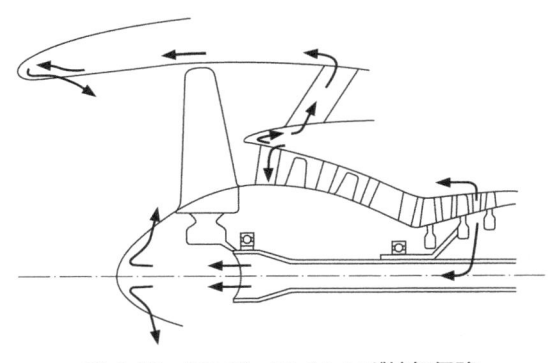

（ラベル：スプリッター前縁、ファン・バイパス静翼前縁、入り口ナセル前縁、ノーズコーン、ファン・コア静翼前縁）

図 4-50　アンチ・アイシング抽気径路

図 4-51 航技研 FJR 710 高バイパス・ターボファン・エンジンの氷結試験装置 資料 4-39 ©宇宙航空研究開発機構(JAXA)(2009)

50に示されたような防氷（Anti-Icing）装置が、最も厳しい氷結条件の中、たとえアンチ・アイシング回路の「オン」にするのを5分間遅らせてもチャント作動し、氷結を防ぐ。この試験には図4-51のような屋外試験装置が使われる。

夕立の中を離陸したり層雲や積雲の中を雨中飛行したりする際の、雨や雹のサイズや量も、過去の気象観測結果から最も厳しい条件を選び、それをエンジンに吸い込ませる。例えば、今日の大型双発機用のエンジン（離陸推力：40,000kgf級と仮定）だと、高度0mの飛行場から離陸中に雨と雹に突如遭遇した場合を仮定し、毎分1.5～1.7トンの雨を3分間吸い込ませ、毎分約0.5トンの平均直径約15mmの雹を30秒間吸い込ませる。そして、その間、燃焼が立ち消えない、エンジンがサージを起こさないなどを確認する。雨や雹の吸い込み試験も、結氷試験と同様、屋外試験装置（図4-52）が使われる。

砂や砂利、また滑走路に残されたパンクしたタイヤの破片、

第4章 頼れるエンジン

図4-52 航技研FJR710高バイパス・ターボファン・エンジンの雨と雹の吸い込み試験装置
資料4-39 ©宇宙航空研究開発機構（JAXA）(2009)

保守点検の際に置き忘れられた工具、ボルト、ナット、ネジ、リベット等の吸い込みについてのFAA規定はないが、エンジン・メーカーの持つ過去のデータに基づく量をエンジンに吸い込ませ、エンジン部品の破損がないか、あっても飛行に支障のない程度であることが実証される。

(5) エンジンにある電気系、電子制御系、燃料系、潤滑系、作動油圧系、スラスト・リバーサーといったシステムが、過去の例から見て最も厳しい条件に晒されても、作動が正常である。
(6) 圧縮機やタービンの翼の振動を歪みゲージで測り、振動応力が低いことを確認する。一方、エンジン回転系は、エンジンを長時間使っているうちに部品の磨耗や、あってはならない

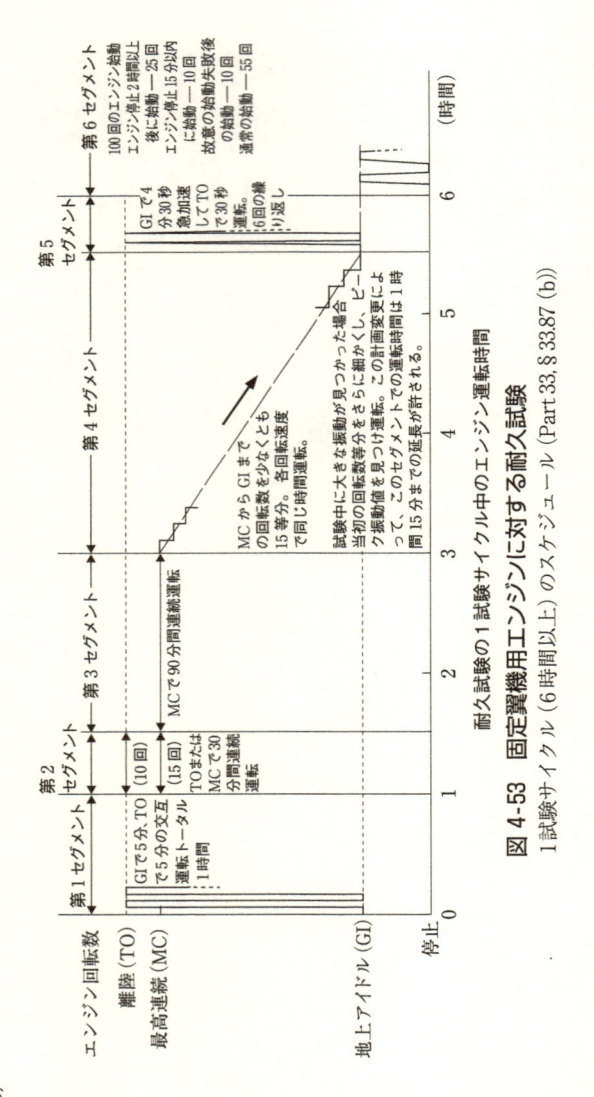

図 4-53 固定翼機用エンジンの1試験サイクルに対する耐久試験
1試験サイクル（6時間以上）のスケジュール (Part 33, §33.87 (b))

エンジン回転数
離陸 (TO)
最高連続 (MC)

地上アイドル (GI)

停止

第1セグメント：
GIで5分、TOで5分の交互運転トータル1時間

第2セグメント：
TOまたはMCで30分連続運転
(10回)
(15回)

第3セグメント：
MCで90分間連続運転

第4セグメント：
MCからGIまでの回転数を少なくとも15等分。各回転数で同じ時間運転。

第5セグメント：
GIで4分30秒運転してTOで30秒急加速運転。6回の繰り返し。

第6セグメント：
100回のエンジン始動
エンジン停止2時間以上後に始動 — 25回
エンジン停止15分以内に始動 — 10回
故意の始動失敗後の始動 — 10回
連続の始動 — 55回

試験中に大きな振動等が見つかった場合当初の回転数等をさらに細かくし、ピーク振動値を見つけ運転。この計画変更によって、このセグメントでの運転時間は1時間15分までの延長が許される。

(時間)

ことだが部品の破損・飛散などから、アンバランス量が増える可能性がある。そこで、FAA規定の許容最大アンバランス量の1.5〜2倍のアンバランスを故意にエンジン回転系に与え、それでもエンジンが不具合を起こさないことを確認する。

(7)起こってはならない不具合が万一起こった場合のエンジンの安全性の確認も、フル・エンジン地上試験で行われる。ここで言う安全性の確認とは、燃料やオイルが漏れても、ファン、圧縮機、タービンの動翼が飛散しても、エンジン回転軸が高速回転中に何らかの原因で切断されても、エンジンが火災を起こさない、エンジン部品がエンジンのケーシングを突き抜けて外へ飛び出さない、エンジンの懸架装置に永久変形を起こさない、パイロットに自分の意思でエンジンを停止させることができるという能力を失わない、の4項目である。

(8)図4-53に示されているようなエンジン運転パターンによる、6セグメントからなる6時間あまりの試験を25回繰り返すという、トータル150時間（実際は150時間以上かかる）耐久試験で、エンジンの高い耐久性を実証する。

*4.3.6 エンジン飛行試験

エンジンの性能と安全性の確認が成功裏に終わった後、エンジンの飛行試験のための準備が始まる。飛行試験のための準備とは、FAAからエンジンの飛行試験許可を取り付けるために、開発中のエンジンが飛行試験に耐える程の信頼性と耐久性を既に持っていることをFAAに示す作業を指す。それが、模擬高度試験設備(Simulated altitude test facility)でのフル・エンジン試験である。この装置は、エンジンの飛行領域（飛行高度と飛行マッハ数の組み合わせ）を全てカバーするために、エンジン入り口での空気温度と圧力、そしてエンジン出口での

静圧に相当な幅を持たねばならない。そのため、この試験装置には大がかりな減圧装置や空調装置が必要となり、設備費と試験コストが膨大になる。しかも、それがエンジンの開発のみに使われるのだから、使用効率ははなはだ低い。エンジン推力の高くなった昨今では、こんな装置を持ったエンジン・メーカーは例外的で、世界中でも少数の国家研究機関が持っている程度である。アメリカ空軍のアーノルド技術開発センター（Arnold Engineering Development Center）に、非常に大きく、また運転領域の広い模擬高度試験装置がある。この試験装置を使うと、実際の飛行による試験より測定パラメーターの数をずっと多く取れる上、悪天候の影響を受けることがないなどの利点があるので、英米のエンジン・メーカーは、しばしばこの試験装置を民間用エンジンの開発中に借りているようである。

飛行試験の目的は、地上ではできない耐空試験を実施し、FAAにエンジンの耐空機能を実証することである。例えばエンジン作動試験（Operation test）。ここではエンジン・メーカーの指定する、このエンジンの全飛行領域内でのエンジン性能と安全性（過速、過圧、過温、過振動等がない）の確認と、エンジン加減速時にストールやサージが発生しないことの実証がなされる。また、地上アイドルと飛行アイドル条件から95％推力点まで加速が5秒以内という機動性の証明もある。

またエンジンを飛行中に停止し、ウインド・ミリング（Wind milling：停止中のエンジンが飛行速度のために風車のように回転すること）と飛行中再始動がエンジン・メーカーの意図通り問題なく行われるのも、飛行試験の1項目である。この試験の前に、エンジン・メーカーは、このエンジンの空中始動可能な飛行領域（高度と飛行速度の組み合わせ）を決めることが許される。この組み合わせは、何もエンジンの全飛行領域

図 4-54　PW1000Gエンジンの飛行試験に使われたプラット・エンド・ホイットニー社所有のB747フライング・テスト・ベッド
©UTC (2008)

と同じでなくてもよい。しかしいったん決めれば、この領域内ならどこでもエンジンの飛行中再始動ができなくてはならない。

　飛行試験は、実際の多発の飛行機に開発中のエンジンを1基取り付けて行われる。この際、開発中のエンジンが小さいと、機体や主翼の境界層の影響を受けないところへ、そのエンジンは取り付けられる。しかし、このエンジンが飛行機に既に搭載されているエンジンと同程度の推力を持っている場合、搭載されているエンジンの1基を取り外し、そこへ開発中のエンジンを取り付ける。この飛行機はFTB（Flying Test Bed）と呼ばれる（図4-54）。図例では、開発中のエンジンが第2エンジン（左翼胴体側のエンジン）のところに装着されている。

4.3.7　騒音の測定

　騒音の測定はあくまで飛行機全体の騒音の測定で、エンジン

は飛行機に積まれているサブ・システムでしかない。したがってこの飛行試験は、開発中または開発終了のエンジンを積んだ開発中の飛行機で試される。また、ここで言う騒音とは、野外にいる人が聞く、離陸中または着陸のため飛行場に接近中の飛行機の騒音のことで、機内の騒音ではない。

FAA の飛行機に対する騒音規定は、連邦航空規則（Federal Aviation Regulations）の第36章（Part36）に定められている。総則はその本文に、測定法、測定結果から騒音を計算する方法、測定された騒音を基準試験条件時の騒音に換算する方法など、測定と計算の詳細は Part36 の付録 A（Appendix A）に、そして騒音基準は付録 B（Appendix B）に記載されている。

4.3.7.1 飛行機の騒音パラメーターと計算法

騒音値を表す単位として、dB(A) 値がよく使われる。しかし、飛行機の騒音値を表すのには使われない。というのは、ジェット機の騒音が特異な性格を持っているからである。このジェット機の騒音の特異性は、音響学のエキスパート達の表現を借りると、「非常に広い周波数分布を持っているが、特に高周波数成分が強く、それを聞いていると気が苛立ってくる程である。それに、ジェット機の騒音は騒音の中でも最もうるさくしかも連続的で、普通の dB(A) 値やソーン（Sone）値では到底表せない性格のものである」と、誠にケチョンケチョンである。高周波数の中でも、2kHz から 4kHz 程度では外耳道が共鳴するらしいので、その辺りでの音圧が高いと、我々人間には実際以上にうるさい音と感じられる。

dB(A) 値やソーン値では到底表すことができない騒音なので、普通の騒音パラメーターに相対する別のパラメーターが定

義され、それらでジェット機の騒音を評価する。例えば、ジェット機の音の知覚的または感覚的なうるささ（Perceived Noisiness）を示す単位のノイ（Noy：n）が使われる。また単位をdBとする普通の騒音レベルは、それに相当する知覚騒音レベルまたは感覚騒音レベル（Perceived Noise Level：PNL）に置き換えられる。その単位がPNdBである。ただし、ジェット機の騒音も、他の騒音と同じ騒音計を使って音圧として測定されるので、音圧レベル（Sound Pressure Level：SPL）はそのまま使われる。

順序としては、ジェット機騒音をまず音圧レベルとして測り、それを、それはそれはややこしい表を使ってノイ値にいったん変換する。その後、飛行機が遠過ぎた時の騒音測定データを切り捨て、残ったノイ値をPNLに変換する。この変換は、一般の騒音のソーン値をdB値に変換する時の式と同一である。

次に、人間の聴感による騒音の大きさが、騒音計で測れる、いわば客観的なPNL値と違う点を考慮せねばならない。これによる騒音値の補正は2つある。騒音の周波数分布に大きい純音が混ざっているためのものと、騒音が持続性を持つためのものである。

だいたい一様に分布された周波数の騒音の中に、突然ある周波数での音が大きい（音圧がシャープなピークを持つ）場合、人間の聴感による全体音のうるささが、その音の大きさに強い影響を受ける。このために、ジェット機の騒音計算には、測定結果を1/3オクターブごとに解析する際、測定音圧が隣の音帯の測定音圧と非常に違う（測定音圧の変化率が異常に高い）部分があると、それ相応に計算されたPNL値に修正が加えられる。これはイレギュラーな音色に対する補正値（Tone correction factor：C）と呼ばれる。Cの値を得るには、それほど難

しくはないが、退屈なステップを10も踏まねばならないのでここでは省略する。しかし、500Hzから5kHzまでの周波数範囲のピーク音に対する補正値は、それ以外の周波数での補正値の約2倍にもなる。この「突然ある周波数での音が大きくなる」原因は、ファン動翼のチップ・セクションで発生する衝撃波の一部がエンジンの上流へ伝播することと、ファン動翼、圧縮機動翼（特に第1段動翼）、タービン動翼が回転運動する際、それらの近くにある静止部品（例えば静翼）との空力干渉によって、毎秒回転数と動翼枚数の積の周波数音（Blade passing frequency）が発生することにある。

騒音がわずか数秒間しか続かない場合と客観的に同じ大きさの騒音でも、数十秒間持続する場合、人間の聴感によると後者の方がよりうるさい。これが騒音の持続性の影響である。したがって、この影響による騒音値の補正は、その騒音の続く秒数が長い程大きくなる。これを、持続性に対する補正値（Duration correction factor：D）と言う。

イレギュラーな音色に対する補正値を加えたPNLTは、騒音を1回測定するごとに計算される。したがって、k回の測定でk個のPNLT値ができる。そのうちの最高値PNLTMに騒音持続性に対する補正値Dを足したものが実効感覚騒音レベル（Effective Perceived Noise Level：EPNL）と名付けられ（単位はEPNdB）、これがジェット機の騒音を表す値として使われる。

4.3.7.2 チャプター4の騒音基準

騒音と排気は世界的な環境問題なので、以前は各国の政府機関が決めていた飛行機の騒音測定法と騒音基準が今では国際的に決められ、それらを各国の政府機関がその国の飛行機の型式

第4章　頼れるエンジン

証明に使うようになっている。

　ここで言う国際的基準は、ICAOの航空環境保護委員会（Committee on Aviation Environmental Protection：CAEP）で発案、協議、決定の後、ICAOの総会で認められたものである。その基準は、技術の発展と共に騒音を低くすべきだとの姿勢から、年々厳しくなっている。

　2009年後半現在、亜音速で飛ぶ全てのジェット機と大型のプロペラ機に使われている基準は「チャプター4騒音」レベルと呼ばれる。なぜそう呼ばれるのかというと、これらの飛行機に対する騒音規定がICAOのAnnex 16, Volume I, Aircraft Noise, Third EditionのAppendix 2, Amendment 7の第4章（Chapter4）に詳細記述されているからである。この文書の発効期日は2002年3月21日だが、この騒音レベルの適用を受ける飛行機は、2006年1月1日以降に型式証明を申請されたものである。

　チャプター4の騒音基準は、FAAもPart 36やPart 91（General Operating and Flight Rulesのことで、要はアメリカ内での飛行機の飛び方を規定している）に採用しており、ステージ4の騒音基準と呼んでいる。

　騒音の測定は、飛行機の離陸や着陸時の騒音を測るので飛行場で行われるが、周囲に飛行機以外の騒音源のないところで、しかも近くに高い建物や塀などがないことが必要である。飛行場の滑走路は水平またはそれに近く、滑走路の勾配のために離陸時の推力値が影響を受けないことも、飛行機の騒音を正確に測る意味で大切である。

　騒音測定用のマイクロフォンは地上から1.2mの高さに置かれるのが基準だが、地面がアスファルトやコンクリートだと、騒音の反射音がマイクに入る。逆に地面の草が長過ぎたり、立

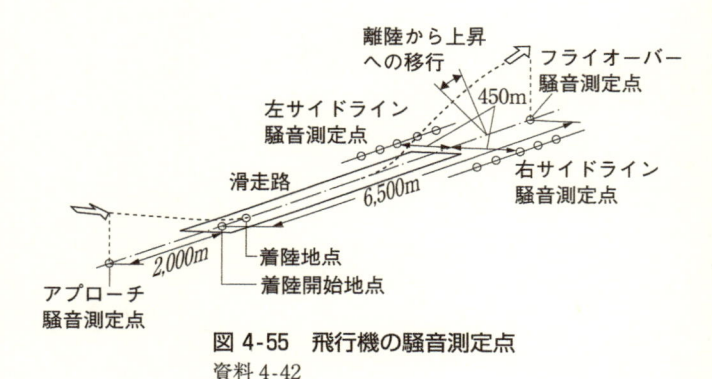

図 4-55 飛行機の騒音測定点
資料 4-42

ち木や林があったりして、吸音し過ぎても困る。

騒音測定用マイクは、図4-55に示されているように、離陸（Take-off または Flyover）測定点、滑走路の両側にあるサイドライン（Sideline または Lateral）、アプローチ（Approach）の4ヵ所で、騒音試験の許される気象条件は、地上10m以上、飛行高度までの間で、気温－10～＋35℃までの間、相対湿度は20％と95％の間、平均風速は6.2m/s以下、飛行機に当たる横風が3.6m/s以下だが、測定された騒音データは、騒音の標準大気条件（大気圧1013.25hPa、大気温23℃、相対湿度50％、無風）時のものに換算される。

さて、チャプター4の騒音レベルはチャプター3（FAAのPart 36ではステージ3）の騒音レベルのフライオーバー、サイドライン、アプローチの3つの基準値の総和に対して10 EPNdB以上のマージンがあることが第1条件である。そこで、チャプター3の3つの騒音レベル(Part 36、Appendix B、Section B36.5c) はというと、飛行機の最大離陸重量（Maximum Take-Off Weight：MTOW）の関数として、図4－

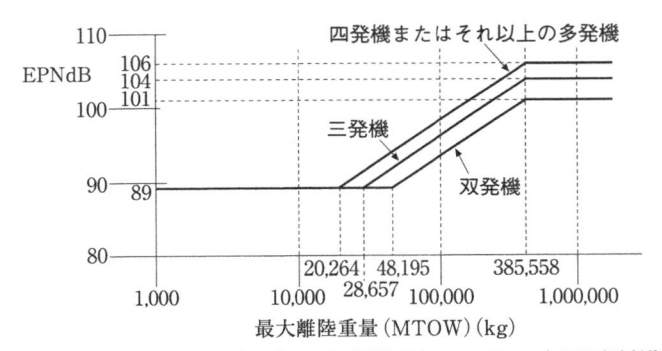

図 4-56 フライオーバー（または離陸時）のステージ 3 騒音基準
資料 4-43

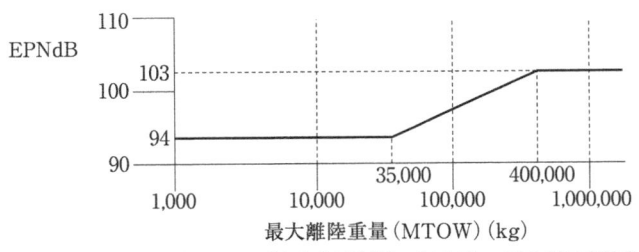

図 4-57 サイドライン（または側部）のステージ 3 騒音基準
資料 4-43

56（フライオーバー）、図 4-57（サイドライン）、図 4-58（アプローチ）のようになる。フライオーバーでの騒音基準に限っては、飛行機に搭載されているエンジンの数によっても、騒音基準値が違う。

チャプター 4 の騒音レベルの第 2 条件は、3 つの騒音のうち、どの 2 つの騒音値の和も、ステージ 3 の騒音基準の値に対して少なくとも 2EPNdB 低いことである。そして、フライオーバー、サイドライン、アプローチの 3 つの EPNdB 値の間での

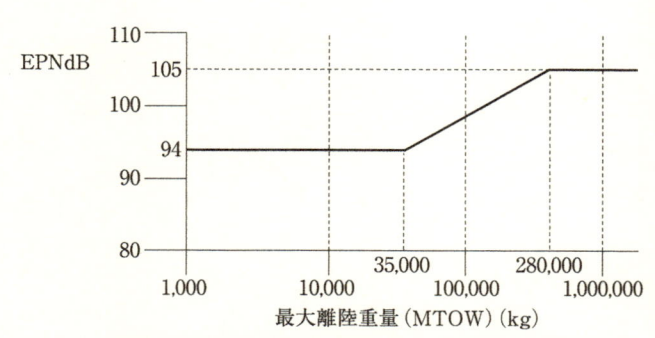

図 4-58 アプローチ時のステージ3騒音基準
資料 4-43

やり取りは許されない。これが第3条件である。

騒音の測定は、その正確性だけを追求するのではない。繰り返し試験の結果が、互いによく一致していなければならない。3つの騒音測定条件のどの1つをとっても、1回だけ測定するのではなく、6回以上の測定が試され、互いの計算結果の違いが、±1.5EPNdB以上あってはならない。

騒音の基準に合格する頃になれば、エンジンの開発も終わりに近い。

■4.4 メーカー・ユーザー・FAAによるエンジン信頼性の維持と向上

開発が成功裡に終わり、エンジンに型式証明が発行された後、エンジンの量産が始まる。その時からの、エンジン・メーカーによるエンジン高信頼性の維持と向上への努力は、設計と開発が技術部中心であったのと違い、全社体制でなされる。

ユーザーもエンジンのメンテナンス、ヘルス・モニタリングなどを通し、独自にまたはエンジン・メーカーやFAAと協力

してエンジンの高信頼性の維持・向上に努める。

　FAA もエンジンに型式証明を発行した後、量産エンジンが期待通りの飛行の安全性を維持しているかを製造と運航の両面で監視しており、必要なら改善策の要求もする。

　これらの作業は、エンジンの高信頼性にとって不可欠ではあるが、またの機会に譲ることにし、ここではオーバーホールとETOPSだけについて話す。

4.4.1　オーバーホール

　エンジンの飛行時間が、あらかじめ FAA によって審査され認可された飛行時間に達した時、エンジンの健全性の如何にかかわらず、エンジンは飛行機から下ろされ部品レベルにまで分解される。そして部品検査の結果、その状態と寿命によって、交換、修理、または続行使用が決定される。そうして集めた部品で、エンジンの再組み立てがなされる。これがオーバーホールで、完了するのに数ヵ月という長い時間がかかり、コストの高い作業である。

　この FAA に認可された飛行時間は、オーバーホール間隔、つまり TBO（Time Between Overhaul）と呼ばれ、エンジンの耐久性を示すパラメーターである。

　新しいエンジンでは、TBO は開発終了近くに、エンジン・メーカーが開発エンジンの耐久試験結果を基に FAA に要求し、FAA が審査する、というプロセスを経て決められ、今日の新規エンジンでは2,500〜3,500時間程度にもなる。このエンジン・メーカーと FAA によって決められた TBO を、基本TBO（Basic TBO）と呼ぶ。

　その後、エンジン・ユーザーであるエアラインが、TBO を延長したい場合、エアラインの高い整備能力とエンジンの正し

い使い方を通して、エンジンの信頼性や耐久性を維持・向上させたデータを基に、FAAにTBO延長のための耐久性実証プログラムの認可を要求する。そして両者の合意の下で、何台か（そのエアラインの持つ、そのエンジン機種台数の10～25％程度）のフリート・リーダー（Fleet leader）と呼ばれる長耐久性実証エンジンを、故意に現行TBO以上の飛行時間まで使用する。その延長時間は、現行TBOの10％か500時間程度である。

延長時間まで使用されたフリート・リーダーは分解され、部品の状態が検査される。その結果を基に、FAAはTBOの延長を決定する。延長されたTBOは、特定のエアラインが持つ特定の飛行機に搭載された特定のエンジン機種にのみ認可される。この延長されたTBOを運航者のTBO（Operator's TBO）と呼ぶ。延長の認可を受けたエアラインは、エンジンの健全性次第で、続けてさらなるTBO延長を要求することができる。

こうして、技術的に優れたエアラインの下でTBOがしばしば延長され、10,000時間を超えたエンジンもある。

しかし1970年初頭以来、ジェット・エンジンの信頼性と耐久性が改善されるにしたがって、オーバーホールそのものの概念に疑問が持たれ、オーバーホールよりももっと合理的な方法が考えられるようになった。つまり、何千時間使用したからエンジンの健全性にかかわらず分解してしまうより、エンジンの健全性を常時監視し、不具合の兆しが現れる都度その原因を究明し、起因部品を修理なりモジュール・レベルで交換する方が合理的ではないか、と考えられるようになったのである。これは、エンジンの「健康」状態に沿った整備（On-Condition Mainte-

第4章 頼れるエンジン

nance）方法である。こうすれば、何ヵ月もかかっていたオーバーホールの代わりに、もっと短期間のメジャー重整備レベルでエンジンが戻ってくるので、運航への影響がずっと少なくなるし、第一、飛行の安全性やエンジンの信頼性を損なわないどころか、それらを損なう問題の発生を予防する訳で、エアラインとして非常に好ましい方法である。この整備法が予知整備法（Predictive Maintenance）とも呼ばれる所以である。

こうした背景があり、FAAの承認とエンジン・メーカーの協力の下に、この方法は逐次改善が続けられ、今日オーバーホールに代わって、ジェット・エンジン整備方法の主流になっている。世界の主要エアラインは皆、このエンジン整備方法を採用している、と言ってよさそうである。

とは言っても、オーバーホールがなくなってしまった訳ではない。基本TBOは相変わらず存在し、その時間はエンジン・メーカーのメンテナンス・マニュアルに明記されている。ただし、過去と違って「エンジン・メーカーの推薦するTBO」という表現が使われている。つまり、何千時間という決まった時間（Hard Time）ごとのオーバーホールをするのか、それともオン・コンディション整備をするのかは、エンジン・ユーザーの意思と整備能力に任されるようになった訳である。

上の話からも分かるように、オン・コンディション整備法の長所を100％実現するには、エンジンの健全性を常時監視（Engine health monitoring）することと、不具合の兆しを見つけることが必要条件となる。そこで、今日では高速で大記憶能力を持つ機上コンピューターを駆使し、飛行中のエンジンの健康状態を示すパラメーターを記録し、着陸後そのデータをダウンロードしてエンジンの「健康診断」に使ったり、そのパラメーターのうち1つでも健康状態から逸脱した場合は、即時コ

ックピットのモニターに表示させ、パイロットが適当な処置を取れるようになっている。またシステムによっては、サテライト（人工衛星）経由で地上にも警告するので、地上の整備チームは、飛行機が着陸するまでに対策の準備を完了することが可能になる。

　具体的にどういうエンジン・パラメーターが記録されるかというと、LP回転数、HP回転数、エンジン圧力比、排気温度、燃料流量、オイル消費量、振動レベルなどである。これらのパラメーターに対し、エンジン・メーカーは、正常作動領域を指定しているので、もし得られたデータがその領域外の場合、それは健康状態逸脱と機上コンピューターは判断する。また、データが全て正常作動領域内にあっても、何十回何百回と飛んでいるうちに、エンジン・パラメーターの値が少しずつずれてくる場合がある。そこで、ダウンロードされた全てのエンジン・パラメーターの一つ一つを記録された日付の関数としてプロットすると、各パラメーターの傾向が見えてくる。これはトレンド・モニタリング（Trend Monitoring）と呼ばれ、エンジン・メーカーによるエンジン性能解析モデルと照らし合わせることにより、どのモジュールの性能が劣化しつつあるか、モジュール交換までどのくらいの時間的余裕があるか等が判断される。これによって、交換モジュールや部品を適時確保できるだけでなく、エンジンに不具合を起こさせることなく、スケジュールを組んだ整備ができる。

　エンジン・メーカーによっては、全世界で飛び回っているそのメーカーのエンジンのヘルス・モニタリング・データをオン・タイムに集中回収し、性能トレンドを解析し、その結果、必要ならば当該エアラインの整備組織にアクションを促している。

第4章 頼れるエンジン

4.4.2 イートップス（ETOPS）

　ETOPS は何かの頭字語である。そこで、そのフル・ネームを、年甲斐もなくインターネットを使って調べてみたが、いくつかのバージョンがあって、どれがオリジナルなのか分からなかった。その中で、いちばん短いのは Extended Twin Operations で、これは1980年の中頃に聞いた記憶がある。2000年半ばの FAA の資料では、Extended Range Operations with Two-Engine Airplanes と、非常に理解しやすい言葉になってはいるが、逆にこれから ETOPS という頭字語を得るのは困難である。見つけたバージョンの中でいちばんの傑作は、Engine Turns Or Passengers Swim であった。これは、あるパイロットの冗談である。日本では、「双発機による長距離進出運航」と訳されている。

　ETOPS について話すには、まず、その背景にある商用双発機に対する飛行路線制約の話から始めねばならない。

　アメリカでは、第二次世界大戦が終わり、国内航空市場が大きくなりつつあった1950年代の初め、当時の双発旅客機用レシプロ・エンジンの信頼性は低く、よく事故を起こしていた。避寒客を乗せた商用双発機が、カリブ海でよく不時着水していたのかも知れない。上の冗談も、こういう事情を考えると、その意味合いがよく分かる。そこで1953年に、FAA は連邦航空規則 Part121.161 を発し、双発機と三発機の飛行径路を、飛行中に1基のエンジンが飛行中停止した際、健在なエンジンだけで無風状態の大気中を水平飛行し、60分以内に最寄りの飛行場に着陸できるような径路のみに制約した。俗に言う「60分ルール」である。この制約は、ターボファン・エンジンやターボプロップ・エンジン装着の三発機に対しては、1964年に適用外と

されたが、双発機に対しては、1980年代の半ばまで有効であった。

一方、飛行機用のエンジンは、レシプロ・エンジンからジェット・エンジンへと革命的な変化を遂げただけでなく、エンジンの信頼性が時と共に大幅に高められた。特に、1980年代当初に就航したボーイング社製中型双発機 B757 と B767 のデータは、期待通りの高い信頼性を示していた。加えてボーイング社の試算では、これら双発機は、四発機に比べて運航コストが乗客1人当たり7～11％も低いことが分かった。したがって、アメリカの主要エアラインとしては双発機を大西洋渡洋航路に投入したいところだったが、それを阻止していたのが60分ルールであった。そこでボーイング社はエアラインやエンジン・メーカー共々、FAA に対して、今や陳腐化した60分ルールの改正を要求した。この要求に続く討議は、FAA だけでなくICAO、他の飛行機メーカー、パイロット組合、乗客代表組織などを含めた広範囲な国際会議にまで発展した。

その結果が、ETOPS であった。飛行の安全性にとっていちばん重要であるエンジンの IFSD（飛行中エンジン停止）率が減ってきているのだから、片肺飛行せねばならない状態になっても、飛行の安全性を失うことなく、最寄りの飛行場が60分以上のところにあってよいというのが、ETOPS の技術的根拠だ。

FAA はこの線に沿って1985年に、片肺飛行による120分までの通常の飛行径路から逸脱した飛行（Diversion flight）の認可を FAA から得るための要求事項を発行した。その要求事項の中には、片肺による無風状態での許容水平飛行時間内に代替飛行場があること。代替飛行場の上空に到達した際、15分の予備燃料があることなどが含まれている。この様子を、図4-59に示す。それを待っていたエアラインは、早速認可の要請

第4章 頼れるエンジン

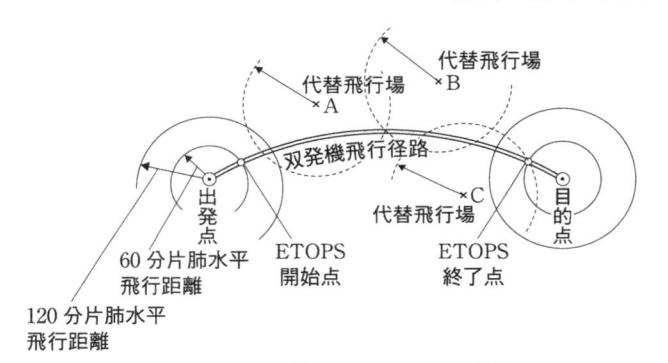

図 4-59 120分 ETOPS の飛行径路

をし、早々と FAA の要求事項を満たして120分 ETOPS 飛行径路に双発機を投入した。

この試みが大成功だったために、それから3年後の1988年には、ETOPS の最長ダイバージョン・フライト時間は、FAA や EASA（European Aviation Safety Agency）によって180分、さらにその後には、北太平洋をアメリカ西海岸からアジアまで最短距離で飛ぶために207分まで緩和された。今では、アメリカ西海岸からニュージーランドやオーストラリアまでの240分 ETOPS も、ケース・バイ・ケースで認められている。

ETOPS 認可に必要な高い信頼性は、飛行機というシステム全体に対して要求される。ETOPS 認可に当たっては、その飛行機とエンジンが ETOPS 飛行に適した高信頼性を持っているように設計されているという FAA の型式設計証明（Part25、Appendix K）と、その飛行機とエンジンの組み合わせを運航するエアラインが、ETOPS に必要な飛行機の高信頼性維持と運航管理の能力を持っているという FAA の運航証

明（Part121, Appendix P）の両方が必要である。そのうち、話をエンジンの型式設計証明だけに絞ると、エンジンの信頼性の指標である IFSD 率が FAA 認可の基準になっている。

例えば、あるエアラインが FAA から120分以下の（もちろん60分以上である）ETOPS 認可のためのエンジン型式設計証明を得たい場合、特定の飛行機機種とエンジン機種の組み合わせで、まず最低25万時間の飛行実績を作り、最近の過去12ヵ月間の平均 IFSD 率が1,000飛行時間当たり0.05回以下であることを、FAA に証明せねばならない。そして、平均 IFSD 率が1,000飛行時間当たり0.05回以下でも、0.02回以上の場合、どういう改善策を施して0.02回以下に下げるか、改善策のリストをFAA に提出せねばならない。

もっとも、エアラインが25万時間以上もの飛行実績を積まず、新しく開発された飛行機とそのエンジンの組み合わせに対して、実用に投入される時から FAA が許可する早期 ETOPS（Early ETOPS）という特例があるが、ここではそれには触れない。

120分より長く180分以下の ETOPS の認可を申請する場合は、最低25万時間の飛行実績の結果、最近の過去12ヵ月間の平均 IFSD 率が1,000飛行時間当たり0.02回以下であることを、FAA に証明せねばならない。

180分より長い ETOPS 認可を得るには、平均 IFSD 率は、上の2例の場合と同じ飛行実績を積み、1,000飛行時間当たり0.01回以下であることが必要である。ただし180分より長いETOPS 飛行の認可は、申請時に、既に180分 ETOPS 飛行が認可されているエアラインにしか与えられない。

しかし、どの国もが、この段階的な FAA 基準を使っている訳ではない。ここでは、その一例として、アメリカの FAA に

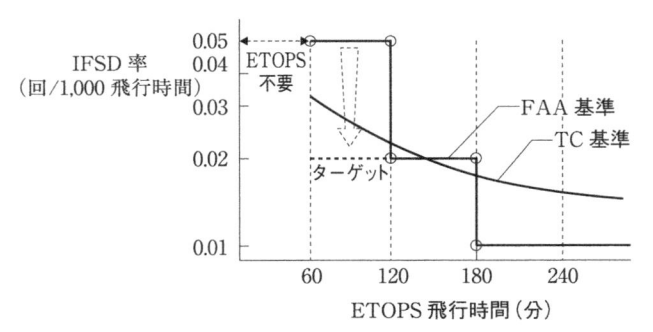

図 4-60　FAA と TC の ETOPS 認可基準 IFSD 率の比較

当たるカナダの TC（Transport Canada）の基準を紹介しよう。TC の計算法は、おおむね次のようなものである。

商用双発機が、平均して X 時間おきに片肺飛行せねばならず、それは全てエンジン不具合に原因があると仮定する。そして、ETOPS 認可を申請するエアラインの、そのエンジンを積んだ ETOPS 認可申請の飛行機全機（Fleet）の、就航初日からリタイアするまでの累計飛行時間が 10^9 時間と仮定する。すると、フリート全体で $(10^9/X)$ 回の片肺飛行をせねばならない。そして、片肺飛行時間は、毎回申請する ETOPS 限界ギリギリの t 時間とする。こうした仮定にしたがって計算されるフリート全体の片肺総飛行時間中は、健全な方のエンジンが止まってはならないので、X 時間以下でなければならない。

これらの関係から、結局、

$$\mathrm{IFSD} < \frac{1}{10\sqrt{10t}} \qquad (4-7)$$

が得られる。この結果を FAA の基準と比べて、図 4-60 に示

しておく。

　ETOPS飛行に対しては、機体やエンジンのシステム信頼性だけでなく、運航上にもいくつかの要求がある。例えば図4-59に示した代替飛行場。これらは飛行プランを作る際に、飛行機が万一ETOPS飛行で着陸する頃に悪天候で閉鎖しないことを確認するなり、その飛行場と違った天候領域にある別の代替飛行場を加えるなりしなければならない。また、片肺水平飛行にしても、片肺だとキャビンの与圧が十分でないために、飛行高度を約500mにまで下げることを仮定して、燃料消費量を計算しなければならない。

　今日、ETOPSは商用双発機にだけでなく、3発以上のエンジンを搭載した商用機にも、180分以上のエンジン1基停止での飛行に適用される。したがってETOPSのTwinを含んだフルネームはもはやその意味がなくなり、エンジン1基停止時の多発機長距離飛行と考えねばならない。

第5章　チャンスか危機か
——将来のジェット・エンジン

■5.1　現在の懸案

　ジェット・エンジンは、そのうち枯渇すると分かっている石油から精製された液体燃料のケロシン（Kerosene）を使っている。それが燃えると、理想的に燃焼したとしてもCO_2とH_2Oが発生する。しかも、ケロシンを1kg燃焼させるだけで、約3.1kgものCO_2が発生する計算である。それに空気中にある窒素が燃焼器内で酸化し、NO_xも発生する。CO_2は、地球を温暖化する温室効果を持つガス（Greenhouse gases）と呼ばれる悪漢どもの中でも、親玉株にあたる。またNO_xは酸性雨となり、木を枯らす、魚を殺す、大気を汚染する、喘息を起こさせる等の環境汚染の原因になる。

　母に負われた子供が紺碧の空の一角を指差し、「オカアチャン、飛行機雲ダー」というのが、高高度で高温の蒸気としてエンジンから排気されたH_2Oの微小な水滴または氷滴の集まりである。そうしたロマンさえも、今では気象条件次第では巻雲（Cirrus clouds）に発達し、わずかではあるが、地球の温暖化に加担しているのではないかとの疑惑の目で見られているので

ある。

　実際の燃焼効率は、飛行機の巡航時で99.5〜99.8％なので、不燃焼のUHC（Unburned hydrocarbon）やCOが少量だが発生する。これらは、発生の許されない有害ガスである。

　加えて、ジェット・エンジンは騒音が大きく、うるさい、やかましい、との定評がある。

　このように、ジェット・エンジンは、地球環境保護の観点から見ると誠にケシカラン工業製品で、その意味で、今やジェット・エンジンは一大危機に直面していると言っても大袈裟ではない。

　しかし、問題も見方を変えると、違った「姿」が見えてくる。まず、世界中を飛んでいるジェット機のCO_2発生量は、人類のあらゆる活動によって発生されるCO_2の、何％くらいになるのか。答えは、わずか2〜3％程度である。これは2000年以降、あまり変わっていない。

　次に、ジェット・エンジンのCO_2発生量は他の交通機関に比べてどのくらいなのか。2000年代のはじめ、人類の活動の中でも、交通機関によって発生されるCO_2の量は全体量の23％であった。その交通機関の発生するCO_2の内訳を見ると、地上（路上、鉄道、河川）交通機関が81％、海洋交通機関が7％、そして航空機はと言うと、約18,000機が世界中を飛び回って12％でしかなかった。

　また、別の見方をしよう。600人乗りの超大型ジェット旅客機ヨーロピアン・エアバス社製のA380型機や、ボーイング社が目下（2010年半ば）開発終了に向け飛行試験をしているドリーム・ライナーB787型機といった最新鋭ジェット旅客機の巡航時における燃料消費量は、旅客1人当たり、100km飛行するのにわずか3リットルである。

こういう見方をすると、ジェット・エンジンはそれ程のバッド・ガイ（Bad guy）ではない。

しかし、地球環境保護は重大な課題であるだけに、IATAを含めた航空業界、国連組織のICAO、NASAやACARE（Advisory Council for Aeronautics Research in Europe）などの国家研究機関は、今後のさらなる排気量減少、特にCO_2とNO_xの減少、騒音の低下、ケロシンの使用量低下と代替燃料の導入に努力している。例えば、ACAREの目標は、2020年までにNO_xの発生量を80％、CO_2の発生量と騒音レベルを50％各々低下させる、というものである。また例えば、NASAの亜音速機に対する環境保護関係の研究では3段階の目標を設け、第3段階の終わる2025年には、NO_xの発生量低下は75％以上、燃料消費量は70％以上の低下、そして騒音は目下のステージ4レベルに比べ71dBもの低下などを目指している。

言い換えれば、今が、こうした課題を研究し、技術を積み、より良いジェット・エンジン、より良い飛行機を開発する絶好のチャンスとも言えよう。

■5.2　ケロシン消費量の削減と騒音低下

CO_2やNO_xの発生量を減らすのに、ジェット・エンジン・メーカーで目下研究・開発されている技術は、今日のターボファン・エンジンの延長である。ここで、図2-17を思い出して欲しい。バイパス比（BPR）が高くなる程、ターボファン・エンジンの燃料消費率が下がる傾向にあるので、今のせいぜい10：1までのバイパス比をさらに上げようという訳である。

目下の技術で、バイパス比がせいぜい10：1までという限界は、ファン動翼の生じる遠心応力を支えるファン円板の応力限

界からきている。それなら、なぜファン動翼の回転数を下げないのか。なぜなら、ファンを駆動するLPT（低圧タービン）の周速度が今でも低く過ぎるのに、回転数を下げてさらにそれを低くすると、段数を増やすかLPTの効率を落とすか、またはLPTの通路半径をさらに高くするか、といった好ましくない選択をせねばならなくなるからである。

それなら、ファンとそれを駆動するLPTの間に減速歯車を入れればよい、というアイディアがある。この形態は、小型ターボファン・エンジンでは、既に1960年代から現在のハネウェル社のTFE731に使われている。しかし、このアイディアを、総推力にしてTFE731エンジンの4〜6倍の中型エンジンに持ち込むには至っていない。

P&W社は、この形態のターボファン・エンジンを、三菱航空機をローンチング・カスタマーとして、PW1000Gシリーズ・エンジン（図3-10）と名付けて鋭意開発中である。そして

図5-1　三菱航空機社製MRJ型機
©三菱航空機（株）

2013年には、50～70人乗りの MRJ（Mitsubishi Regional Jet）機（図5-1）用としての PW1217G と、カナダのボンバルディア社製 C シリーズ（120～150人乗り）機用としての PW1524G の納入を始める計画である。

また最近、ロシアのイルクート（Irkut）社が近く開発を始める150～210人乗りジェット旅客機に、総推力 14,000kgf 級の PW1000G シリーズ・エンジンを選んだ。この飛行機の量産は2016年に始まるという。

この PW1000G シリーズ・エンジンはバイパス比が12：1、同じ推力クラスの今日のターボファン・エンジンに比べ燃料消費率が12％も低下し、したがって CO_2 の発生量も比例して下がる。NO_x の発生量は、最近の燃焼器設計技術をも取り込むので、さらなる低下が望める。目標は、目下の ICAO や FAA の基準値に比べ、50％のマージンを得ることとなっている。

また、ファン動翼の回転数と平均ジェット噴射速度が下がるので、15～20dB の騒音低下が望める。

もう1つのバイパス比増加のアイディアは、ファンのケーシングを取り除き、ファン動翼をプロペラとして使うという、オープン・ローター方式（Open-rotor System）である。これは、1980年代に研究されたプロップファン・エンジンに似ているが、1段のローターを2段の二重反転ローターに換え、推力の最大化を図っている。

この形態のエンジンは、ロシアのベアという爆撃機のエンジンに使われているが、オープン・ローターを研究中の RR 社と GE 社のローターの位置は、ロシアのエンジンと違って、排気側にある。目下は、スケール・モデルを使って二重反転ローターの性能評価と騒音測定の段階である。

しかしこの形態のエンジンでは、オープン・ローターの発生する騒音は四方八方に伝播する。そこでエンジンを飛行機の尾部、しかも胴体の上に置き、垂直尾翼と水平尾翼とでオープン・ローターの騒音が地上に伝播するのを防ごうというアイディアが、検討されている。

こうしたバイパス比増加に基づく燃料消費量の低下は、時間当たりの CO_2 発生量を低下できても飛行機の巡航速度が低くなるので、気を付けないと出発地から到着地までの飛行中の CO_2 発生量はSFCの減少に比例する程には、減らない、という伏兵に出くわす可能性がある。

■5.3 代替燃料

石油から精製するケロシンの代わりになる燃料は2通りある。1つは天然ガスとか石炭から液体燃料を抽出するもので、これは近い将来枯渇する石油の代用、または国際紛争の発火点になりそうな場所から輸入する石油の代用という点からの価値が高く、この方法では CO_2 発生を低下させられない。もう1つは、バイオ燃料（Bio-fuel）である。

バイオ燃料については、既にJALやANAを含め世界の主要エアライン、エンジン・メーカー、飛行機メーカーが協力し、ケロシンと半々の混ぜ合わせで、飛行試験が2008年初め以来行われてきた。それも、当初はとうもろこしとかココナッツ油といった、人間の食料や家畜の飼料がバイオ燃料の原料として使われていたが、これらはもちろん好ましい訳はなく、今では砂漠地帯に育つ植物でラクダも食わないジャトローファ（Jatropha）とか海藻、さらには製肉プロセスで捨てられる動物の脂肪、家庭やレストランで使われた後の動植物油などが原料として注目を集めている。

こうしたバイオ燃料との混合燃料は石油使用量の低下だけでなく、燃料精製時からエンジン内での燃焼時までの総計 CO_2 発生量の低減が望め、人間の生活と競合することもないので、将来のジェット燃料になる可能性は非常に高い。

■5.4　超音速旅客機用エンジン

5.2節での話は、亜音速旅客機用ジェット・エンジンの将来像である。ここで、超音速旅客機用エンジンについて、簡単に触れよう。

超音速旅客機は、離陸時の大騒音、超音速巡航時のソニック・ブーム（Sonic boom）、高い直接運航コスト等という大きな未解決の問題を抱えているものの、長距離飛行時間を非常に短縮するという大きなメリットがあるので、先進国では、いつもと言ってよい程、頻繁に基礎研究なりスタディーがなされてきた。最近の例だけでも、ボーイング社を主契約者とするNASAプロジェクト、米国国防総省の国防先進研究プロジェクト局（Defense Advanced Research Projects Agency：DARPA）のバルカン（Vulcan）プロジェクト、ヨーロッパ宇宙研究技術センター（European Space Research and Technology Centre）のLapcat IIプロジェクト（水素燃料のジェット・エンジン推進によるマッハ数4.5〜8の旅客機）、フランスのLEAプロジェクト（マッハ数4〜8の飛翔体をデュアル・モードのラム・ジェット・エンジンで推進する、というコンセプト）などがある。

日本でも、宇宙航空研究開発機構（Japanese Aerospace Exploration Agency：JAXA）において、マッハ数5で巡航できる飛翔体を推進するコンバインド・サイクル・ジェット・エンジンの基礎研究プロジェクトがあり、そのうちのターボジェ

図 5-2　戦略偵察機 SR-71 型ブラックバード
イラスト／相澤和良（相澤達子夫人のご厚意による）

ット・エンジン部分の試験が始まった。このエンジンは水素を燃料とし、液体水素を用いて超音速ラム効果で高熱化したエンジン入り口流れを冷却する、というアイディアが使われている。

　こうした超音速または極超音速旅客機を推進するエンジンの原型は、PDE（Pulse Detonation Engine）といった間歇エンジンもないことはないが、やはりターボジェット・エンジンとラムジェット・エンジンの組み合わせによるコンバインド・サイクル・エンジンであろう。これは1956年に開発が開始され、10年後に米空軍に戦略偵察機として納入の始まった、図5-2

第5章　チャンスか危機か

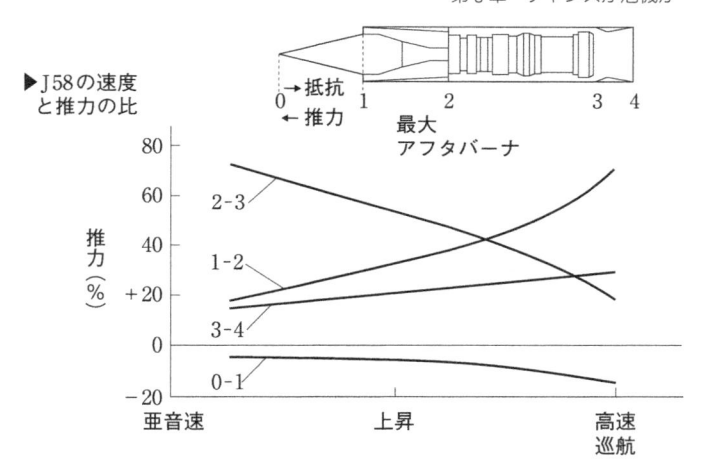

▶J58の速度と推力の比

図 5-3　P&W 社製 J58 ターボ・ラム・ジェットエンジンの推力発生分布　資料 5-15

にあるロッキード社製 SR-71 型ブラック・バード機のための P&W 社製 J58 型エンジンで、既に実用化されている。

このエンジンは、離着陸時を含む亜音速ではターボジェット・エンジンとして作動し、飛行速度が増すにつれて、ラム効果と再燃焼（After-burner）による推力が増加し、マッハ数3.2の巡航時には、入り口ディフューザー部がエンジン全推力の54％を発生する。後はエンジン出口の超音速ノズル部が28％、そしてターボジェット・エンジン部はわずか18％という推力分布であり、ターボ・ラムジェット・エンジンとして作動していることが分かる（図 5-3）。

なぜ、高マッハ数でターボジェット・エンジンが大推力を発生できないかというと、例えば SR-71 の巡航飛行条件である高度 24,000m、マッハ数3.2で飛んでいる時、−52℃の大気が、

エンジン入り口でラム効果により400℃にまで熱せられる（上で話したJAXAのアイディアは、このラム効果による空気温度上昇を液体水素で冷却しよう、というものである）ので、多量の燃料を使ってエンジンを高速回転させると、タービンに入っていく燃焼ガス温度が高くなり過ぎるからである。そこで、エンジンの回転数は下げられざるを得ない。そして9段ある圧縮機の第4段出口に抽気口を設け、そこから6本のダクトを通して多量の空気をアフター・バーナーに供給している。これによって、中速での軸流圧縮機の上流段と下流段のミス・マッチングを防止できるだけでなく、ラムジェット・エンジンとして作動できる訳である。

　実は、このエンジンは飛行マッハ数が0～3.2まで、そして燃料、燃料点火剤、潤滑油などは、雰囲気温度が－50～500℃までの幅の広い範囲で使われるので、いろいろ特別な工夫がされており、それはそれは面白い話がいくつもある。しかし、それらを話し出すと長くなってしまう。そこで、それらは、別の機会に譲ることにしよう。

第6章　日本の貢献

■6.1　追い上げる日本

　1945年、第二次世界大戦終了と同時に、日本は、研究、開発、製造などを含むいっさいの航空関連活動を禁止された。この禁止は1952年まで続いた。その間、英米でのジェット・エンジン技術は、四発ジェット旅客機のコメット機や、八発のボーイング B-52 爆撃機を飛ばすまで成長していった。

　この空白の時期に、日本の当時のジェット・エンジン関係のリーダー達は何をしていたかというと、将来のジェット・エンジン事業のため、要素技術、材料、加工などの技術資料の蓄積と、人材の維持・養成を行っていたのである。それも航空関連活動ができないので、車両用、船舶用、発電用ガスタービンの名の下に、である。正に先見の明があったと言うべきか。以下に、その3例を挙げる。

　1947年、実は終戦直後に地中に埋めた旧海軍ガスタービンを掘り出し、鉄研1号と改称して東芝タービン工場で、山内正男氏のリーダーシップの下に試験を始めている。山内氏は、その後1955年に、総理府航空技術研究所原動機部が発足した際、初代の部長になった。

1948年、東日本重工（1964年に新三菱重工業に合併）が、発電用ガスタービン通産省助成金で、地上用ガスタービンを開発し始めている。

1950年、土光敏夫社長の下に、石川島重工業（当時。今のIHI）で500馬力の船舶用ガスタービンの自己資金開発が始まっている。

さらにその頃、運輸技術研究所や機械試験所などの国立研究所が中心になり、関連業界をも引き込んで、ガスタービンに関する種々の基礎研究をもしている。

こういう努力があったからこそ、航空関連活動の禁止解除になった1952年には、ジェット・エンジンの国内開発への気運が高まっていたと思われる。そして、翌年の1953年に、石川島、富士重工、富士精密、新三菱重工業の共同出資で日本ジェット・エンジン株式会社が創立された。その後、川崎航空機も加わった。そこでは、富士重工で研究されていたターボジェット・エンジン JO-1 の研究活動が続けられると同時に、推力 3,000kgf の J1 型ターボジェット・エンジンの開発の計画が立てられるに至った。

しかし世の常で、必ずしも良いことばかりは起こらない。開発を計画してみると、開発に膨大な資金が要るという結果が出る。1955年に防衛庁から要求された J3 型ジェット・エンジンの開発が思うように進まない。結局、創立時のミッションを完遂せぬまま、1960年に日本ジェット・エンジン社は解散され、J3 型ジェット・エンジンの開発は石川島に引き継がれることになった。このエンジンはその後改良され、1961年に総推力 1,200 kgf の J3-3 型エンジンとして防衛庁に正式採用となった。日本最初の量産型ターボジェット・エンジンである。

一方、日本政府は、1955年総理府に航空技術研究所（航技研

のことで、現在の宇宙航空研究開発機構：JAXAの前身）を創立。10年後には世界水準に追い着くことを目標に、各種設備の充実を図った。この中でエンジン関係では、第1次6ヵ年計画として、J3型エンジンの開発を支援できる要素試験設備を整備し、実際にJ3型エンジンの各種試験に使われた。

その後、世界のジェット・エンジン技術に追い着こうと、垂直離着陸機用のリフト・エンジンが航技研で精力的に設計・試験研究され、このプロジェクトは1971年に、飛行試験も含め全て成功裡に終了された。

航技研の、次のプロジェクトは、当時アメリカで実用の始まった高バイパス比のターボファン・エンジンの研究であった。これが実って、総推力5,100kgfのFJR710エンジンとなる。この研究エンジンも技術的には大成功。1977年には英国NGTE（National Gas Turbine Establishment）の模擬高度エンジン試験装置での試験も完了した。

このエンジンの試験中、エンジンは目標性能を達成したのみでなく、一度の不具合も発生せず、これにはさしものRR社も、日本の技術の高さに目を見張ったのである。この「事件」が、RR社と日本とのRJ500型ターボファン・エンジン共同開発のきっかけとなり、その後アメリカのP&W社、ドイツのMTU社、イタリアのFiat Aviation社を含めたIAE（International Aero Engines）社の設立と、総推力10,000〜15,000kgf級のV2500型高バイパス比ターボファン・エンジンの開発に発展していった。

このエンジンは、1988年にFAAから、その翌年にヨーロッパ連合のFAAに当たるJAA（Joint Aviation Authoritiesで、現在のEuropean Aviation Safety Agency：EASAの前身）から、それぞれ型式証明を取得し、実用に入った。そし

て、性能的にも信頼性においても、非常に優秀なエンジンとの定評を得、ヨーロピアン・エアバス社のA319、A320、A321機やボーイング社のMD-90機用のエンジンとして、2010年初頭で5,000台以上も売れているというヒット作になった。

このプロジェクトには、日本企業（IHI、川崎重工業、三菱重工業）が、日本航空機エンジン協会の名の下で23％のRRSP（Risk & Revenue Sharing Partner）として参加し、LPC、ファンなどを担当している。

■ 6.2　世界ジェット・エンジン業界内での、今日の日本

V2500型エンジン事業と並行して、日本のいくつかの製造企業は、RR社、GE社、P&W社といった世界一流のジェット・エンジン会社との連携を深めるとともに、社内のエンジン設計・製造技術の進展を図ってきた。その結果、今日、あるいはRSPとして、あるいはエンジンのサブ・システムや部品メーカーとして、世界を飛ぶジェット・エンジンの設計、開発、製造に従事するまでに至っている。表6-1にその数例を示す。その他にも、材料や鋳造などの専門メーカーで、ジェット・エンジンの製造やメンテナンスに貢献している会社が、現在、多くあると聞く。

これらの例の中で特筆したいことは、日本で開発された川崎重工業の補機用ギア・ボックス（Accessory Gear Box：AGB）、IHIの長い中空回転軸、三菱重工業の燃焼器の設計・製造技術は、世界一流のジェット・エンジン・メーカーが、その優秀さを認めている点である。

しかし、こうした目覚ましい技術的な進歩と事業の発展は、正しいビジョンと、しっかりしたインフラストラクチャーがあって、初めて実現するものである。その意味において、政府組

海外ジェットエンジン・メーカーとの連携事業			会社名 (50音順)	国内事業
連携の強い海外ジェットエンジン・メーカー	国内でのエンジンのライセンス生産とオーバーホール	RSPエンジン事業		国内開発製品
GE社		GE90(TF) GEnx(TF) GF34(TF)	IHI	(1) F3(TF)の開発と生産 (2) 環境適応型ターボファン・エンジン(エコエンジン)の技術実証開発 (3) XF7(TF)の開発主契約者 (4) LP系高張力中空軸の生産技術の開発
RR社		RB21(TF**) Trent(TF)	川崎重工業	(1) KJ14(TJ**)の開発 (2) 1,000〜1,600hp級トランスミッション(ヘリコプター用)の開発と生産 (3) ジェットエンジン技術を応用した、US-2海上救難機高揚力装置用の境界層制御製品の開発と生産 (4) ジェットエンジン用AGB設計・製造技術の開発
AL*社	T53、T55 (共にTS**)			
RR/TM*/ MTU*社	RTM322(TS)			
P&Wおよび P&WC社		PW2000(TF) PW4000(TF) PW6000(TF) PW1000G(TF) PW150(TP**) PW210(TS) PW500(TF)	三菱重工業	(1) TJM3(TJ)の開発と生産 (2) MG5(TS)の開発と生産 (3) 燃焼器の設計・製造技術の開発

*：AL社はアヴコ・ライカミング社のことで、現在ハニウェル社に吸収
　TMはターボメカ社、MTUはモートーレン・トゥルビーネン・ウニオン社
**：(TS)はターボシャフト・エンジン　(TF)はターボファン・エンジン
　(TP)はターボプロップ・エンジン　(TJ)はターボジェット・エンジンのこと

表 6-1　V2500エンジン事業と並行する重工業3社の代表的なジェットエンジン事業

織(経済産業省、防衛省など)、独立法人組織(宇宙航空研究開発機構、新エネルギー・産業技術総合開発機構、物質・材料研究機構など)、大学、そして業界のリーダーが、日本のジェット・エンジン業界発展に果たしてきた役割は非常に大きいものと考えられる。

このビジョンとサポートの過去20年間の表れが、民間用ジェット・エンジンだけでも、通商産業省工業技術院の大型工業技術

研究開発制度による「超音速輸送機用推進システムの研究開発（HYPR）」（1988〜1998）や経済産業省の新規産業創出型産業科学技術研究開発制度による「環境適合型次世代超音速推進システムの研究開発（ESPR）」（1998〜2003）をはじめ、低コスト製造法、革新鋳造法、ジェット・エンジンの騒音と排気（NO_x）の低下に関する調査・研究や「環境適応型小型航空機用エンジン（エコエンジン）」（2005以降）など、10を超える国家プロジェクトである。

特に HYPR と ESPR は、日本の企業が主契約者となり、アメリカの GE 社と P&W 社、英国の RR 社、仏国の SNECMA（Société Nationale d'Etude et de Construction de Moteurs d'Aviation で、現在 SAFRAN グループの1社）社も参加しているという、世界でも例のない大きな国際共同研究プロジェクトである。

また、こうした官・学・民のジェット・エンジン関係者が一堂に集まり、彼等同士だけでなく、海外のジェット・エンジン関係の研究者やエンジニア達との自由な討議や情報交換の場を与えてきた日本ガスタービン学会の価値は、計り知れない。

このように、日本の民間用ジェット・エンジン事業は、重工業3社が中心になって中型から大型ターボファン・エンジンに焦点を合わせて発展してきた。ところが、そういう事業環境の外にいるホンダ（本田技術研究所）が2004年に GE 社と、総推力950kgf のビジネス・ジェット機用小型ターボファン・エンジン HF120（図6-1）を共同開発すると発表した。それも、エンジンだけではない。ホンダジェット（図6-2）という名のビジネス・ジェット機（乗組員2人、乗客5人）も同時開発である。最近の情報では、型式証明取得は2012年が目途とある。

第6章　日本の貢献

図 6-1　ホンダが開発中のHF120ターボファン・エンジン
©本田技研

図 6-2　ホンダジェット
©本田技研

読んだ資料によると、ホンダは1986年にジェット・エンジンの基礎研究を始めたという。多くの学術会議があり、海外の技術文献も自由に読めるようになった昨今でも、やはり技術というものは一つ一つ積み重ねていかねばならないもの、との教訓が生きているようである。
　型式証明の取得は、柔道で言えば、黒帯を得たようなものだ。世界との技術・事業競争は、その後に始まるのである。

あとがき

「はしがき」でも書いたように、ジェット・エンジンの設計や製作には、多くの工学的な知識が必要である。こうした幅の広い話題を1冊の本にするのが、この本を書くに当たっての、最大のチャレンジだった。

したがって、金属部品の破壊機構（Fracture mechanics）や騒音については、その基礎にさえも触れるだけの紙面が取れなかった。製造、品質管理、実用エンジンに不具合が起こった場合、あるいは不具合が起こると予測された場合の処置についても、然りであった。また、多段軸流圧縮機設計・開発の難しさの一つである段間マッチングと加減速特性や、金属材料LCFのマイクロ亀裂の発生メカニズムも、十分カバーできなかった。

こうしたチャレンジの中で、常に私を励まし、貴重な助言を下さり続けられたのが、講談社ブルーバックス出版部の梓沢修氏であった。その中でも、「本には、著者の書きたいことを書くのではなく、読者が吸収したい情報を書くものです」というご助言は、いちばん貴重でもあり、有益でもあった。ここに、心から感謝の意を表したい。

この本の執筆中に、一つ悲しい事が起こった。高校時代からの親友の相澤和良氏に、この本のために4枚のカラー・イラスト（ロッキード社製SR-71型機、ヨーロピアン・エアバス社製A380型機、ボーイング社製B787型機、ベル・アグスタ社製BA609型機）をお願いしていた。それも、単なる飛行機の写

生ではなく、「それぞれの持つ外観や使用目的といった特徴を正面に出した、個性的なイラスト」という厄介な頼みである。その彼が、闘病の甲斐なく、2009年8月19日に人生の幕を閉じたのである。

その半年ほど前に、「黒白の下絵だけど」と言って見せて下さったSR-71超音速戦略偵察機は、私には、十分完成していたように見えた。特にSR-71に忍者が乗っかって、手をかざしている点などは、彼の独創性の最たるものである。そこで、彼には叱られるかもしれないが、達子奥様にお願いして、相澤氏の未完成の遺作をこの本に載せて頂けることになった。

この本を書くにあたって、多くの方々からの、資料の提供と技術的な助言を頂いた。その方々のお名前は、下記の通りである。順序は、お勤め先のイロハ順でとした。

アナリー・ブラウン（Annalie Brown）女史／ロールス・ロイス社
ロバート・メイサー（Robert Mather）氏／トランスポート・カナダ（Transport Canada）
松濱正昭氏／超音速輸送機用推進システム技術研究組合
玉置克之理工学部教授／甲南大学
有泉湧二社長／DPS社
田口秀之博士／宇宙航空研究開発機構
ナタリー・ローレント（Nathalie Laurent）女史／プラット・アンド・ホイットニー社
グレゴリー・ブロストヴィッツ（Gregory Brostowicz）氏／プラット・アンド・ホイットニー社
ウォルター・ディ・バルトロメオ（Walter Di Bartolomeo）

あとがき

技術系副社長／プラット・アンド・ホイットニー・カナダ社
マリア・マンダート（Maria Mandato）女史／プラット・アンド・ホイットニー・カナダ社
ロナルド・トゥルンパー（Ronald Trumper）氏／プラット・アンド・ホイットニー・カナダ社
松木正勝博士／航空技術研究所（現宇宙航空研究開発機構）
アンドリュー・ブリーズ-ストリングフェロー（Andrew Breeze-Stringfellow）氏／ジェネラル・エレクトリック社
中野嗣治氏／ジェネラル・エレクトリック社
ジム・スタンプ（Jim Stump）氏／ジェネラル・エレクトリック社
ケイト・イゴーエ（Kate Igoe）女史／スミソニアン博物館

　こうした多くの方々からの助力があって初めて、この本が書けた。
　今後、この本を良くしていきたいので、読者諸氏のご叱正を乞いながら、ここに筆を置く。

参考資料

■第1章
1-1 W. J. Boyne and D. S. Lopez(Edited by), "The Jet Age-Forty Years of Jet Aviation" National Air and Space Museum, Smithsonian Institution(1979)
1-2 Anselm Franz, "From Jets to Tanks-My Contribution to the Turbine Age" Avco Lycoming(now part of Honeywell)
1-3 J. Golley, "Whittle-The True Story" Airlife(1978)
1-4 小茂鳥和生著, "ホイットル自伝より、およびその(続)" 日本ガスタービン会議会報Vol. 3, No. 10, 日本ガスタービン会議(1975)
1-5 K. H. Sullivan and L. Milberry, "Power-The Pratt & Whitney Canada Story" CANAV Books(1989)
1-6 Septimus van der Linden, "Origins of the Land-Based Gas Turbines" Global Gas Turbine News, Vol. 37, No. 2, IGTI(1997)
1-7 玉田珖訳, "気体力学" 丸善(1960)
1-8 "An Encounter between the Jet Engine Inventors, Dr. Hans von Ohain and Sir Frank Whittle, Part One : At the Aero Propulsion Laboratory, May 3, 1978" US Air Force Archive(1978)
1-9 Hans-Joachim Pabst von Ohain, "The Origin and Future Possibilities of Air Breathing Jet Propulsion Systems" ISABE 87-7001(1987)
1-10 Cyrus B. Meher-Homji and Erik Prisell, "Pioneering Turbojet Developments of Dr. Hans von Ohain-From the HeS 1 to the HeS 011" Journal of Engineering for Gas Turbines and Power, Vol. 122, No. 2, ASME(2000)
1-11 吉中司著, "数式を使わないジェット・エンジンの話" 酣燈社(1990)
1-12 Cyrus B. Meher-Homji and Erik Prisell, "Dr. Max Bentelle-Pioneer of the Jet Age" GT2003-38760, Proceedings of ASME Turbo Expo 2003(2003)
1-13 http://www.enginehistory.org/r-r_w2b.htm (2007)
1-14 種子島時休著, "ガスタービンの思出" 日本ガスタービン会議会報Vol. 2, No. 7, 日本ガスタービン会議(1974)
1-15 石澤和彦著, "橘花" 三樹書房(2001)
1-16 前間孝則著, "ジェット・エンジンに取り憑かれた男" 講談社(1989)
1-17 http://en.wikipedia.org/wiki/Klimov_VK-1 (2007)
1-18 "The Jet Engine" Rolls-Royce(1992)
1-19 http://www.aviation-history.com/lockheed/p80.html (2007)
1-20 Tony Buttler, "To Russia with Love" The Rolls-Royce Magazine" Issue 109(June 2006)
1-21 http://en.wikipedia.org/wiki/Nickel (2007)
1-22 http://en.wikipedia.org/wiki/Cobalt (2007)
1-23 TV Documentary, "The F. D. R." Public Broadcasting Service(2008)
1-24 松崎豊一著, "驚異の長寿命機T-33シューティングスター" 航空情報7月号(1995)
1-25 "世界航空機年鑑2007-2008" 酣燈社(2008)

■第2章
2-1 "世界航空機年鑑2007-2008" 酣燈社(2008)
2-2 "PW400 Engine Handbook" P&W(1990)

2-3 H.Cohen, G.F.C.Rogers and H.I.H.Saravanamuttoo, "Gas Turbine Theory" The Second Edition, Longman(1978)
2-4 "The Jet Engine" Rolls-Royce(1986)
2-5 見森昭訳(Written by Bill Gunston)〝世界の航空エンジン②ガスタービン編〟グランプリ出版(1996)
2-6 高井岩男監修・訳(Written by Bill Gunston)〝ジェット&ガスタービン・エンジン,その技術と変遷〟酣燈社(1997)
2-7 Steiner, J.E., "Jet Aviation Development: A Company Perspective ?An Article in "The Jet Age, Forty Years of Jet Aviation" The National Air and Space Museum (1979)
2-8 谷田好通,長島利夫共著,〝ガスタービンエンジン〟朝倉書店(2007)
2-9 Beauregard, J.P., "The Development of Small Gas Turbine Engines at UACL" Canadian Aeronautics and Space Journal, Vol.17, No.8(1971)

■第3章

3-1 US Patent assigned to Rolls-Royce, "US Patent 6, 071, 077" (Issued on June 6, 2000)
3-2 US Patent assigned to General Electric, "US 6, 328, 533 B1" (Issued on December 11, 2001)
3-3 US Patent assigned to United Technologies(Pratt & Whitney), "US RE38, 040 E" (Issued on March 18, 2003)
3-4 Edited by I.A.Johnson & R.O.Bullock, "Aerodynamic Design of Axial-Flow Compressors, Revised" NASA SP-36(1965)
3-5 Seymour Lieblein et.Al., "Diffusion Factor for Estimating Losses and Limiting Blade Loadings in Axial-Flow-Compressor Blade Element" NACA RM E53 D01(1953)
3-6 松木正勝,竹矢一雄,大田英輔,〝ガスタービン用圧縮機の発達と現状のトレンド〟日本ガスタービン学会誌,Vol.36, No.2(2008)
3-7 "The Aircraft Gas Turbine Engine and Its Operation" PWA Operation Instruction 200(1980)
3-8 田丸卓,〝総論,燃焼器技術変遷と動向〟日本ガスタービン学会誌,Vol.32, No.1(2004)
3-9 山中国雍ほか2名,〝航空用ガスタービン燃焼器の動向〟日本ガスタービン学会誌,第10巻,第39号(1982)
3-10 谷田好通,長島利夫共著,〝ガスタービンエンジン〟朝倉書店(2007)
3-11 藤秀実,〝希薄急速混合低NOx燃焼技術の現状〟日本ガスタービン学会誌,Vol.32, No.1(2004)
3-12 外山浩三ほか2名,〝燃焼振動自動調整システムの開発〟日本ガスタービン学会誌,Vol.32, No.1(2004)
3-13 Society of Automotive Engineers, "Aircraft Gas Turbine Exhaust Measurements" SAE ARP 1179, Revision B(1991)
3-14 "Energy Efficient Engine Flight Propulsion System-Preliminary Analysis and Design Report" NASA CR-159487(1979)
3-15 T.Lieuwen, "Combustion Driven Oscillations in Gas Turbines" Turbomachinery International(2003)
3-16 S.F.Smith, "A Simple Correlation of Turbine Efficiency" Journal of Royal

Aeronautical Society (1965)
3-17 D.Japikse and N.C.Baines, "Introduction to Turbomachinery" Concepts ETI, Inc.& Oxford Univ.Press (1997)
3-18 H.Moustapha, "Aerodynamic Design and Performance of Axial Turbines" Pratt & Whitney Canada (1997)
3-19 D.G.Ainley & G.C.R.Mathieson, "A Method of Performance Estimation of Axial - Flow Turbines" Aeronautical Research Council Reports and Memoranda 2974 (1951)
3-20 S.L.Dixon, "Fluid Mechanics, Thermodynamics of Turbomachinery, 3rd Edition" Pergamon Press (1992)
3-21 P.Ruffles, "Evolution of the Aero Gas Turbine, Trenchard Lecture 1991" Rolls-Royce (1991)
3-22 M.Zelesky, "Turbine Durability And Cooling" Pratt & Whitney (1997)
3-23 吉中司, "数式を使わないジェット・エンジンのはなし" 酣燈社 (1990)
3-24 "The Jet Engine" Rolls-Royce (1986)
3-25 田中泰太郎, 根来威利, "制御/モニタ技術 a)航空用エンジンの制御技術と信頼性向上" 日本ガスタービン学会誌 Vol.26, N0.101 (1998)
3-26 杉山七契, "ガスタービンにおける制御技術の役割" 日本ガスタービン学会誌 Vol.32, N0.2 (2004)
3-27 遠藤誠, "航空機用ジェット・エンジン・コントロールの現状と今後の課題" 日本ガスタービン学会誌 Vol.32, N0.2 (2004)
3-28 "PW4000 Handbook" Pratt & Whitney (1998)

■第4章

4-1 FAA Standard for Incidence Occurrence
4-2 Francis Fiorino, "Global Safety Challenge" Aviation Week & Space Technology (October 1, 2007)
4-3 http://www.ntsb.gov/aviation/stats.htm (2008)
4-4 D.Learmount, "Deadly Lesson" Flight International (January, 2003)
4-5 D.R.Ballal and J.Zelina, "Progress in Aero Engine Technology (1939-2003)" AIAA 2003-4412 (2003)
4-6 西島敏, "金属疲労のおはなし" 日本規格協会 (2007)
4-7 W.D.Marscher, "Structural Design and Analysis of Modern Turbomachinery Systems" Chapter 7, Sawyer's Gas Turbine Engineering Handbook, Volume 1, Theory & Design, Third Edition, Turbomachinery International Publications (1985)
4-8 M.Zelesky, "Turbine Durability and Cooling" Pratt & Whitney (1997)
4-9 D.Japikse, "Life Evaluation of High Temperature Turbomachinery" Chapter 5, Advanced Topics in Turbomachinery Technology, Principal Lecture Series No.2, Concepts ETI, Inc. (1986)
4-10 内田洋, "航空エンジン材料の信頼性 ── (c)航空エンジン用精密鋳造部品における信頼性" 日本ガスタービン学会誌 Vol.26, No.101 (1998)
4-11 吉岡洋明, 土井裕之, 武田淳一郎, 難波浩一, 岡田郁生, 武浩司, 伊藤健之, "発電用ガスタービンの材料技術" 日本ガスタービン学会誌 Vol.32, No.3 (2004)
4-12 Chris Grosenick, "Sulfidation" Aircaft Maintenance Technology (2006)
4-13 "The Aircraft Gas Turbine-An Inside Story" Pratt & Whitney Canada (1978)
4-14 遠藤達雄ほか, "変動応力を受ける材料の疲れ(第1, 2報)" 日本機会学会講演論

文集 No.185(1967)

4-15 大鍋寿一, "Retirement for Causeと損傷許容設計" 日本ガスタービン学会誌 Vol.26, N0.101(1998)

4-16 M.J.Donachie & S.J.Donachie, "Superalloys-A Technical Guide, Second Edition" AMS International(2002)

4-17 竹中剛, 武浩司, 西本文一, 岡本隆治, 秋川尚史, "航空エンジン材料の信頼性——(a)タービン翼材料の信頼性" 日本ガスタービン学会誌 Vol.26, N0.101(1998)

4-18 T.M.Pollock and S.Tinn, "Nickel-Based Superalloys for Advanced Turbine Engines: Chemistry, Microstructure, and Properties" Journal of Propulsion and Power, Vol.22, No.2(2006)

4-19 吉葉正行, "ガスタービン用耐熱コーティング(4)" 日本ガスタービン学会誌 Vol.26, N0.101(1998)

4-20 "The Jet Engine" Rolls-Royce(1986)

4-21 B.Gleeson, "Thermal Barrier Coatings for Aeroengine Applications" Journal of Propulsion and Power, Vol.22, No.2(2006)

4-22 A.J.Wennerstrom, "Transonic and Supersonic Compressor Blading Design", Blading Design for Axial Turbomachines, AGARD-LS-167, NATO(1989)

4-23 C.B.Meher - Homeji and G.Gabriles, "Gas Turbine Blade Failures - Causes, Avoidance, and Troubleshooting", 27th Turbomachinery Symposium Proceedings, Texas A&M Univ.(1998)

4-24 L.W.Winn, O.Pinkus, S.B.Malanski, "Bearing Design", Chapter 6, Sawyer's Gas Turbine Engineering Handbook, Volume 1, Theory & Design, Third Edition, Turbomachinery International Publications(1985)

4-25 K.Gieck(太田博訳) "工学公式ポケットブック" 共立出版(1996)

4-26 B.M.Steinetz, R.C.Hendricks, J.Munson, "Advanced Seal Technology Role in Meeting Next Generation Turbine Engine Goals" NASA/TM-1998-206961(1998)

4-27 R.E.Chupp, R.C.Hendricks, S.B.Lattime, B.M.Steinetz, "Sealing in Turbomachinery" Journal of Propulsion and Power, ASME(2006)

4-28 原田広史, 川岸京子, 谷月峰, 横川忠晴, 藤岡順三, "ガスタービン用高温部材の開発と実用化戦略——CO_2排出25%削減への貢献をめざして" 日本ガスタービン学会誌 Vol.38, N0.2(2010)

4-29 吉中司, "数式を使わないジェット・エンジンのはなし" 酣燈社(1990)

4-30 A.H.Lefebvre, "Gas Turbine Combustion, Second Edition" Taylor & Francis(1998)

4-31 "Application Part II of Fluid Meters, Interim Supplement 19.5 on Instruments and Apparatus" Report of ASME Research Committee on Fluid Meters, Sixth Edition(1971)

4-32 http://en.wikipedia.org/wiki/Weibull_distribution

4-33 "PW4000 Engine Handbook" Pratt & Whitney Aircraft(1989)

4-34 "The Aircraft Gas Turbine Engine and Its Operation" PWA Operating Instructions 200(1980)

4-35 山田毅, 河原林成行, "ガスタービンの排ガス計測技術(1)排ガス成分の計測方式及び計測機器" 日本ガスタービン学会誌, Vol.18, No.72(1991)

4-36 P.A.Jalbert, V.A.Zaccardi, K.P.Baker, "Engine Emissions Measurements" Aerospace Engineering(Sept., 1996)

4-37 柏木武, "ガスタービンの排ガス計測技術(3)航空用ガスタービンの排ガス計測"

日本ガスタービン学会誌, Vol.18, No.72(1991)

4-38 Edited by D.H.F.Liu, "Environmental Engineers' Handbook" 2nd Edition, CRC Press LLC(1997)

4-39 〝航空エンジン研究50年の歩み〟独立行政法人航空宇宙技術研究所航空推進センター発行(2003年7月)

4-40 G.Norris, "Breathing Room" Aviation Week & Space Technology, (November 26, 2007)

4-41 M.Mecham, "Without Limits" Aviation Week & Space Technology, (April 16, 2007)

4-42 Federal Aviation Regulations, Part 36, "Noise standards: Aircraft type and airworthiness certification" Federal Aviation Administration

4-43 http://adg.stanford.edu/aa241/noise/noise.html (2008)

4-44 http://physics.suite101.com/article.cfm/how_loud_is_it (2009)

4-45 http://www.ince-j.or.jp/03/page/doc/term_a.html (2009)

4-46 日本音響学会, 〝音のなんでも小事典〟ブルーバックス, 講談社(2009)

4-47 F.A.Everest, "The Master Handbook of Acoustics" 4th Edition, McGraw-Hill (2001)

4-48 S.S.Stevens, "Perceived Level of Noise by Mark VII and decibels(E)" Journal of Acoustic Society of America 51(1972)

4-49 FAA, "Stage 4 Aircraft Noise Standard" 14CFR Parts 36 and 91, Amendment No.36-26, 91-288(July 5, 2005)

4-50 J.Bottcher, "Session 2: Aircraft Noise Certification" Noise Certification Workshop, NCW-BIP2/2(2004)

4-51 吉岡俊彦, 〝エンジン整備から見た信頼性要求〟日本ガスタービン学会誌, Vol. 26, No.101(1998)

4-52 山下章, 相原弘明, 長谷川晃, 〝航空機エンジン整備の現状と展望〟日本ガスタービン学会誌, Vol.33, No.3(2005)

4-53 "Extending the Time Between Overhaul of Restoration of Aeronautical Products Operated on Hard Time Maintenance Programs" Airworthiness Notice-B060, Edition 1, Transport Canada(2000)

4-54 中田秀樹, 〝ETOPSの動向と信頼性要求〟日本ガスタービン学会誌 Vol.26, N0.101(1998)

4-55 Paul Proctor, "Twins Edging Into Transpacific Routs" Aviation Week & Space Technology(February 22, 1999)

4-56 "Safety Criteria for Approval of Extended Range Twin-Engine Operations (ETOPS)" TP 6327E, 2000 Edition, Transport Canada(2000)

■第5章

5-1 David Bond, "Green Is for Go" Aviation Week & Space Technology(Aug.20/27, 2007)

5-2 玉置克之(元甲南大学教授)からの私信

5-3 http://www.epa.gov/acidrain/effect/surface_water.html (2009)

5-4 Julian Noxon, "Environmental Effort" Flight International(18-24 July, 2000)

5-5 James Ott, "Clearing the Air" Aviation Week & Space Technology(Aug.20/27, 2007)

5-6 http://www.mhi.co.jp/products/category/_icsFiles/artimage/2008/08/06/cj_pd

_ca_re/mrj_e.jpg(2009)

5-7 "Russian MS-21 Boosts GTF" Aviation Week & Space Technology(December 14, 2009)

5-8 Guy Norris, "Green Machines" Aviation Week & Space Technology(Aug.20/27, 2007)

5-9 "NASA Partnerships and Collaborative Research on Ultra High Bypass Cycle Propulsion Concepts" NASA(2009)

5-10 "First Biofueled Flight" Aviation Week & Space Technology(March 3, 2008)

5-11 Graham Warwick, "Forward Pitch" Aviation Week & Space Technology (October 20, 2008)

5-12 Guy Norris & Graham Warwick, "Vulcan's Forge" Aviation Week & Space Technology(August 11, 2008)

5-13 田口秀之ほか, "極超音速ターボジェット・エンジンの地上燃焼試験" JAXA 公開研究発表前刷り(2009)

5-14 Guy Norris, "Going Global" Aviation Week & Space Technology(July 14, 2008)

5-15 江畑謙介, "特集 マッハ3の秘密 SR-71 Blackbird" 月刊雑誌エアワールド, エアワールド株式会社(1982年7月)

5-16 http://en.wikipedia.org/wiki/SR-71_Blackbird(2008)

■第6章

6-1 松木正勝, "国産ジェット・エンジンの開発" 日本ガスタービン学会誌, Vol.28, No.5(2000)

6-2 "軍事技術から民生技術への転換 —— 第二次世界大戦から戦後への我が国の経験 II" 日本学術振興会—先端技術と国際環境第149委員会(1996)

6-3 "航空エンジン研究50年の歩み" 独立行政法人 航空宇宙技術研究所, 航空推進研究センター(2003)

6-4 http://ja.wikipedia.org/wiki/日本ジェット・エンジン(2010)

6-5 "世界航空機年鑑 2007-2008" 酣燈社(2008)

6-6 井上和昭, "JAECにおける旅客機用エンジンの国際共同開発" 日本ガスタービン学会誌, Vol.28, No.5(2000)

6-7 永田康史, 松広純二, "世界の空へ 飛行機を飛ばすKawasakiのPower" 日本ガスタービン学会誌, Vol.36, No.4(2008)

6-8 平塚真二, "民間航空機用エンジン産業について" 日本ガスタービン学会誌, Vol.36, No.4(2008)

6-9 井上浩一, "IHI民間エンジン事業の現況と今後について" 日本ガスタービン学会誌, Vol.36, No.4(2008)

6-10 三宅公誠, "防衛庁におけるエンジン開発" 日本ガスタービン学会誌, Vol.28, No.5(2000)

6-11 "環境適応型小型航空機用エンジン研究開発(エコエンジンプロジェクト)" IHI技報, Vol.47, No.3(2007)

6-12 林利光, 高原雄児, "防衛庁におけるジェット・エンジン研究開発の歴史と将来への展望" 日本ガスタービン学会誌, Vol.34, No.3(2006)

6-13 鈴木洋一, "空飛ぶ三菱のエンジン製品 —— PWエンジンとRR-Trent1000 エンジン" 日本ガスタービン学会誌, Vol.36, No.4(2008)

6-14 長谷川清, 島内克幸, "三菱重工業(株)におけるエンジン開発" 日本ガスタービン

学会誌,Vol.28, No.5(2000)
6-15 内田誠之,安田正治,森下進,三宅慶明,島内克幸,"民間用ヘリコプター用ターボシャフト・エンジンの計画から開発まで"日本ガスタービン学会誌,Vol.28, No.6(2000)
6-16 "超音速輸送機用推進システム(HYPR)特集"日本ガスタービン学会誌,Vol.28, No.1(2000)
6-17 "環境適合型次世代超音速推進システム(ESPR)特集"日本ガスタービン学会誌,Vol.32, No.5(2004)
6-18 http://world.honda.com/AircraftEngines/HF120(2007)
6-19 片山修,"ホンダの兵法"小学館文庫(1999)
6-20 藤野道格,"保守的な航空機の世界 ホンダだったら変えられる"週刊東洋経済(2008年9月20日)
6-21 Atsukuni Waragaki, "Challenge to a Small Turbofan Engine in Honda" Invited Lecture II, ISABE-2009-1002(2009)
6-22 http://www.honda.co.jp/tech/new-category/airplane/HondaJet

さくいん

【数字】

150時間耐久試験	257
60分ルール	272

【アルファベット】

ACARE	279
AGB	165, 235, 290
BPR	108, 111, 279
BTH	47
C	261
C_p	31
CPR	91, 101, 111
CTR	94
D	262
DARPA	283
DR	179
DS	208
EASA	273
EB-PVD法	215
EPNdB	262
EPNL	262
ESPR	292
ETOPS	271
FAA	177, 239
FADEC	172
FAR	145, 239
FCU	171
FEA	190, 193
FEM	229
FMU	174
FOD	216, 252
FPI	195
FPR	111
FTB	259
GGC	249
H	30
HCF	181, 216, 219
He280	57
HMU	171
HPC	104, 147
HPT	104, 147
H-S線図	30, 33, 89
HYPR	292
IATA	175
ICAO	250, 263, 279
IFSD	179, 237, 272
IGV	50, 61, 132
JAA	289
JAXA	283
Jet A	217
LCF	181, 193
LCF寿命	185
LEAプロジェクト	283
LPC	104, 108, 152
LPT	104, 152, 181
LTOサイクル	251
MCrAlY	219
Me262	66
MTBF	179
MTOW	264
NASA	279
NASAプロジェクト	283
NGTE	76, 289
N_s	125
NTSB	176
OPR	91
PAA	105
PDE	284
PFRT	241
PJ社	47
PNdB	261
PNL	261
RAE	63, 76
RFC	203
RLM	54
S	30
SC	208
SFC	87, 98, 108, 185
SN	145

305

S-N線図	194
SPL	261
TBC	161, 214
TBO	68, 241, 267
TC	274
TET	153
THC	143, 251
TIT	88, 95, 101, 111, 153
TMF	202
UERR	179
UHC	143, 278
VIGV	127, 132, 225

【あ行】

亜音速/遷音速失速フラッター	221
亜音速/遷音速失速フラッターの境界線	224
圧縮機	14, 36
圧縮機性能マップ	134
圧縮機吐出流量	133
圧縮機に対するオイラーの式	121
圧縮機の圧力比	91
圧縮機の断熱効率	90
圧力損失	34, 40, 89
圧力波	25
アーノルド技術開発センター	258
アフター・バーナー	286
アプローチ	264
雨だれ法	198
安全寿命設計	203
アンチ・アイシング回路	254
案内羽根	50
鋳型	206
一次振りモード	228
一次の曲げ振動モード	70
一次曲げモード	69, 228
一次領域	92, 141
一方向性凝固動翼	208
イートップス	271
入り口案内羽根	61
入り口迎え角	128
イレギュラーな音色に対する補正値	261
インバーター	244
インピンジメント法	154
インペラー	49, 50, 61

ウインド・ミリング	258
ウェブ	189
宇宙航空研究開発機構	283
運航者のTBO	268
エアレーティング・タイプ	139
エインレー-マティーソンの圧力損失モデル	151
エネルギー変換効率	97
遠心圧縮機	21, 38
エンジン作動試験	258
エンジン制御装置	168
エンジン・ナセル	166
エンジンの計画外取り下ろし率	179
エンジンの健全性を常時監視	269
エンジン・メーカーの推薦するTBO	269
エンジン・ローター	49
エンタルピー	30, 35
エントロピー	30, 35
円板	188
円板の外径	188
円板の内径	188
オイル・ポンプ	164
王立航空研究所	63
応力	182
オーバーオール圧力比	91
オーバースピード・マージン	246
オーバーホール間隔	241
オープン・ローター方式	281
オリフィス	165

【か行】

外燃	33
外壁冷却	156
傘歯車	164
ガスタービン	17
ガスタービン・サイクル	89
ガス発生機	248
ガス発生機ケーシング	138, 248
ガス発生機タービン	147
過速防止用ソレノイド	174
カニュラー型燃焼器	137
過濃限界	145
可変入り口案内羽根	127, 225
カーボン繊維	124
感覚騒音レベル	261

さくいん

カン型燃焼器	137
換算速度	224
カンピーニ	36
管路抵抗	133
機械的エネルギー	32
機械的な仕事	32
希釈領域	92,141
希薄限界	145
基本TBO	267
逆流缶型	51
キャンバー角	116,119,130
キャンベル線図	230
吸気	14
境界層	27,96
境界層剥離	148,222
ギヨーム	40
ギル冷却	156
亀裂表面の波状の縞模様	187
空気流入速度	22
空冷型レシプロ・エンジン	21
クリアランス	19
繰り返し変動応力	225
繰り返し変動応力振幅	196
クリープ	137,154,181
クリープ寿命	204,213
クリープ破断	212
蛍光浸透探傷	195
型式証明試験	239
結晶粒罪	206
ゲートからの定刻出発率	179
ケブラー	235
ケロシン	48,277
「健康」状態に沿った整備方法	268
現実サイクル	88
弦長	130
高圧圧縮機	104,147
高圧タービン	104,147
高圧噴霧方式燃料ノズル	50,59
高温硫化腐食	217
光学的高温計	246
航空環境保護委員会	263
航空技術研究所	288
高周波交流電動モーター	244
高周波疲労	181,216,219
高速ジェット	97
剛体モード	232
降伏強さ	184
呼吸するエンジン	83
国際航空運送協会	175
国立ガスタービン研究所	76
国家交通安全局	176
コード	119
コフィン-マンソンの法則	202
コメット1型機	105
固有振動数	69,228
コンテインメント・リング	235,243
コンプレッサー・マップ	134

【さ行】

サイクル圧力比	91,101,106
サイクル温度比	93
サイクル効率	97
最高引っ張り応力	194
最大離陸重量	264
最適入り口角度範囲	129
サイドライン	264
サイリスター技術	244
サージ	131,134,171
サブクリティカル・ローター	233
サーマルNO	143
作用力	81
サルフィデーション	211,217
酸化	153,181
三次元CFD	127
惨事に繋がるような不具合	178
軸受モード	232
軸モード	232
軸流圧縮機	21,38,64,125
事故	177
仕事率	87
紙上エンジン	238
持続性に対する補正値	262
実効感覚騒音レベル	262
失速	128
質量流量	85
ジャトローファ	282
シャワー・ヘッド冷却	156
修正グッドマン-ジョンソン線図による方法	196
主流	28,166
潤滑油回路	164
衝撃波	21,25,27,91,133

正味推力	85		
自立運転	42		**【た行】**
シール	167	第1段タービン・ノズル・アセンブリ	
自励振動	220		138
真空掃除機	28	大気圧	28, 35
侵食	181	対流	154
振動モード	70	多段軸流圧縮機	127
推進効率	98	タービン	19, 36, 47, 49, 115
水素ガス	44	タービン入り口温度	88, 95, 101, 153
水素による材料の脆性化	181	タービン動翼	51, 115
推力	84, 87, 168	タービンのためのオイラーの式	119
推力重量比	87	タービンの断熱効率	94
隙間	205	タービン・マップ	163
スクウィーズ・オイル・ダンパー		ダブテール	191
	233	ターボ	18
スタッガ角	116	ターボシャフト・エンジン	112
ストール	128	ターボファン・エンジン	109
スピン・ピット	246	ターボプロップ・エンジン	21, 112
スプリッター	166, 253	ターボ・ラムジェット・エンジン	
スミス・チャート	149		285
スモーク・ナンバー	145	タワー・シャフト	164
スロットル・レバー	168	撓みモード	232
スロート	116, 119	単結晶動翼	208
静圧	26, 28, 35, 130	弾性係数	183
正圧面後縁エジェクション	156	弾性領域	184
静エンタルピー値	35	タンタル	209
静止推力	86	断熱的	90
セカンダリー・エア	166	段負荷係数	150
絶対速度	24	知覚騒音レベル	261
セラミック	214	チップ	19
セラミック・コア	160	着火器	138, 139
セラミック・コーティング	214	チャプター4騒音	263
セレーション	190	中核モジュール	248
全圧	26, 28, 32	抽気	132
全圧損失	27, 128	抽気バルブ	132
全エンタルピー値	35	柱状凝固動翼	208
旋回角度	18	調圧バルブ	169, 174
線状欠陥	205	超音速	26
潜熱	136	超音速旅客機用エンジン	283
総推力	86	超塑性状態	125
相対速度	22, 24	チョーク	128
走馬灯	19	チョーク限界	103
速度三角形	23, 118	チョーク・フラッター	224
塑性領域	184	直流円環型燃焼器	137
ソニック・ブーム	283	チョーク流量	103
ソーン	260	追加推力	85

さくいん

ツヴァイフェル係数	151
低圧圧縮機	104, 108
低圧セカンダリー・エア	166
低圧タービン	104, 181
定圧燃焼	33
定圧燃焼器	64
定圧比熱	31, 118
低温硫化腐食	217
低周波疲労	181, 193
出来事	177
デ・ハビランド社	104
典型的な飛行ミッション	185
点欠陥	205
電子ビーム	215
動圧	26, 28, 34
等エントロピー的	90
等エントロピー的圧縮プロセス	34
灯油	48
動翼	47
当量比	146
動力計	87
吐出圧力	18
吐出流量	18
トータル・オーナーシップ・コスト	185
ドーム	138, 140
トランスピレーション冷却	157
トリップ・ストリップ	154
トルク・モーター	174
トレンド・モニタリング	270

【な行】

内燃	34
内壁冷却	156
二次流れ損失	91
二重系FADECシステム	172
二重反転ローター	281
二次領域	92, 141
熱遮蔽コーティング	161
熱遮蔽を目的とするコーティング	214
熱衝撃	211
熱疲労	137
熱力学第二法則	34
燃焼	44
燃焼器	16, 19, 51, 135
燃焼効率	93
燃焼筒	138
燃料消費率	87, 98, 185
燃料制御装置	171
燃料ノズル	138
燃料バイパス弁	174
燃料流量調整装置	174
ノイ	261
のこぎりの歯状	51
ノーズ・コーン	166

【は行】

バイオ燃料	282
排気燃焼ガス質量流量	85
バイパス比	108, 279
排油による燃料ヒーター	169
破壊工学	203
剥離	28
バタフライ・バルブ	243
破断点	187
パート・スパン・シュラウド	123
ハフニウム	208
パラシティック・ロス	100
馬力	86, 168
パワー・ジェット・リミテッド	46
パン・アメリカン航空	105
半径平衡の原理	51
反作用	81
反動度	150
飛行中エンジン停止	237, 272
飛行中エンジン停止率	179
非常用閉塞弁	169
比推力	87, 101
ピストン・エンジン	14
歪み	182
歪み範囲	202
比速度	125
ピーチ・マーク	187
引っ張り応力の繰り返し数	187
引っ張り強さ	184, 197
氷結	166
標準入り口条件	163
標準大気条件	135
疲労限界	194, 197
ピン・フィン	156
ファー・ツリー	51

ファー・ツリー・フィクシング	190	摩擦熱	33
ファン	122	水動力計	245
ファン圧力比	111	ミーティア	61
ファン・コア静翼	122	メイン・ポンプ	169
ファン・バイパス静翼	122	メッシング	236
フィクシング	158	模擬高度試験設備	257
フィルター	169	【や行】	
フィルター・バイパス・バルブ	169	ヤング率	183
フィルム・クーリング	156	有限寿命	216
風損	99	有限寿命設計	180
フォン・ミゼスの等価応力	193	有限要素解析法	190, 193
複合材	124	有限要素法	229
腐食	181	翼形状損失	91
ブースト・ポンプ	169	翼車	50
フライホイール	16	翼表面境界層	91
プライマリー・フロー	167	予知整備法	269
フラッター	220	【ら行】	
プラット・アンド・ホイットニー	102	ライナー	138, 140
フル・エンジン地上試験	249, 257	ラーソン-ミラーのパラメーター	212
ブレイトン・サイクル	89	ラム圧	29, 34, 40, 89
ブレゲーの航続距離の式	13	理想サイクル	88
プレナム・チャンバー	243	リム	188
プロペラ	21, 87	硫化	211
フロント・ファン型	108	流量係数	150
プロンプトNO	143	流量調整バルブ	174
平均応力	196	ルテニウム	211
平均応力ゼロの両振り変動応力	197	冷却有効性	158
平均故障間隔	179	レシプロ・エンジン	14
閉塞弁	169	レニウム	209
ペデスタル	155	連続性圧縮	17
ベーポライザー	45, 48, 53	連邦航空規則	239, 260
ベルマウス	244	ロケット・エンジン	83
弁位置フィードバック装置	174	ロスト・ワックス鋳造法	160
偏差角モデル	152	ロード・セル	249
ボア	189	ロールス・ロイス社	104
膨張仕事	15	【わ行】	
防氷装置	254	ワイブルの多分性グラフ	248
補機用ギア・ボックス	165, 235, 290	ワスプ	21
ポリウレタンのコーティング	124		
ボンド・コーティング	215		
【ま行】			
マイナーの法則	200		
巻雲	277		
マーケット・リサーチ	238		

N.D.C.538.3　　310p　　18cm

ブルーバックス　B-1696

ジェット・エンジンの仕組み
工学から見た原理と仕組み

2010年 9 月20日　第 1 刷発行
2025年 6 月17日　第 5 刷発行

著者	吉中　司（よしなか　つかさ）	
発行者	篠木和久	
発行所	株式会社講談社	
	〒112-8001 東京都文京区音羽2-12-21	
電話	出版	03-5395-3524
	販売	03-5395-5817
	業務	03-5395-3615
印刷所	(本文表紙印刷) 株式会社ＫＰＳプロダクツ	
	(カバー印刷) 信毎書籍印刷株式会社	
製本所	株式会社ＫＰＳプロダクツ	

定価はカバーに表示してあります。
Ⓒ吉中　司　2010, Printed in Japan
落丁本・乱丁本は購入書店名を明記のうえ、小社業務宛にお送りください。
送料小社負担にてお取替えします。なお、この本についてのお問い合わせ
は、ブルーバックス宛にお願いいたします。
本書のコピー、スキャン、デジタル化等の無断複製は著作権法上での例外
を除き禁じられています。本書を代行業者等の第三者に依頼してスキャン
やデジタル化することはたとえ個人や家庭内の利用でも著作権法違反です。

ISBN978-4-06-257696-3

発刊のことば

科学をあなたのポケットに

二十世紀最大の特色は、それが科学時代であるということです。科学は日に日に進歩を続け、止まるところを知りません。ひと昔前の夢物語もどんどん現実化しており、今やわれわれの生活のすべてが、科学によってゆり動かされているといっても過言ではないでしょう。

そのような背景を考えれば、学者や学生はもちろん、産業人も、セールスマンも、ジャーナリストも、家庭の主婦も、みんなが科学を知らなければ、時代の流れに逆らうことになるでしょう。

ブルーバックス発刊の意義と必然性はそこにあります。このシリーズは、読む人に科学的に物を考える習慣と、科学的に物を見る目を養っていただくことを最大の目標にしています。そのためには、単に原理や法則の解説に終始するのではなくて、政治や経済など、社会科学や人文科学にも関連させて、広い視野から問題を追究していきます。科学はむずかしいという先入観を改める表現と構成、それも類書にないブルーバックスの特色であると信じます。

一九六三年九月

野間省一

ブルーバックス　技術・工学関係書 (I)

495	人間工学からの発想	小原二郎
911	電気とはなにか	室岡義広
1084	図解 わかる電子回路	見城尚志/高橋尚人
1128	原子爆弾	髙橋尚人
1236	図解 飛行機のメカニズム	山田克哉
1346	図解 ヘリコプター	加藤寛
1396	制御工学の考え方	柳生一
1452	流れのふしぎ	鈴木英夫
1469	量子コンピュータ	木村英紀
1483	新しい物性物理	石綿良三/根本光正 "著
1520	図解 鉄道の科学	竹内繁樹
1545	図解 つくる電子回路	伊達宗行
1553	高校数学でわかる半導体の原理	宮本昌幸
1573	手作りラジオ工作入門	竹内淳
1624	コンクリートなんでも小事典	加藤ただし
1660	図解 電車のメカニズム	西田和明
1676	図解 橋の科学	土木学会関西支部編 宮本昌幸 編著 井上晋 他
1696	ジェット・エンジンの仕組み	土木学会関西支部編 田中輝彦/渡邊英一 他
1717	図解 地下鉄の科学	吉中司
1797	古代日本の超技術 改訂新版	川辺謙一
1817	東京鉄道遺産	志村史夫
		小野田滋
1845	古代世界の超技術	志村史夫
1866	暗号が通貨になる「ビットコイン」のからくり	吉本佳生/西田宗千佳
1871	アンテナの仕組み	小暮裕明/小暮芳江
1879	火薬のはなし	松永猛裕
1887	小惑星探査機「はやぶさ2」の大挑戦	山根一眞
1909	飛行機事故はなぜなくならないのか	青木謙知
1938	門田先生の3Dプリンタ入門	門田和雄
1940	すごいぞ！身のまわりの表面科学	日本表面科学会
1948	すごい家電	西田宗千佳
1950	実例で学ぶRaspberry Pi電子工作	金丸隆志
1959	図解 燃料電池自動車のメカニズム	川辺謙一
1963	交流のしくみ	森本雅之
1968	脳・心・人工知能	甘利俊一
1970	高校数学でわかる光とレンズ	竹内淳
2001	人工知能はいかにして強くなるのか？	小野田博一
2017	人はどのように鉄を作ってきたか	永田和宏
2035	現代暗号入門	神永正博
2038	城の科学	萩原さちこ
2041	時計の科学	織田一朗
2052	カラー図解 はじめる機械学習 Raspberry Piで	金丸隆志

ブルーバックス　技術・工学関係書(Ⅱ)

2056 新しい1キログラムの測り方　臼田孝
2093 今日から使えるフーリエ変換　普及版　三谷政昭
2103 我々は生命を創れるのか　藤崎慎吾
2118 道具としての微分方程式　偏微分編　斎藤恭一
2142 ラズパイ4対応　カラー図解　最新Raspberry Piで学ぶ電子工作　金丸隆志
2144 5G　岡嶋裕史
2172 スペース・コロニー　宇宙で暮らす方法　向井千秋監修・著　東京理科大学スペース・コロニー研究センター編著
2177 はじめての機械学習　田口善弘

ブルーバックス　趣味・実用関係書 (I)

35	計画の科学	加藤昭吉
733	紙ヒコーキで知る飛行の原理	小林昭夫
921	自分がわかる心理テスト	芦原睦/桂戴作=監修
1063	自分がわかる心理テストPART2	芦原睦=監修
1073	図解 わかる電子回路	安富和男
1084	へんな虫はすごい虫	安富和男
1112	頭を鍛えるディベート入門	見城尚志/高橋久
1234	子どもにウケる科学手品77	後藤道夫
1245	「分かりやすい表現」の技術	藤沢晃治
1273	もっと子どもにウケる科学手品77	後藤道夫
1284	理系の女の生き方ガイド	宇野賀津子/坂東昌子
1307	図解 ヘリコプター	鈴木英夫
1346	理系志望のための高校生活ガイド	鍵本聡
1352	確率・統計であばくギャンブルのからくり	谷岡一郎
1353	算数パズル「出しっこ問題」傑作選	仲田紀夫
1364	理系のための英語論文執筆ガイド	原田豊太郎
1366	数学版 これを英語で言えますか？	保江邦夫=監修/E.ネルソン
1368	論理パズル「出しっこ問題」傑作選	小野田博一
1387	「分かりやすい説明」の技術	藤沢晃治
1396	制御工学の考え方	木村英紀
1413	「ネイチャー」を英語で読みこなす	竹内薫
1420	理系のための英語便利帳	倉島保美/榎本智子 黒木博=絵
1443	「分かりやすい話し方」の技術	藤沢晃治
1478	競走馬の科学	吉田たかよし JRA競走馬総合研究所=編
1493	計算力を強くする	鍵本聡
1516	図解 鉄道の科学	宮本昌幸
1520	計算力を強くするpart2	鍵本聡
1536	「計画力」を強くする	加藤昭吉
1552	図解 つくる電子回路	加藤ただし
1553	手作りラジオ工作入門	西田和明
1573	理系のための人生設計ガイド	坪田一男
1596	「分かりやすい教え方」の技術	藤沢晃治
1623	計算力を強くする 完全ドリル	鍵本聡
1629	伝承農法を活かす家庭菜園の科学	木嶋利男
1630	理系のための英語「キー構文」46	原田豊太郎
1653	図解 電車のメカニズム	宮本昌幸=編著
1660	理系のための「即効！」卒業論文術	中田亨
1666	図解 橋の科学	坪田一男
1671	理系のための研究生活ガイド 第2版	坪田一男
1676	図解 橋の科学	田中輝彦/渡邊英一=編 土木学会関西支部=編
1688	武術「奥義」の科学	吉福康郎
1695	ジムに通う前に読む本	桜井静香

ブルーバックス 趣味・実用関係書 (II)

番号	タイトル	著者
1696	ジェット・エンジンの仕組み	吉中 司
1707	「交渉力」を強くする	藤沢晃治
1725	魚の行動習性を利用する釣り入門	川村軍蔵
1773	「判断力」を強くする	藤沢晃治
1783	知識ゼロからのExcelビジネスデータ分析入門	住中光夫
1791	卒論執筆のためのWord活用術	田中幸夫
1793	「論理が伝わる 世界標準の「書く技術」」	倉島保美
1796	「魅せる声」のつくり方	篠原さなえ
1813	研究発表のためのスライドデザイン	宮野公樹
1817	東京鉄道遺産	小野田 滋
1847	論理が伝わる 世界標準の「プレゼン術」	倉島保美
1864	科学検定公式問題集 5・6級	桑子 研／竹内 薫 監修
1868	科学検定公式問題集 3・4級	桑子 研／竹内 薫 監修
1877	基準値のからくり	村上道夫／永井孝志／小野恭子／岸本充生
1882	山に登る前に読む本	能勢 博
1895	「ネイティブ発音」科学的上達法	藤田佳信
1900	「育つ土」を作る家庭菜園の科学	木嶋利男
1910	科学検定公式問題集	竹内 薫 監修／竹内淳一郎
1914	研究を深める5つの問い	宮野公樹
1915	論理が伝わる 世界標準の「議論の技術」	倉島保美
1919	理系のための英語最重要「キー動詞」43	原田豊太郎
1926	「説得力」を強くする	藤沢晃治
1934	SNSって面白いの？	草野真一
1938	世界で生きぬく理系のための英文メール術	吉形一樹
1947	門田先生の3Dプリンタ入門	門田和雄
1948	50ヵ国語習得法	新名美次
1951	すごい家電	西田宗千佳
1958	研究者としてうまくやっていくには	長谷川修司
1959	理系のための法律入門 第2版	井野邊 陽
1965	図解 燃料電池自動車のメカニズム	川辺謙一
1966	理系のための論理が伝わる文章術	成清弘和
1967	サッカー上達の科学	村松尚登
1976	世の中の真実がわかる「確率」入門	小林道正
1987	不妊治療を考えたら読む本	浅田義正／河合 蘭
1999	怖いくらい通じるカタカナ英語の法則 ネット対応版	池谷裕二
2005	カラー図解 Excel「超」効率化マニュアル	立山秀利
2020	ランニングをする前に読む本	田中宏暁
2038	「香り」の科学	平山令明
2042	城の科学	萩原さちこ
2055	理系のための「実戦英語力」習得法	篠原さなえ
2056	日本人のための声がよくなる「舌力」のつくり方	志村史夫
2060	新しい1キログラムの測り方	臼田 孝
	音律と音階の科学 新装版	小方 厚

ブルーバックス　趣味・実用関係書（III）

2064	心理学者が教える 読ませる技術 聞かせる技術	海保博之
2089	世界標準のスイングが身につく科学的ゴルフ上達法	板橋 繁
2111	作曲の科学	フランソワ・デュボワ 井上喜惟＝監修 木村 彩＝訳
2113	道具としての微分方程式 偏微分編	斎藤恭一
2118	子どもにウケる科学手品 ベスト版	後藤道夫
2120	世界標準のスイングが身につく科学的ゴルフ上達法 実践編	板橋 繁
2131	アスリートの科学	久木留 毅
2135	理系の文章術	更科 功
2138	日本史サイエンス	播田安弘
2149	「意思決定」の科学	川越敏司
2151	科学とはなにか	佐倉 統
2158	理系女性の人生設計ガイド	大隅典子 山本佳世子
2170	ウォーキングの科学	能勢 博

BC07 ChemSketchで書く簡単化学レポート　平山令明

ブルーバックス12cm CD-ROM付

ブルーバックス　物理学関係書(I)

番号	タイトル	著者
79	相対性理論の世界	J・A・コールマン 中村誠太郎=訳
563	電磁波とはなにか	後藤尚久
584	10歳からの相対性理論	都筑卓司
733	紙ヒコーキで知る相対性理論の原理	小林昭夫
911	電気とはなにか	室岡義広
1012	量子力学が語る世界像	和田純夫
1084	図解 わかる電子回路	加藤肇
1128	原子爆弾	見城尚志/高橋久
1150	音のなんでも小事典	日本音響学会=編
1174	消えた反物質	山田克哉
1205	クォーク 第2版	南部陽一郎
1251	心は量子で語れるか	ロジャー・ペンローズ/A・シモニー/N・カートライト/S・ホーキング 中村和幸=訳
1259	光と電気のからくり	小林誠
1310	「場」とはなんだろう	竹内薫
1383	四次元の世界（新装版）	都筑卓司
1385	高校数学でわかるマクスウェル方程式	竹内淳
1384	マクスウェルの悪魔（新装版）	都筑卓司
1390	不確定性原理（新装版）	都筑卓司
1391	熱とはなんだろう	竹内薫
	ミトコンドリア・ミステリー	林純一
1394	ニュートリノ天体物理学入門	小柴昌俊
1415	量子力学のからくり	山田克哉
1444	超ひも理論とはなにか	竹内薫
1452	流れのふしぎ	石綿良三/根本光正=著 日本機械学会=編
1469	量子コンピュータ	竹内繁樹
1470	高校数学でわかるシュレディンガー方程式	竹内淳
1483	新しい物性物理	伊達宗行
1487	ホーキング 虚時間の宇宙	竹内薫
1509	新しい高校物理の教科書	山本明利/左巻健男=編著
1569	電磁気学のABC（新装版）	福島肇
1583	熱力学で理解する化学反応のしくみ	平山令明
1591	発展コラム式 中学理科の教科書 第1分野（物理・化学）	滝川洋二=編
1605	マンガ 物理に強くなる	関口知彦=原作 鈴木みそ=漫画
1620	高校数学でわかるボルツマンの原理	竹内淳
1638	プリンキピアを読む	和田純夫
1642	新・物理学事典	大槻義彦/大場一郎=編
1648	量子テレポーテーション	古澤明
1657	高校数学でわかるフーリエ変換	竹内淳
1675	量子重力理論とはなにか	竹内薫
1697	インフレーション宇宙論	佐藤勝彦

ブルーバックス　物理学関係書(Ⅱ)

番号	タイトル	著者
1912	マンガ おはなし物理学史	小山慶太 原作／佐々木ケン 漫画
1905	あっと驚く科学の数字	数から科学を読む研究会
1894	エントロピーをめぐる冒険	鈴木炎
1871	アンテナの仕組み	小暮裕明・小暮芳江
1867	高校数学でわかる流体力学	竹内淳
1860	発展コラム式 中学理科の教科書 改訂版 物理・化学編	滝川洋二 編
1836	真空のからくり	山田克哉
1827	大栗先生の超弦理論入門	大栗博司
1815	大人のための高校物理復習帳	桑子研
1803	高校数学でわかる相対性理論	竹内淳
1799	宇宙になぜ我々が存在するのか	村山斉
1780	オリンピックに勝つ物理学	望月修
1776	現代素粒子物語	中嶋彰／KEK 協力
1731	物理数学の直観的方法 (普及版)	長沼伸一郎
1728	宇宙は本当にひとつなのか	村山斉
1720	ゼロからわかるブラックホール	大須賀健
1716	傑作！物理パズル50	ポール・G・ヒューイット／松森靖夫 編訳
1715	「余剰次元」と逆二乗則の破れ	村田次郎
1701	光と色彩の科学 量子もつれとは何か	齋藤勝裕 古澤明
1924	謎解き・津波と波浪の物理	保坂直紀
1930	光と重力 ニュートンとアインシュタインが考えたこと	小山慶太
1932	天野先生の「青色LEDの世界」	天野浩／福田大展
1937	輪廻する宇宙	横山順一
1940	すごいぞ！身のまわりの表面科学	日本表面科学会
1960	超対称性理論とは何か	小林富雄
1961	曲線の秘密	松下泰雄
1970	高校数学でわかる光とレンズ	竹内淳
1981	宇宙は「もつれ」でできている	ルイーザ・ギルダー／山田克哉 監訳／窪田恭子 訳
1982	ひとりで学べる電磁気学	中山正敏
1983	重力波とはなにか	安東正樹
1986	光と電磁気 ファラデーとマクスウェルが考えたこと	小山慶太
2019	時空のからくり	山田克哉
2027	重力波で見える宇宙のはじまり	ピエール・ビネトリュイ／安東正樹 監訳／岡田好恵 訳
2031	時間とはなんだろう	松浦壮
2032	佐藤文隆先生の量子論	佐藤文隆
2040	ペンローズのねじれた四次元 増補新版	竹内薫
2048	$E=mc^2$のからくり	山田克哉
2056	新しい1キログラムの測り方	臼田孝

ブルーバックス　物理学関係書（III）

- 2061　科学者はなぜ神を信じるのか　三田一郎
- 2078　独楽の科学　山崎詩郎
- 2087　「超」入門　相対性理論　福江純
- 2090　はじめての量子化学　平山令明
- 2091　いやでも物理が面白くなる　新版　志村史夫
- 2096　2つの粒子で世界がわかる　森弘之
- 2100　プリンシピア　自然哲学の数学的原理　第I編　物体の運動　アイザック・ニュートン　中野猿人＝訳・注
- 2101　プリンシピア　自然哲学の数学的原理　第II編　抵抗を及ぼす媒質内での物体の運動　アイザック・ニュートン　中野猿人＝訳・注
- 2102　プリンシピア　自然哲学の数学的原理　第III編　世界体系　アイザック・ニュートン　中野猿人＝訳・注
- 2115　「ファインマン物理学」を読む　量子力学と相対性理論を中心として　普及版　竹内薫
- 2124　時間はどこから来て、なぜ流れるのか？　吉田伸夫
- 2129　「ファインマン物理学」を読む　電磁気学を中心として　普及版　竹内薫
- 2130　「ファインマン物理学」を読む　力学と熱力学を中心として　普及版　竹内薫
- 2139　量子とはなんだろう　松浦壮
- 2143　時間は逆戻りするのか　高水裕一

- 2162　トポロジカル物質とは何か　長谷川修司
- 2169　アインシュタイン方程式を読んだら　深川峻太郎
- 2183　「宇宙」が見えた　中嶋彰
- 2193　早すぎた男　南部陽一郎物語　榛葉豊
- 2194　思考実験　科学が生まれるとき　臼田孝
- 2196　ゼロから学ぶ量子力学　竹内薫